高等院校应用型本科智能制造领域“十四五”规划教材

工业机器人基础

主　编　程　涛　李媛媛　叶仁虎

副主编　张玉平　陈明颖　路媛媛

潘玉荣

华中科技大学出版社

中国·武汉

内容提要

本书以工业机器人为研究对象，不仅系统介绍机器人学基本理论，还图文并茂地讲解工业机器人结构、传感器和应用等内容，部分章节附有习题。

全书共7章，分别为：绪论，工业机器人的结构、驱动及传动，工业机器人的运动学，工业机器人的力学特性，工业机器人传感器，工业机器人的轨迹规划与控制，工业机器人系统集成与典型应用。

本书可作为地方普通工科院校机械工程等机械类专业的教材，也适合作为广大自学者的自学用书及工程技术人员的培训用书。

图书在版编目(CIP)数据

工业机器人基础/程涛，李媛媛，叶仁虎主编. —武汉：华中科技大学出版社，2021.7
ISBN 978-7-5680-7262-5

Ⅰ.①工… Ⅱ.①程… ②李… ③叶… Ⅲ.①工业机器人-教材 Ⅳ.①TP242.2

中国版本图书馆 CIP 数据核字(2021)第124825号

工业机器人基础
Gongye Jiqiren Jichu

程 涛 李媛媛 叶仁虎 主编

策划编辑：余伯仲
责任编辑：邓 薇
封面设计：原色设计
责任监印：周治超
出版发行：华中科技大学出版社(中国·武汉) 电话：(027)81321913
武汉市东湖新技术开发区华工科技园 邮编：430223
录 排：武汉三月禾文化传播有限公司
印 刷：湖北新华印务有限公司
开 本：787mm×1092mm 1/16
印 张：12
字 数：312千字
版 次：2021年7月第1版第1次印刷
定 价：39.80元

前　　言

机器人是“中国制造 2025”重点推进的十大领域之一，是智能制造关键设备。为了推动制造业转型升级，各高校积极响应教育部的“新工科”建设，主要包括两个方面：一是办新工科专业“机器人工程”“智能制造工程”等；二是传统专业升级改造，在传统机械类专业中更加注重工业机器人课程，在专业课程教学内容中增加工业机器人的应用案例。“工业机器人”是机械类专业的必修专业课，其教材建设十分重要。

本书共分为 7 章：第 1 章绪论，介绍了机器人的起源、定义、发展历史，机器人的分类，技术指标等；第 2 章工业机器人的结构、驱动及传动，介绍了工业机器人的常见构型及其简图表达方法，机器人的驱动方式和传动机构，串联机器人和并联机器人的典型结构形式，机器人工具，机器人的行走机构，等等；第 3 章工业机器人的运动学，介绍了齐次坐标变换，运动学方程的建立，逆运动学问题的求解；第 4 章工业机器人的力学特性，介绍了机器人的雅可比矩阵、静力学特性等；第 5 章工业机器人传感器，介绍了光电编码器、视觉传感器、触觉传感器等传感器的相关知识；第 6 章工业机器人的轨迹规划与控制，介绍了机器人运动规划、运动控制、力控制等；第 7 章工业机器人系统集成与典型应用，介绍了焊接机器人、搬运机器人、工业机器人的离线编程、AGV（自动导引车）等。

本书由湖北工业大学工程技术学院程涛全面负责编写和统稿。具体编写分工如下：第 1 章由黑龙江东方学院李媛媛编写；第 2 章由武汉华夏理工学院叶仁虎和湖北工业大学工程技术学院程涛编写；第 3 章由黑龙江东方学院陈明颖和湖北工业大学工程技术学院路媛媛编写；第 4 章由湖北工业大学工程技术学院潘玉荣编写；第 5 章由武汉华夏理工学院张玉平编写；第 6 章由黑龙江东方学院李媛媛编写；第 7 章由湖北工业大学工程技术学院程涛编写。

本书在编写过程中参阅了业内许多专家学者的教材、资料和文献，在此谨致谢意。由于编者水平有限，书中难免有不足之处，敬请读者批评指正。

编　者

2020 年 12 月

目　　录

第1章　绪论 …………………………………………………………… (1)

1.1　机器人的起源及定义 ………………………………………… (1)

1.1.1　机器人的起源 ………………………………………… (1)

1.1.2　机器人的定义 ………………………………………… (1)

1.2　机器人的发展历程 ………………………………………… (2)

1.3　机器人的分类 ……………………………………………… (3)

1.4　机器人系统的构成及技术参数 …………………………… (6)

1.4.1　机器人系统的构成 …………………………………… (6)

1.4.2　机器人主要技术参数 ………………………………… (7)

1.5　本章小结 …………………………………………………… (11)

习题 ………………………………………………………………… (11)

第2章　工业机器人的结构、驱动及传动 ……………………… (12)

2.1　工业机器人的结构形式 …………………………………… (12)

2.1.1　连杆与关节 …………………………………………… (12)

2.1.2　机构简图 ……………………………………………… (13)

2.1.3　结构形式及特点 ……………………………………… (15)

2.2　工业机器人驱动与传动部件 ……………………………… (18)

2.2.1　驱动方式与驱动器件 ………………………………… (18)

2.2.2　常见传动部件 ………………………………………… (24)

2.3　串联机器人 ………………………………………………… (30)

2.3.1　垂直串联机器人 ……………………………………… (30)

2.3.2　水平串联机器人 ……………………………………… (36)

2.4　并联机器人 ………………………………………………… (37)

2.5　机器人末端执行器 ………………………………………… (39)

2.5.1　夹持式取料手 ………………………………………… (39)

2.5.2　吸附式取料手 ………………………………………… (41)

2.5.3　专用工具 ……………………………………………… (43)

2.6　行走机构 …………………………………………………… (44)

2.6.1　轮式行走机构 ………………………………………… (44)

2.6.2　履带式行走机构 ……………………………………… (46)

2.6.3　足式行走机构 ………………………………………… (47)

2.7　本章小结 …………………………………………………… (47)

习题 ………………………………………………………………… (48)

第3章　工业机器人的运动学 …………………………………… (49)

3.1　机器人的数学基础 ………………………………………… (49)

3.1.1　直角坐标变换 ………………………………………… (49)

3.1.2 齐次坐标变换 …… (52)
3.2 连杆的变换矩阵 …… (56)
3.2.1 机器人的位姿描述 …… (56)
3.2.2 连杆坐标系及 D-H 参数 …… (57)
3.2.3 连杆坐标系间的坐标变换 …… (58)
3.3 机器人正运动学方程的建立及求解 …… (59)
3.3.1 机器人正运动学方程的建立步骤 …… (59)
3.3.2 机器人正运动学方程的典型案例 …… (61)
3.4 机器人逆运动学的求解 …… (63)
3.4.1 逆运动学求解的问题 …… (63)
3.4.2 逆运动学典型案例 …… (67)
3.5 本章小结 …… (69)
习题 …… (69)
第 4 章 工业机器人的力学特性 …… (71)
4.1 机器人的雅可比矩阵 …… (71)
4.1.1 微分运动 …… (71)
4.1.2 雅可比矩阵的定义 …… (73)
4.1.3 关节速度的传递 …… (75)
4.2 机器人的静力学特性 …… (77)
4.2.1 静力的传递 …… (77)
4.2.2 机器人力雅可比矩阵 …… (78)
4.2.3 关节力矩的计算 …… (79)
4.3 机器人动力学方程 …… (80)
4.3.1 拉格朗日方程 …… (80)
4.3.2 机器人动力学方程的建立步骤 …… (80)
4.3.3 二连杆机器人动力学方程 …… (80)
4.4 本章小结 …… (83)
习题 …… (83)
第 5 章 工业机器人传感器 …… (85)
5.1 机器人的传感与感知 …… (85)
5.1.1 机器人传感器的定义和组成 …… (85)
5.1.2 机器人传感器的分类 …… (85)
5.1.3 传感器的性能指标 …… (87)
5.1.4 传感器的发展动向 …… (89)
5.2 内部传感器 …… (90)
5.2.1 位置(位移)传感器 …… (90)
5.2.2 速度和加速度传感器 …… (95)
5.2.3 姿态传感器 …… (97)
5.3 外部传感器 …… (100)
5.3.1 触觉传感器 …… (100)
5.3.2 工业机器人的听觉 …… (114)

5.3.3 工业机器人的嗅觉 …… (115)
5.3.4 工业机器人的味觉 …… (116)
5.4 工业机器人视觉系统 …… (117)
5.4.1 视觉系统的组成 …… (118)
5.4.2 机器人视觉技术的应用 …… (119)
5.5 传感器融合 …… (122)
5.6 本章小结 …… (124)
习题 …… (124)
第6章 工业机器人的轨迹规划与控制 …… (126)
6.1 轨迹规划 …… (126)
6.1.1 轨迹规划的概念及目标 …… (126)
6.1.2 关节轨迹的插值计算 …… (127)
6.1.3 笛卡儿轨迹规划 …… (133)
6.1.4 规划轨迹的实时生成 …… (138)
6.2 运动控制 …… (140)
6.2.1 关节空间与操作空间控制 …… (140)
6.2.2 单关节的控制 …… (141)
6.2.3 PID控制 …… (146)
6.3 力控制 …… (147)
6.3.1 柔顺运动与柔顺控制 …… (148)
6.3.2 主动阻力控制 …… (151)
6.3.3 力和位置混合控制 …… (154)
6.4 本章小结 …… (156)
习题 …… (156)
第7章 工业机器人系统集成与典型应用 …… (158)
7.1 焊接机器人 …… (158)
7.1.1 点焊机器人集成工作站 …… (158)
7.1.2 弧焊机器人集成工作站 …… (163)
7.2 搬运机器人 …… (167)
7.2.1 搬运机器人的结构与分类 …… (167)
7.2.2 搬运机器人集成工作站的系统组成 …… (169)
7.2.3 搬运机器人应用实例 …… (172)
7.3 工业机器人的离线编程 …… (172)
7.3.1 离线编程的优点 …… (172)
7.3.2 离线编程系统的要求及组成 …… (173)
7.3.3 工业机器人离线编程软件介绍 …… (174)
7.4 工业AGV …… (177)
7.4.1 AGV的结构组成 …… (177)
7.4.2 AGV的导引方式 …… (180)
参考文献 …… (183)

第1章　绪　　论

工业机器人是智能制造系统的关键设备，机器人技术是在机械、电子、计算机控制、人工智能等技术基础上发展起来的一门先进技术，涉及机械工程、电气工程、控制工程等学科领域。

1.1　机器人的起源及定义

1.1.1　机器人的起源

创造出一种像人一样的机器，替代人完成繁重、枯燥、危险、困难的工作，一直是人类的梦想。

从久远的传说和文献中能够发现机器人的影子。在我国，西周时期（公元前 1066—前 771 年），流传着巧匠偃师献给周穆王一个自制艺伎（歌舞机器人）的故事；东汉时期（公元 25—220 年），张衡发明的司南车能够自动指向。在国外，公元前 3 世纪，古希腊发明家代达罗斯用青铜为克里特岛国王迈诺斯塑造了一个守卫宝岛的青铜卫士塔罗斯；公元前 2 世纪的一本书中描写过一个机械化剧院，类似机器人的角色在宫廷仪式上进行舞蹈和列队表演；传说古希腊人赫伦设计制作了由各种铅锤、滑车、车轮等构成的自动人偶，可出色地完成表演。

近代之后，人类发明的各种机械工具和动力机器，协助、代替人类从事各种体力劳动，为人类开发机器人这一梦想装上了翅膀。各种自动机器、动力机和动力系统的问世，使机器人开始由幻想时期转入自动机械时期，许多机械式控制的机器人应运而生。比如，1768—1774 年间，瑞士钟表名匠德罗斯父子三人，设计制造出 3 个像真人一样大小的机器人——写字偶人、绘图偶人和弹风琴偶人。

20 世纪初期，越来越多的科幻作品中设想了机器人应用场景。但是，随着科技的发展，机器人也越来越接近现实，机器人与人类社会如何共处却让人们不安起来。美国著名科学幻想小说家阿西莫夫于 1942 年在他的小说《我，机器人》中，提出了“机器人三定律”：

(1) 机器人必须不危害人类，也不允许它眼看人类受害而袖手旁观；

(2) 机器人必须绝对服从于人类，除非这种服从有害于人类；

(3) 机器人必须保护自身不受伤害，除非为了保护人类或者是人类命令它做出牺牲。

“机器人三定律”，设想了人类给予机器人的限制，使机器人概念通俗化，更易为人类社会所接受。这三条定律也是机器人研究人员、设计制造厂家和用户研发运用机器人的准则。

1920 年，捷克斯洛伐克剧作家卡雷尔·卡佩克在科幻情节剧《罗萨姆的万能机器人》中，描述了一个与人类相似，不知疲倦地一直工作的机器奴仆——Robota（捷克斯洛伐克语。英语为 Robot，汉语译为机器人）。这也是机器人这一名称的来源。

1.1.2　机器人的定义

机器人技术不断发展，产品越来越多样，不同国家的学术群体给“机器人”这一名词的定义尚未统一，本书列举国际上几个目前广为接受的定义。

(1) 英国简明牛津字典的定义。机器人是“貌似人的自动机，具有智力的和顺从于人的但不具人格的机器”。

(2) 美国机器人工业协会(RIA)的定义。机器人是“一种用于移动各种材料、零件、工具或专用装置的，通过可编程序动作来执行各种任务并具有编程能力的多功能机械手(manipulator)”。

(3) 日本工业机器人协会(JIRA)的定义。工业机器人是“一种装备有记忆装置和末端执行器(end effector)的，能够转动并通过自动完成各种移动来代替人类劳动的通用机器”。

(4) 国际标准化组织(ISO)的定义。机器人是“一种自动的、位置可控的、具有编程能力的多功能机械手，这种机械手具有几个轴，能够借助可编程序操作来处理各种材料、零件、工具和专用装置，以执行种种任务”。

(5)《中国大百科全书》的定义。工业机器人是“能灵活地完成特定的操作和运动任务，并可再编程序的多功能操作器”。另外，《中国大百科全书》对机械手的定义为：一种模拟人手操作的自动机械，它可按固定程序抓取、搬运物件或操持工具完成某些特定操作。

上述各种定义有共同之处，即认为机器人：① 像人或人的上肢，并能模仿人的动作；② 具有智力或感觉与识别能力；③ 是人造的机器或机械电子装置。

1.2 机器人的发展历程

1954 年，美国人乔治·德沃尔制造了世界上第一台可编程的机械手，并于 1961 年发表了该项机器人专利。

1962 年，美国万能自动化(Unimation)公司的第一台机器人 Unimate 在美国通用汽车公司(GM)投入使用，这标志着第一代机器人的诞生。万能自动化公司的英格伯格对工业机器人的研发和宣传使他被称为“工业机器人之父”。

1962 年，美国 AMF 生产的“万能搬运”(Verstran)机器人也正式商业化运营，并出口到世界各国。

1967 年，日本川崎重工公司和丰田公司分别从美国购买了工业机器人 Unimate 和 Verstran 的生产许可证，日本也开始了机器人的研究和制造。

1968 年，美国斯坦福国际咨询研究所(SRI)研制了移动式智能机器人夏凯(Shakey)和辛辛那提·米拉克龙(Cincinnati Milacron)。

1969 年，日本早稻田大学加藤一郎实验室研发出双足步行的机器人。日本专家在仿人步行机器人方面开展了较多的研究，后来本田公司的 ASIMO 机器人、P2 机器人和索尼公司的 QRIO 机器人都是卓越的研究成果。

1979 年，美国 Unimation 公司推出通用工业机器人 PUMA(programmable universal machine for assembly)，这标志着工业机器人技术已经成熟。许多学者和教科书都很重视 PUMA 机器人模型。

1979 年，日本山梨大学牧野洋发明了平面多关节型机器人 SCARA(selective compliance assembly robot arm)，这种机器人在电子产品装配作业中得到广泛应用。

1984 年，英格伯格再次推出机器人 Helpmate，这种机器人能在医院里为病人送饭、送药、送邮件。

1999 年，日本索尼公司推出机器人狗爱宝（Aibo），当即销售一空，从此娱乐机器人进入普通家庭。

2006 年，微软公司推出 Microsoft Robotics Studio 机器人，从此机器人模块化、平台统一化的趋势更明显。比尔·盖茨预言，家用机器人很快将席卷全球。

2009 年，丹麦优傲机器人公司推出的轻量化 UR5 系列工业机器人，具有轻便灵活、易编程、无须安全围栏、可与人协作等特点，是一款六轴串联的新型机器人产品。

我国对工业机器人的研究起步较晚。20 世纪 80 年代，我国在“七五”计划中把机器人列入国家重点科研规划内容，在国家 863 计划的支持下，开展了机器人基础理论与基础元器件的研究。1986 年，我国在沈阳建立了第一个机器人研究示范工程。目前，我国已基本掌握了工业机器人的设计与制造技术、控制系统硬件和软件设计技术、运动学理论、轨迹规划技术等。但是，我国的工业机器人产业的整体水平与世界先进水平还有一定的差距，关键核心技术还需充实，高性能交流伺服电机、精密减速器、控制器等关键核心器件仍然被进口产品占据了较大市场。国际工业机器人领域的“四大家族”——德国 KUKA、瑞士 ABB、日本 FANUC、日本 Yaskawa，占据着我国市场的 60％～70％份额。

在中央领导人的关怀及国家相关政策的支持下，自主品牌机器人的发展已经上升至国家战略层面。“十四五”规划明确提出：深入实施制造强国战略，推动制造业优化升级，深入实施智能制造和绿色制造工程，推动制造业高端化智能化绿色化，培育先进制造业集群，推动机器人等产业创新发展。中国机器人产业借助中国制造的转型升级，迎来爆发式增长，诞生了广州数控、广东拓斯达、上海新时达、沈阳新松、安徽埃夫特等一批国产工业机器人品牌企业，武汉也有华中数控、奋进智能机器人等工业机器人企业。

1.3 机器人的分类

机器人的分类方法很多，从不同的角度理解机器人，就有不同的分类方法。一般是按特征、性能等来分类。

1. 按机器人的发展程度分类

机器人在发展过程中，随着机械结构、控制系统和信息技术的发展经历了从低级到高级的发展过程。工业机器人作为机器人的一种形式，可按照从低级到高级的发展程度进行分类。

1）示教再现型机器人

示教再现工业机器人也是第一代机器人，已进入商品化、实用化。所谓示教，即由人指导机器人运动的轨迹、停留点位、停留时间等。然后，机器人依照教给它的行为、动作顺序和速度重复运动，即所谓的再现。示教可由操作员手把手地进行。例如，操作人员抓住机器人上的喷枪把喷涂时要走的位置走一遍，机器人记住了这一连串运动，然后在机器人工作时便自动重复这些运动，从而完成给定的喷涂工作。这种方式是手把手示教。但是，现在使用比较普遍的示教方式是通过控制面板完成的，即操作人员利用控制面板上的开关或键盘控制机器人一步一步地运动，机器人自动记录下每一步，然后重复。

2）感知型机器人

感知型机器人是第二代机器人，指装配有一定的传感装置，能获取作业环境、操作对象的简单信息，通过计算机处理、分析，能作出简单的推理，对动作进行反馈的机器人，通常称为低级智能机器人。

这样的技术正越来越多地被应用，例如焊缝跟踪技术。在机器人焊接的过程中，一般通过编程或示教方式先给出机器人的运动曲线，然后机器人携带焊枪按照这个曲线进行焊接。这就要求工件的一致性要好，也就是说工件被焊接的位置必须十分准确，否则，机器人行走的曲线和工件上的实际焊缝位置将产生偏差。在实际生产过程中，由于受热或其他原因，被焊工件易发生变形，因此，跟踪所要焊的焊缝是十分重要的。焊缝跟踪技术通过机器人上传感器感知焊缝位置，再通过反馈控制，机器人自动跟踪焊缝，从而对示教或编程的位置进行修正。即使实际焊缝相对于原始设定的位置有变化，机器人仍然可以很好地完成焊接工作。

3）智能机器人

智能机器人是第三代机器人，具有高度适应性。它具有多种感知功能，可进行复杂的逻辑思维、判断决策，在作业环境中独立行动。

智能机器人至少要具备以下 3 个要素：一是感觉要素，用来认识周围的环境状态；二是运动要素，对外界做出反应性动作；三是思考要素，根据感觉要素所得到的信息，思考采用什么样的动作。

感觉要素包括能感知视觉和距离等信息的非接触型传感器，以及能感知力、压觉、触觉等的接触型传感器。这些要素实质上相当于人的眼、鼻、耳等器官，可以利用诸如摄像机、图像传感器、超声波传感器、激光器、导电橡胶、压电元件、气动元件、行程开关和光电传感器等机电元器件来实现其功能。

对于运动要素，智能机器人需要有一个无轨道型的移动机构，以适应诸如平地、台阶、墙壁、楼梯和坡道等不同的地理环境。可以借助轮子、履带、支脚、吸盘、气垫等移动机构来完成其功能。在运动过程中要对移动机构进行实时控制，这种控制不仅要有位置控制，而且还要有力的控制、位置与力的混合控制、伸缩率控制等。

智能机器人的思考要素是 3 个要素中的关键要素，也是人们要赋予智能机器人必备的要素。思考要素包括判断、逻辑分析、理解和决策等方面的智力活动。这些智力活动实质上是一个信息处理过程，而计算机则是完成这个处理过程的主要手段。

智能机器人具有高度的适应性和自治能力，这也是人们努力使机器人不断完善的目标。经过科学家多年来不懈的研究，已经出现了很多各具特点的智能机器人。但是，在已应用的智能机器人中，机器人的自适应技术仍十分有限，该技术是机器人今后发展的方向。

4）仿生机器人

仿生机器人是第四代机器人，它具有高级生命形态和特征，可以在未知的非结构化环境下自主高效完成复杂任务，甚至能够识别情感、具备人的情感。具有人类的感知和情感是机器人发展的较高层次，也是科幻作品和科学家的一种设想。

2. 按负载能力和工作空间分类

工业机器人的负载能力和工作空间（也称作业范围、作业空间、工作范围）是其重要的指标之一。机器人按照负载能力和工作空间可分为 5 类。

1）超大型机器人

超大型机器人（见图 1-1）的负载能力为 500 kg 以上，最大工作范围可达 3.2 m 以上，大多为搬运机器人及码垛机器人。

2）大型机器人

大型机器人（见图 1-2）的负载能力为 100～500 kg，最大工作范围为 2.6 m 左右，主要包括点焊机器人及搬运、码垛机器人。

图 1-1　KUKA KR 1000 titan 重载机器人（负载 1000 kg）

图 1-2　FANUC R-2000iB/170CF 机器人（负载 170 kg）

3）中型机器人

中型机器人（见图 1-3）的负载能力为 10～100 kg，最大工作范围为 2 m 左右，主要包括点焊机器人、浇铸机器人和搬运机器人。

4）小型机器人

小型机器人（见图 1-4）的负载能力为 1～10 kg，最大工作范围为 1.6 m 左右，主要包括弧焊机器人、点胶机器人和装配机器人。

图 1-3　FANUC M-710iC/50H 机器人（负载 50 kg）

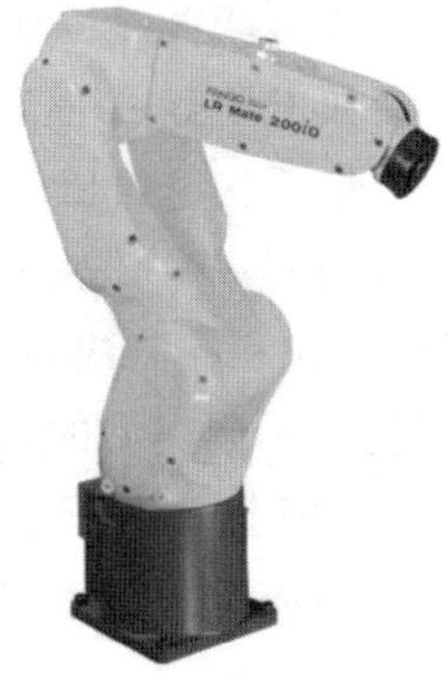

图 1-4　FANUC LR Mate 200iD 机器人（负载 7 kg）

5）超小型机器人

超小型机器人的负载能力为 1 kg 以下，最大工作范围为 1 m 左右，包括洁净环境机器人、装配机器人和精密操作机器人。

3. 按机器人关节连接布置形式分类

按机器人关节的连接布置形式，机器人可分成串联机器人和并联机器人。

串联机器人的臂部是通过连杆和关节的串联实现的，属于开链式结构。

并联机器人分成定平台和动平台，定平台是基座，动平台上安装机器人手部和工具；定平台和动平台之间至少由两根活动连杆连接，而这些连杆之间属于并联关系。并联机器人属于闭链式结构。

4. 按机器人的用途分类

1）产业用机器人

按照服务产业的不同，产业用机器人又可分为工业机器人、农业机器人、林业机器人、医疗机器人等。本书主要涉及工业机器人的理论和应用，但其他产业用机器人也可以运用工业机器人的相关技术。

2）特种用途机器人

特种用途机器人是指替代人类从事高危环境和在特殊工况下工作的机器人，主要包括军事应用机器人、水下机器人、消防机器人等。

3）服务型机器人

服务型机器人是用于生活场景的机器人，包括娱乐机器人、教育机器人、安保机器人、扫地机器人等。

1.4 机器人系统的构成及技术参数

1.4.1 机器人系统的构成

1886 年法国作家维里耶德利尔·亚当在他的小说《未来的夏娃》中将外表像人的机器起名为“安德罗丁”(Android)，它由以下四部分组成：

(1) 生命系统。具有平衡、步行、发声、摆动身体、感觉、表情呈现、调节运动等功能。

(2) 造型解质。关节能自由运动的金属覆盖体，一种盔甲。

(3) 人造肌肉。在上述盔甲上有肌肉、静脉、性别特征等人体的基本形态。

(4) 人造皮肤。包括肤色、机理、轮廓、头发、视觉、牙齿、手爪等。

机器人的工作原理是一个比较复杂的问题。简单地说，机器人的工作原理就是模仿人的各种肢体动作、思维方式和控制决策能力。通常所说的工业机器人(操作机)，实质上是一个拟人手臂的空间机构。不同类型的机器人，其机械、电气和控制结构千差万别，但是作为一个机器人系统，通常由三部分六个子系统组成，如图 1-5 所示。这三部分是机械部分、传感部分、控制部分；六个子系统是驱动系统、机械系统、感知系统、人机交互系统、机器人-环境交互系统、控制系统等。

1. 机械系统

机械系统是由关节连在一起的许多机械连杆组成的集合体，形成开环运动学链系。连杆类似于人类的小臂、大臂等。关节通常又分为转动关节和移动关节，移动关节允许连杆作直线移动，转动关节仅允许连杆之间发生旋转运动。由关节-连杆结构所构成的机械结构一般有 3 个主要部件，即臂、腕和手，它们可在规定的范围内运动。

2. 驱动系统

驱动系统是使各种机械部件产生运动的装置。常规的驱动系统有气压、液压或电气驱动系统，它们可以直接与臂、腕或手上的机械连杆或关节连接在一起，也可以使用齿轮、带、链条等机械传动机构间接驱动。

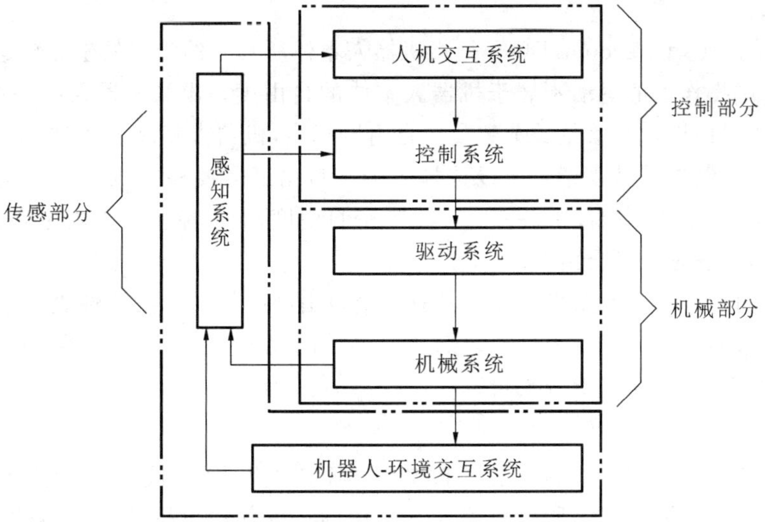

图 1-5 机器人的基本构成

3. 感知系统

感知系统由一个或多个传感器组成，用来获取内部和外部环境中的有用信息，通过这些信息确定机械部件各部分的运行轨迹、速度、位置和外部环境状态，使机械部件的各部分按预定程序或者工作需要进行动作。传感器的使用提高了机器人的机动性、适应性和智能化水平。

4. 控制系统

控制系统的任务是根据机器人的作业指令、程序，以及从传感器反馈回来的信号支配机器人的执行机构去完成规定的运动和功能。若机器人不具备信息反馈特征，则为开环控制系统；若机器人具备信息反馈特征，则为闭环控制系统。根据控制原理，控制系统又可分为程序控制系统、适应性控制系统和人工智能控制系统。根据控制运动的形式，控制系统还可分为方位控制系统和轨迹控制系统等。

5. 机器人-环境交互系统

机器人-环境交互系统是实现工业机器人与外部环境中的设备相互联系和协调的系统。工业机器人可与外部设备集成为一个功能单元，如加工制造单元、焊接单元、装配单元等。当然，也可以是多台机器人、多台机床或设备及多个零件存储装置等集成为一个执行复杂任务的功能单元。

6. 人机交互系统

人机交互系统是使操作人员参与机器人控制并与机器人进行联系的装置，例如计算机的标准终端、指令控制台、信息显示板及危险信号报警器等。归纳起来，人机交互系统可分为两大类：指令给定装置和信息显示装置。

1.4.2 机器人主要技术参数

不同应用场景的机器人，其技术参数也不同。一般来说，机器人的技术参数主要包括自由度、工作范围、工作速度、定位精度与重复定位精度、承载能力等。

1. 自由度

自由度(degree of freedom,DOF)是指机器人本体所具有的独立的坐标轴运动的数目,需要注意的是末端操作器的运动不属于机器人本体的自由度。串联机器人的一个自由度对应一个关节,所以自由度数量就是关节数量。自由度越多,机器人就越灵活,但机器人需要控制的关节数越多,控制也就越复杂。所以选择多少个自由度需要根据机器人用途来确定,比如码垛机器人对手部姿态要求简单,一般是4~5个自由度,而喷涂机器人喷枪要跟随喷涂对象表面弧度变化,一般是6个自由度。

大于6个自由度称为冗余自由度。具有冗余自由度的机器人灵活性更大,有利于机器人躲避障碍物和改善机器人的动力性能。例如,人类的手臂包括肩关节、大臂、肘关节、小臂、腕关节,共有7个自由度,所以十分灵巧。

2. 工作空间

机器人本体的工作空间指的是手腕末端法兰盘中心点所能到达的所有点的集合,末端工具的形状、尺寸是多种多样的,所以机器人本体厂商一般仅给出机器人本体的工作空间。图1-6所示为MOTOMAN SV3X机器人的工作空间。

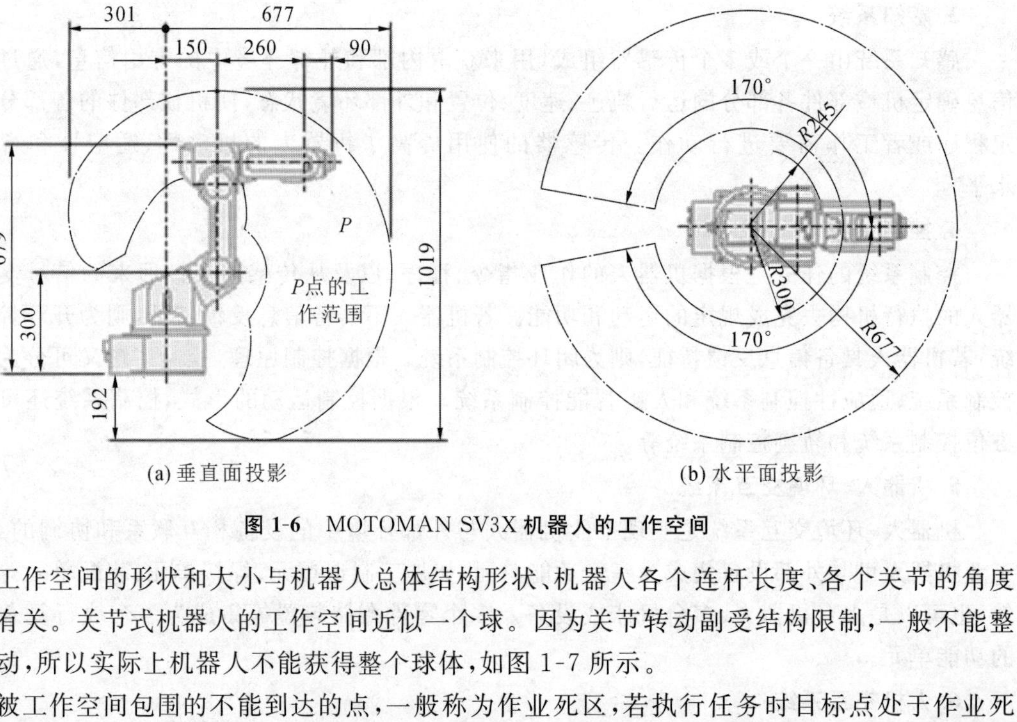

(a) 垂直面投影　　(b) 水平面投影

图1-6　MOTOMAN SV3X 机器人的工作空间

工作空间的形状和大小与机器人总体结构形状、机器人各个连杆长度、各个关节的角度范围有关。关节式机器人的工作空间近似一个球。因为关节转动副受结构限制,一般不能整圈转动,所以实际上机器人不能获得整个球体,如图1-7所示。

被工作空间包围的不能到达的点,一般称为作业死区,若执行任务时目标点处于作业死区,机器人将不能完成任务。工作空间分为灵活工作空间和非灵活工作空间。在工作空间内的点,机器人末端能够以任意姿态指向该点,则称这些点构成的工作空间为灵活工作空间;在工作空间内的有些点,机器人不能以任意姿态到达,这些点构成的是非灵活工作空间。下面通过一个简单例子说明。

【例1.1】 三自由度平面关节机器人如图1-8所示。设机器人杆件1、2、3的长度分别为l_1、l_2、h,假定$l_1>l_2+h$,且$l_2>h$。试分析其工作空间特点。

解 2、3关节的角度分别处于0°、180°,可组成四种情况。若关节1旋转,四种不同半径得到四个不同的圆。圆C_1,半径$R_1=l_1+l_2+h$;圆C_2,半径$R_2=l_1+l_2-h$;圆C_3,半径$R_3=$

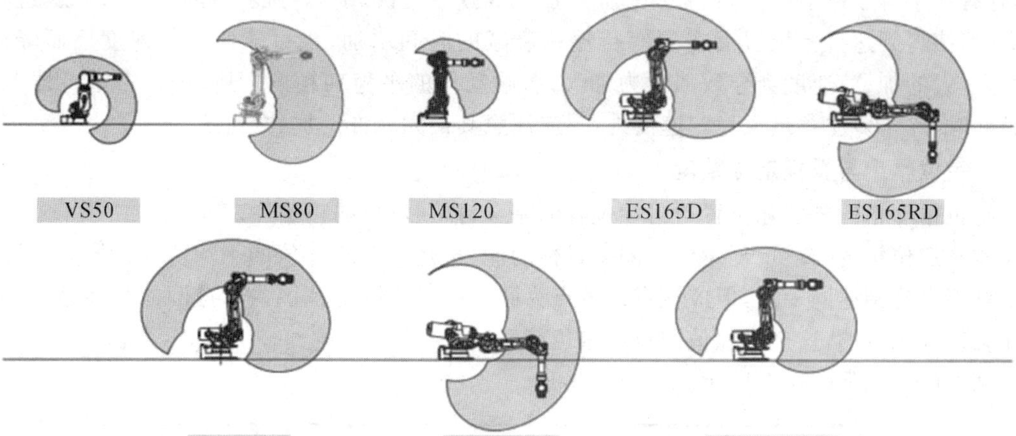

图 1-7 不同结构尺寸的机器人的工作空间示意图

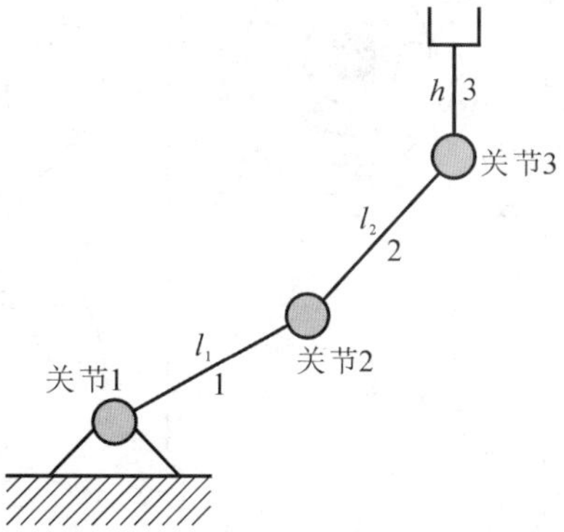

图 1-8 三自由度平面关节机器人示意图

l_1-l_2+h；圆 C_4，半径 $R_4=l_1-(l_2+h)$。

(1) 圆 C_1 和圆 C_4 所围成的环形区域为总工作空间。

(2) 圆 C_2 和圆 C_3 围成的区域在平面内可认为是灵活工作空间。

(3) 末杆 h 越长，C_1 越大，C_4 越小，工作空间越大，但相应的灵活工作空间则由于 C_2 的增大和 C_3 的减小而越小。

(4) 工作空间受关节的转角限制，也跟每段杆的长度有关。

3. 最大工作速度

最大工作速度指的是在各轴联动情况下，机器人手腕中心所能达到的最大线速度。这在生产中是影响生产效率的重要指标。机器人手腕中心的运动速度与各个关节转速有关。

机器人编程时根据工作需要设定工作速度。首先考虑生产节拍（即机器人完成工作内容所需时间），确定各动作的运动速度；然后还要考虑工艺动作要求、惯性和行程大小、定位和精度要求等。

机器人使用说明书中一般提供了主要运动自由度的最大稳定速度，但在实际应用中仅考虑最大稳定速度是不够的。这是因为运动循环包括加速度启动、等速运行和减速制动三个过程。如果最大稳定速度高，允许的极限加速度小，则加、减速的时间就会长一些，即有效速度就要低一些；反之，如果最大稳定速度低，允许的极限加速度大，则加、减速的时间就会短一些，这有利于有效速度的提高。但是，如果加速或减速过快，则有可能引起定位超调或振荡加剧，从而使得到达目标位置后需要等待振荡衰减的时间增加，也可能使有效速度反而降低。而且，过大的加、减速度会导致惯性力加大，影响动作的平稳和精度。所以，在考虑机器人运动特性时，除了要注意最大稳定速度外，还应注意其最大允许的加、减速度。

4. 定位精度与重复定位精度

定位精度指的是实际位置与目标位置的差异，描述定位的正确性。

重复定位精度描述重复定位于同一目标的能力，是一个统计值的平均值。机器人不可能每次都能准确到达同一点，但应该在以该点为圆心的一个圆形范围内。该圆的半径是由一系列重复动作确定的，这个半径值即重复定位精度。

两者的区别如图 1-9 所示。

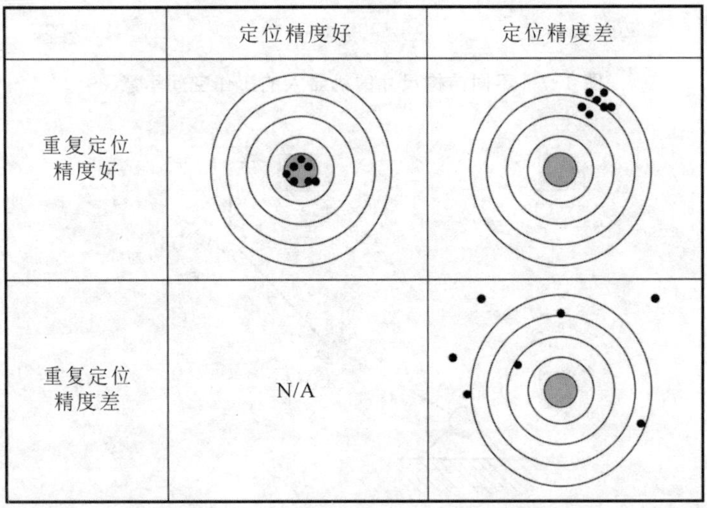

图 1-9　定位精度与重复定位精度的好与差

重复定位精度比定位精度更为重要，这个误差是可以预测的，可以通过编程予以校正。机器人的精度一般用定位精度和重复定位精度来度量。工业机器人具有定位精度低、重复定位精度高的特点。例如 ABB IRB140：定位精度为±0.2 mm，重复定位精度为±0.05 mm。

5. 承载能力

承载能力指机器人在作业空间内的任何位置上以任意姿态能承受的最大质量。承载能力需要保证在承载质量后，机器人具有速度和加速度的前提下精度不降低。在考察机器人的承载能力时，不仅要考虑承载产品的质量，也要考虑包含末端执行器的质量。

MOTOMAN SV3 工业机器人的技术参数如表 1-1 所示。

表 1-1　MOTOMAN SV3 工业机器人的技术参数

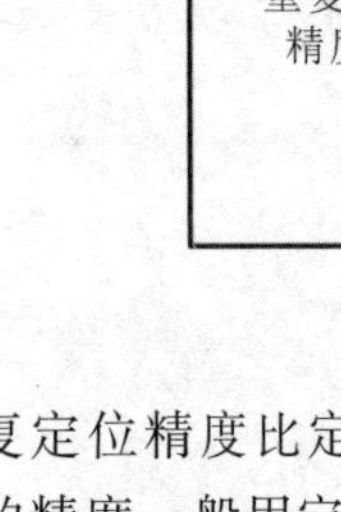	机械结构	垂直多关节型
	自由度	6
	载荷质量	3 kg
	重复定位精度	±0.03 mm
	本体质量	30 kg

续表

最大工作空间	S 轴(回旋)	±170°
	L 轴(下臂倾动)	+150°、−45°
	U 轴(上臂倾动)	+190°、−70°
	R 轴(手臂横摆)	±180°
	B 轴(手腕俯仰)	±135°
	T 轴(手腕回旋)	±350°
最大工作速度	S 轴	210°/s
	L 轴	170°/s
	U 轴	225°/s
	R 轴	300°/s
	B 轴	300°/s
	T 轴	420°/s
容 许 力 矩	R 轴	5.39 N·m(0.55 kgf·m)
	B 轴	5.39 N·m(0.55 kgf·m)
	T 轴	2.94 N·m(0.3 kgf·m)
容许转动惯量	R 轴	0.1 kg·m^2
	B 轴	0.1 kg·m^2
	T 轴	0.03 kg·m^2

1.5　本章小结

本章从总体上对机器人的发展史和相关概念进行了介绍，迄今对机器人尚无统一的定义。本章介绍了国际上关于机器人的几种主要定义，并归纳出这些定义的共同点。在此基础上详细阐述了机器人的功能和分类。机器人具有通用性和适应性的特点，这是它获得广泛应用的重要基础。本章还介绍了工业机器人的关键技术，并对国内外工业机器人的发展现状进行了分析，加深了读者对工业机器人及其应用的了解。

习　　题

1.1　请列举工业机器人与智能机器人的异同。

1.2　分析人类工作的特点，说明为何要发展和应用机器人。

1.3　为何要合理规划工业机器人的工作空间、精度、承载能力？

1.4　简述机器人的系统构成。

1.5　简述机器人分类。

第2章　工业机器人的结构、驱动及传动

机器人的机械系统是机器人的本体，包括执行机构、机械传动系统等。本章以工业机器人为主要对象，介绍机器人本体主要组成部分的结构形式和特点，包括机器人关节形式、传动机构等。

2.1　工业机器人的结构形式

机器人机械结构的功能是实现机器人的运动机能，完成规定的各种操作。可通过与人的手臂对比，来理解其结构特点。常将机器人本体的有关部位分别称为基座、腰部、臂部、腕部、手部和行走机构（对于移动机器人）等。机器人的“身躯”一般是稳固、体积较大的基座。机器人的“手”则是多节杠杆机械——机械手，由一系列的连杆通过关节顺序串联而成。

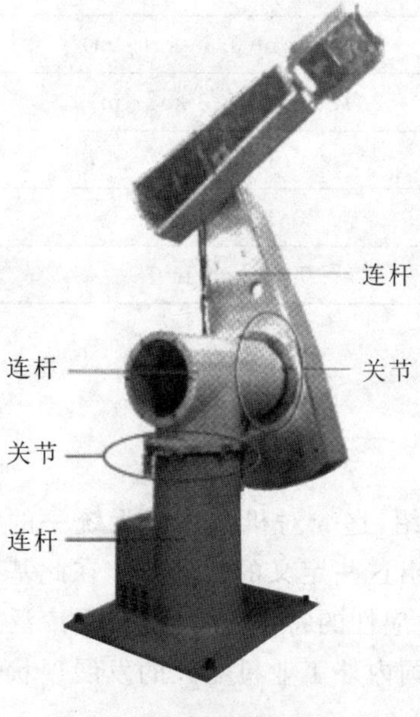

图 2-1　关节与连杆的关系

2.1.1　连杆与关节

机器人手臂，由多个连杆和连接连杆的关节串联而成。关节与连杆的关系如图 2-1 所示。

关节即运动副，是两构件直接接触并能产生相对运动的可动连接。根据运动形式来看，关节包括移动关节（prismatic joint）和转动关节（revolute joint），移动关节可用符号 P 表示，转动关节可用符号 R 表示。

1. 转动关节

转动关节又称为转动副，两个构件绕公共轴线作相对转动。

按照轴线的方向与连杆方向的关系，转动关节可分为回转关节和摆动关节。

（1）回转关节。回转关节是两连杆相对运动的转动轴线与连杆的纵轴线（沿连杆长度方向设置的轴线）共轴的关节，旋转角可达 360°以上，如图 2-2(a)和图 2-3 所示。

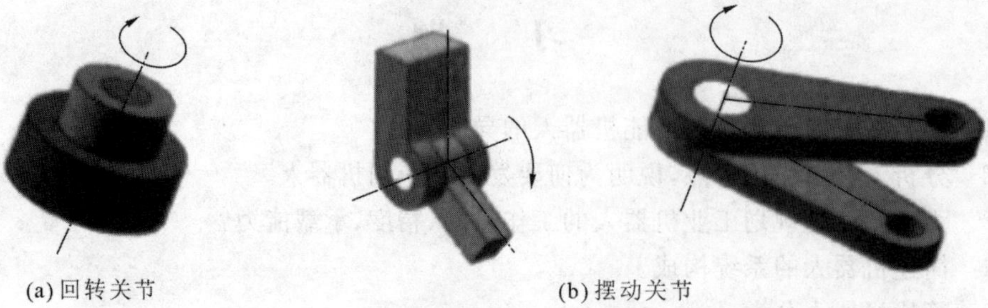

(a) 回转关节　　(b) 摆动关节

图 2-2　转动关节示意图

(2) 摆动关节。摆动关节是两连杆相对运动的转动轴线与两连杆的纵轴线垂直的关节，通常受到结构的限制，转动角度小，如图 2-2(b)和图 2-3 所示。

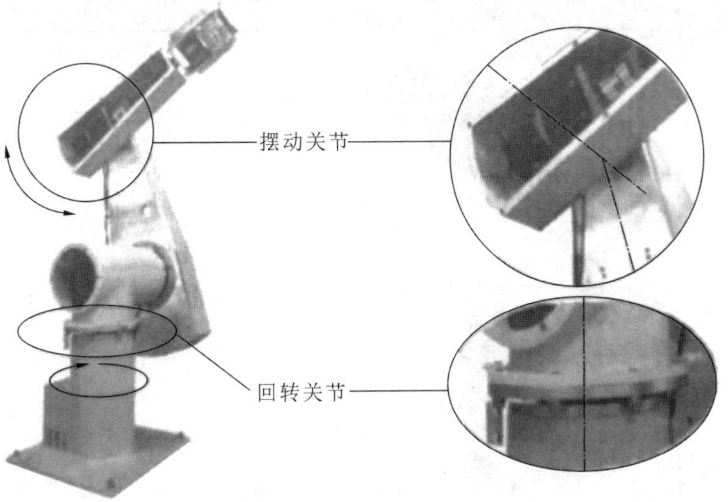

图 2-3 PUMA 560 的转动关节

2. 移动关节

移动关节又称为移动副、滑动关节，是使两个连杆的组件中的一件相对于另一件作直线运动的关节，两个连杆之间只作相对移动，如图 2-4 所示。

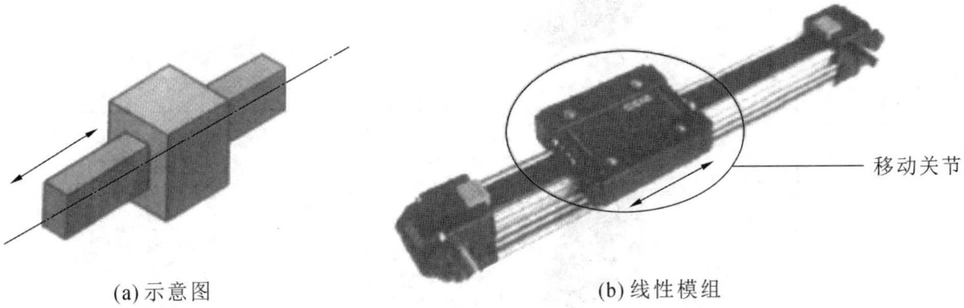

(a) 示意图 (b) 线性模组

图 2-4 移动关节

刚体在空间有六个自由度，机器人末端执行工作任务，也需要六个自由度。而末端的位置和姿态的改变是依靠各关节的运动组合实现的，关节的数量决定了末端的自由度数量，所以有时把机器人的关节数量认定为机器人自由度数量。

各关节之间的连接构件就是连杆，机器人肩关节与肘关节、肘关节与腕关节的连杆较长，调节腰关节、肩关节、肘关节能较大地改变末端的位置，腰关节、肩关节、肘关节也称为定位关节；腕关节各自由度之间的连杆短，腕关节的运动较大改变末端的姿态，腕关节为定向关节。通常腰关节也称 1 轴，肩关节称为 2 轴，肘关节称为 3 轴，腕关节分别为 4 轴、5 轴、6 轴；所以 1、2、3 轴为定位关节，4、5、6 轴是定向关节。

2.1.2 机构简图

机构简图可方便地表达机器人的构型，通过机构简图能更好地理解机器人的结构特点，理解各关节的运动方向、运动轴线的关系。机构简图也是求解运动学问题的基础。常用关节的图形符号如表 2-1 所示。

表 2-1　常用关节的图形符号

名　称	示　例	符　号
平移关节	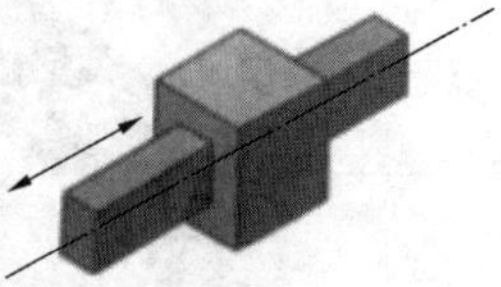	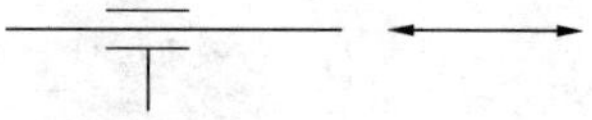
升降关节		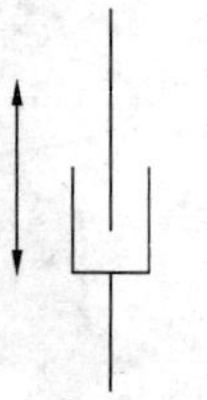
回转关节	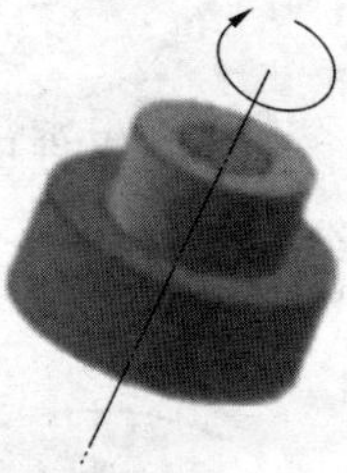	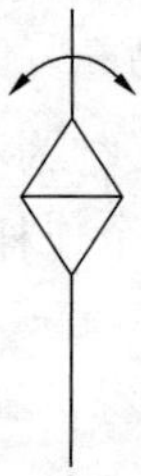
摆动关节(1)	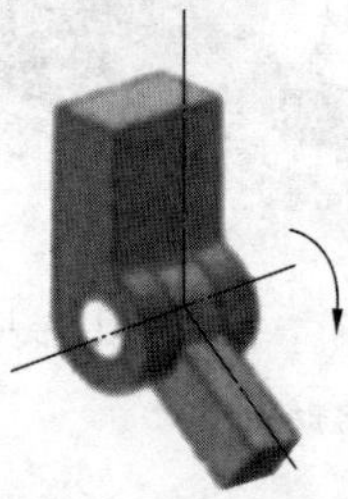	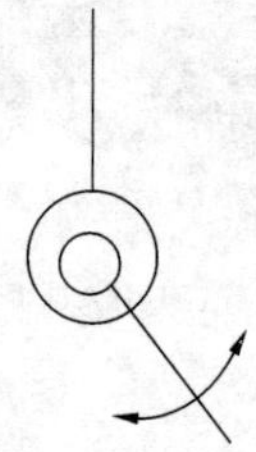
摆动关节(2)	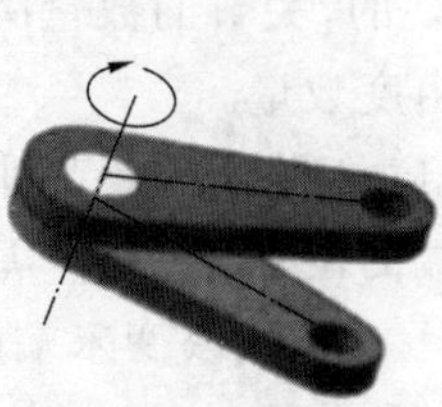	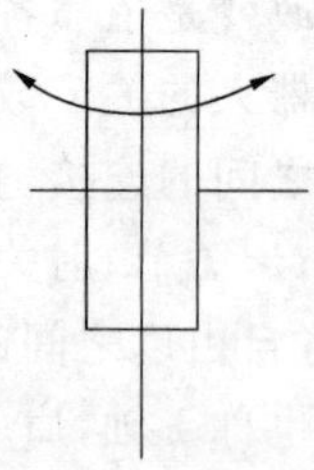

机器人常用末端执行器及基座的图形符号如表 2-2 所示。

表 2-2　机器人常用末端执行器及基座的图形符号

名　称	图形符号		实物图
末端执行器	一般型	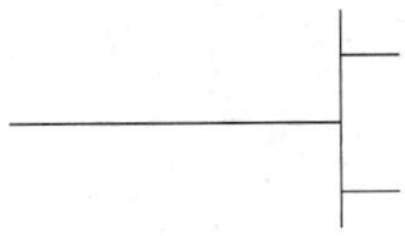	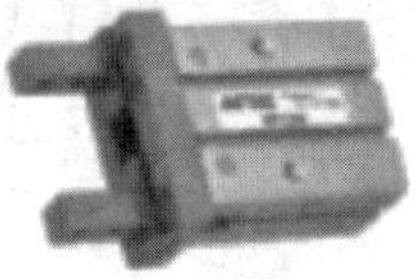
	焊接型	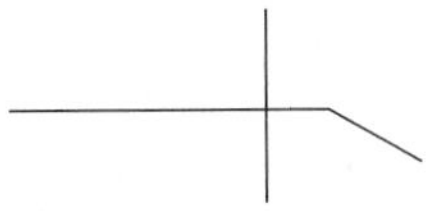	
	真空吸引型	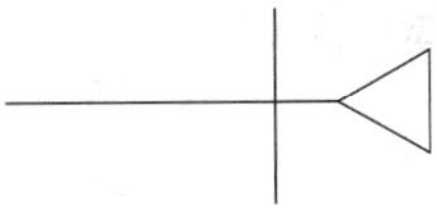	
基座	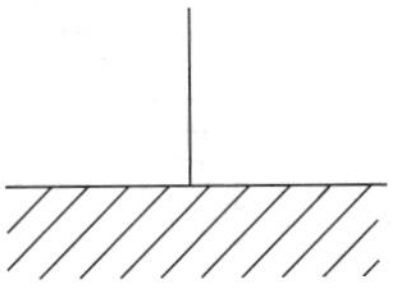		

2.1.3　结构形式及特点

机器人按照关节的连接布置形式分为串联机器人和并联机器人，其中串联机器人的结构有直角坐标型、圆柱坐标型、球坐标型、垂直多关节型和水平多关节型。

1. 直角坐标型(3P)

这种机器人(见图 2-5)由三个平移关节组成，这三个关节用来确定末端操作器的位置，通常还带有附加的旋转关节，用来确定末端操作器的姿态。这种机器人在 x、y、z 轴上的运动是独立的，运动直观、运动学方程容易求解。它可以两端支撑，对于给定的结构长度，刚性最大；它的精度和位置分辨率不随工作场合而变化，容易达到高精度。但是，它占地面积大，运动速度低，工作范围小。

2. 圆柱坐标型(R2P)

圆柱坐标型机器人的定位关节包括两个平移关节和一个转动关节，再附加定向关节来确定部件的姿态。这种机器人可以绕中心轴旋转一个角，工作范围可以扩大，且运动学计算简单；直线部分可采用液压驱动，可输出较大的动力；能够伸入有空腔的机器内部作业。臂部不能到达近立柱或近地面的空间；直线驱动部分难以密封、防尘；后臂工作时，手臂后端会碰到工作空间内的其他物体。圆柱坐标型机器人的工作空间呈圆柱形状，如图 2-6 所示，其机构简图如图 2-7 所示。

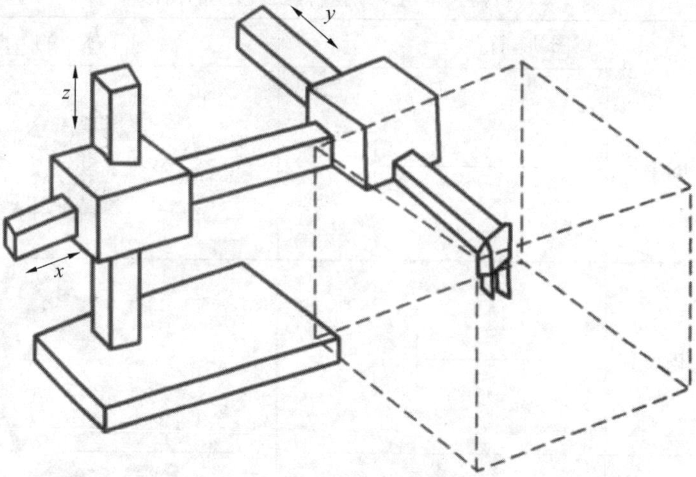

图 2-5 直角坐标型机器人的工作空间

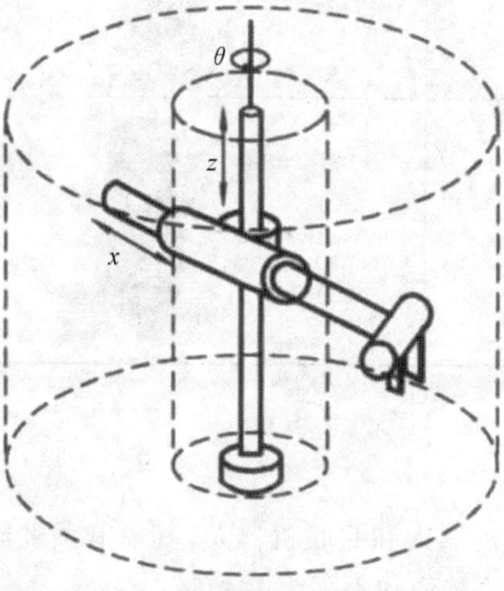

图 2-6 圆柱坐标型机器人的工作空间

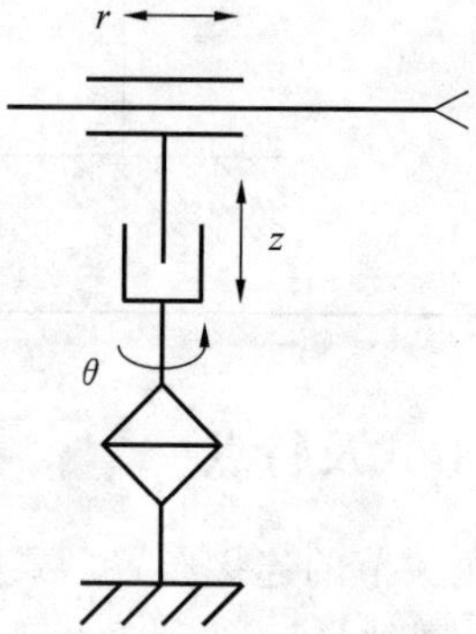

图 2-7 圆柱坐标型机器人的机构简图

3. 球坐标型(2RP)

球坐标型机器人的定位由一个滑动关节和两个转动关节来实现。这种机器人可以绕中心轴旋转,中心支架附近的工作范围大,两个转动驱动装置容易密封,覆盖工作空间较大。但该坐标复杂,难控制,且直线驱动装置仍存在密封及工作死区的问题。球坐标型机器人的工作空间呈球缺状,如图 2-8 所示,其机构简图如图 2-9 所示。

4. 垂直多关节型(3R)

垂直多关节机器人的关节全都是转动的,类似于人的手臂,是工业机器人中最常见的结构。它的工作空间较复杂,图 2-10 所示的 PUMA 机器人是最典型的代表。

5. 水平多关节型

水平多关节只有平行的肩关节和肘关节,关节轴线共面。例如,SCARA 机器人有两个并联的旋转关节,可以使机器人在水平面上运动,此外,再用一个附加的滑动关节作垂直运动。SCARA 机器人常用于装配作业,最显著的特点是它们在 x-y 平面上的运动具有较大的柔性。这种机器人在装配作业中获得了较好的应用。平面关节型机器人的工作空间如图 2-11 所示,其机构简图如图 2-12 所示。

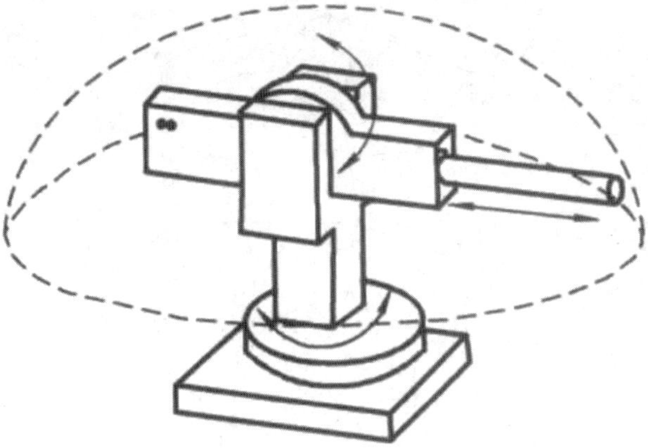

图 2-8　球坐标型机器人的工作空间

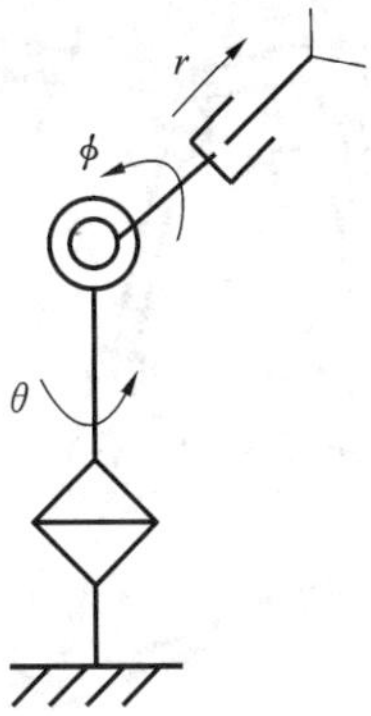

图 2-9　球坐标型机器人的机构简图

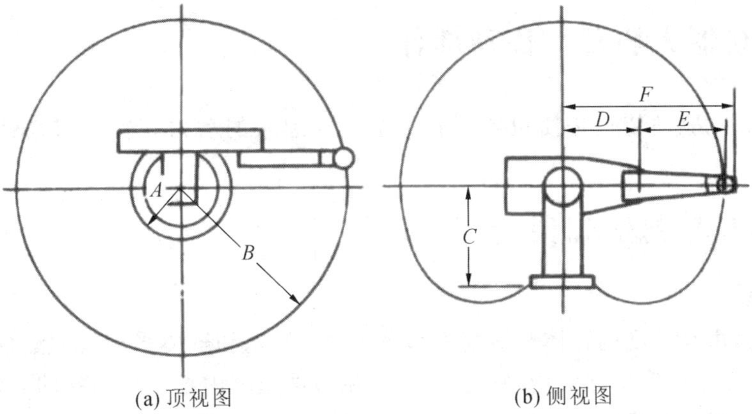

图 2-10　PUMA 机器人的工作空间

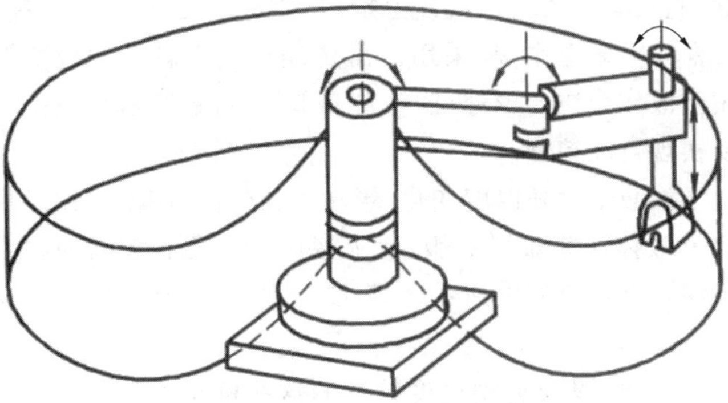

图 2-11　平面关节型机器人的工作空间

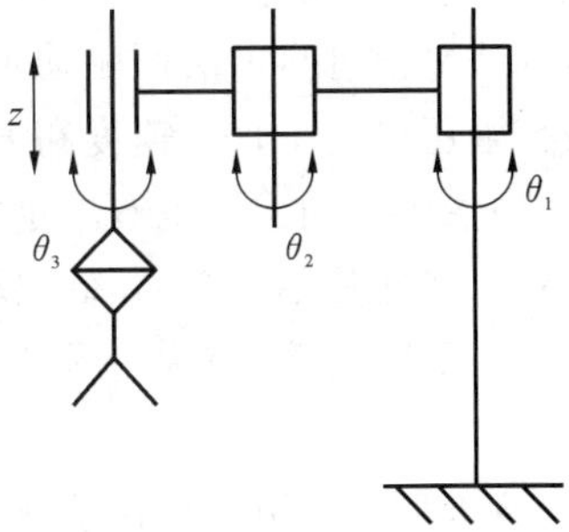

图 2-12　平面关节型机器人的机构简图

6. 并联机器人

并联机器人又称并联机构，其一般结构如图 2-13 所示。并联机器人固定基座称为静平台，输出端称为动平台，静平台和动平台通过至少两个独立的运动链相连接。机构具有两个或两个以上自由度，是一种并联方式驱动的闭环机构。图 2-13 所示即一种典型并联机器人结构，图 2-14 所示为一种典型并联机器人的机构简图。

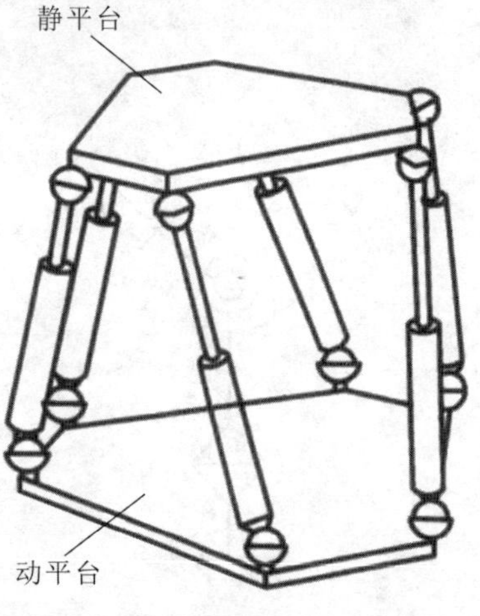

图 2-13 典型并联机器人结构

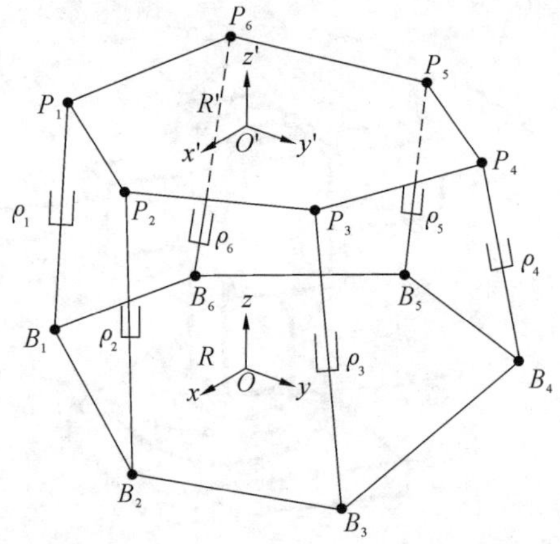

图 2-14 典型并联机器人的机构简图

2.2 工业机器人驱动与传动部件

工业机器人的驱动装置是使机器人各关节运动起来的动力装置，包括驱动元件和传动部件。

2.2.1 驱动方式与驱动器件

1. 液压驱动

液压驱动是由高精度的缸体和活塞一起完成的。活塞和缸体采用滑动配合，压力油从液压缸的一端进入，把活塞推向液压缸的另一端。调节液压缸内部活塞两端的液体压力和进入液压缸的油量即可控制活塞的运动。

液压技术是一种比较成熟的技术。由于液压系统的油压通常为 2.5～6.3 MPa，较小的体积就可获得较大的推力或扭矩，因此，它具有动力大、力（或力矩）与惯量比大、快速响应高、易实现直接驱动等特点。又因为液压油可压缩性小，故采用液压传动可获得较高的位置精度，工作平稳可靠。液压驱动系统采用油液作介质，具有防锈和自润滑性，可提高机械效率和寿命；液压传动中，力、速度和方向较易实现自动控制。

但液压驱动系统也有不足之处，由于油液黏度随温度变化，影响工作性能，高温工作时易燃易爆，因此其不适合高、低温场合；再有液体泄漏难以克服，要求液压元件要有较高的精度和质量，所以其造价较高；另外，液压传动要有相应的供油系统，需要严格的滤油装置，否则易引起故障。

液压驱动系统适于在承载能力大、惯量大，以及运动速度较低的这些机器人中应用。但液压驱动系统需进行能量转换（电能转换成液压能），速度控制多数情况下采用节流调速，效率比电动驱动系统低。液压驱动系统的液体泄露也会对环境产生污染，工作噪声也较高。因这些缺点，近年来，在负荷为 100 kg 的机器人中液压驱动系统往往被电动系统所取代。

通常用运算放大器做成的伺服放大器向液压伺服系统中的电液伺服阀提供一个电信号。由电信号控制先导阀再控制一级或两级液压放大器，产生足够的动力去驱动机器人的机械部件。图 2-15 所示为一个用伺服阀控制液压缸简化原理图示例。

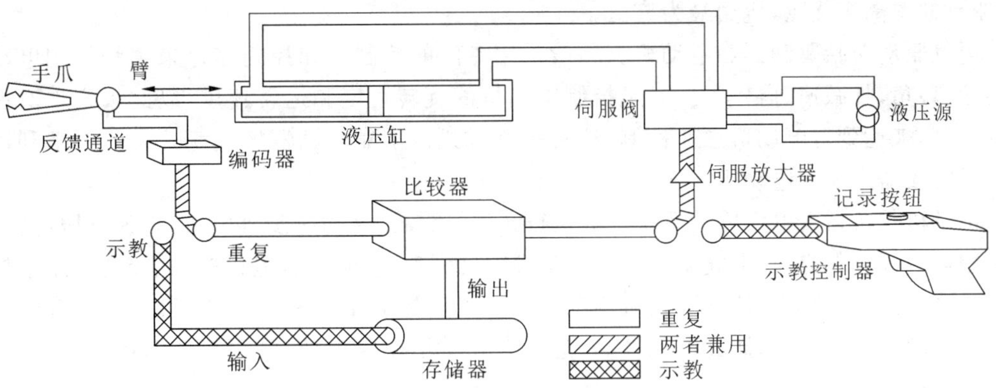

图 2-15　用伺服阀控制液压缸简化原理图示例

2. 气压驱动

气压驱动机器人是指以压缩空气为动力源驱动的机器人。气压驱动在工业机械手中用得较多，使用的压力通常为 0.4～0.6 MPa，最高可达 1 MPa。

气动执行元件既有直线汽缸，也有旋转气动马达，工作介质是高压空气。在原理上与液压驱动系统较为相似，但某些细节差别很大。因为气压驱动系统传动介质为压缩空气，其黏性小，流速大，气源获取方便，对环境无污染，使用安全，可直接应用于高温作业；气动元件工作压力低，故制造要求比液压元件低。因此气压驱动系统具有快速性好、结构简单、维修方便、价格低等特点。但由于空气的可压缩性，气压驱动系统实现精确的位置和速度控制比较困难。气压驱动系统适于在中、小负荷的机器人中使用，多用于程序控制的机器人中，如在上、下料和冲压机器人中应用较多。而且，在机器人手爪的开合控制、自动线自动夹具中得到了广泛应用。

图 2-16 所示为一典型的气压驱动回路，图中没有画出空气压缩机和储气罐。压缩空气由空气压缩机产生，其压力为 0.5～0.7 MPa，并被送入储气罐；然后由储气罐用管道接入驱动回路；在过滤器内除去灰尘和水分后，流向压力调整阀调压，使空气压缩机的压力至 4～5 MPa。在油雾器中，压缩空气被混入油雾。这些油雾用于润滑系统的滑阀及汽缸，同时也起一定的防锈作用。从油雾器出来的压缩空气接着进入换向阀，电磁换向阀根据电信号，改变阀芯的位置使压缩空气进入汽缸 A 腔或者 B 腔，驱动活塞向右或者向左运动。

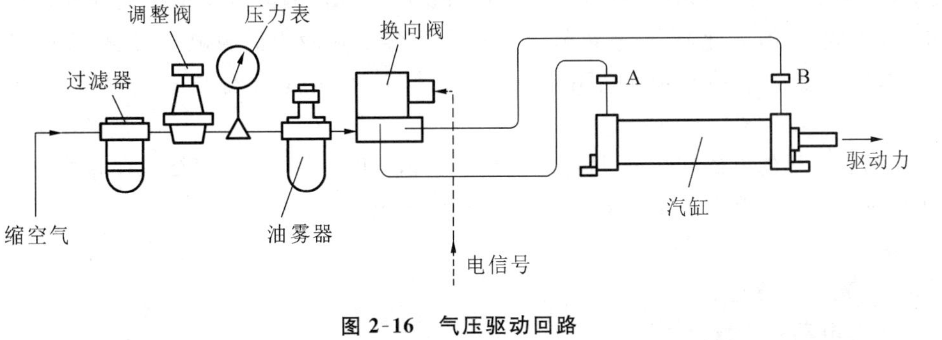

图 2-16　气压驱动回路

3. 电气驱动

电气驱动是利用各种电动机产生的力或力矩，直接或经过减速机构去驱动机器人的关节，以获得要求的位置、速度和加速度。电气驱动具有无环境污染、易控制、运动精度高、成本低、驱动效率高等优点，应用最为广泛。

电气驱动包括驱动器和电动机。一般采用专门的控制卡和控制芯片来编程控制电动机的转速、转角、加减速、启停等。通过控制电动机的旋转角度和运转速度，以此来实现对占空比的控制，来达到对电动机怠速控制，这种控制方式需依靠驱动器实现。现在一般都利用交流伺服驱动器来驱动电动机。

电动机是机器人电气驱动系统中的执行元件，比较常见的有步进电机、直流伺服电机、交流伺服电机等。相应地，电气驱动可分为步进电机驱动、直流伺服电机驱动、交流伺服电机驱动、直线电动机驱动。交流伺服电机驱动具有大的转矩质量比和转矩体积比，没有直流伺服电机的电刷和整流子，因而其可靠性高，运行时几乎不需要维护，可用在防爆场合，在工业机器人中应用广泛。

1）步进电机

步进电机是一种将电脉冲转化为机械位移的执行元件。当步进驱动器接收到一个脉冲信号，它就驱动步进电机按设定的方向转动一个固定的角度（称为步距角），即步进电机的旋转是以固定的角度一步一步运行的。因此，对于步进电机，可以通过控制脉冲个数来控制角位移量，从而达到准确定位的目的；同时可以通过控制脉冲频率来控制电动机转动的速度和加速度，从而达到调速和定位的目的。步进电机的控制较为简单，经常应用于开环控制系统，主要有以下特点。

（1）输出角与输入脉冲严格成比例，且在时间上同步。步进电机的步距角不受各种干涉因素（如电压的大小、电流的数值、波形等）影响，转子的速度主要取决于脉冲信号的频率，总的位移量则取决于总脉冲数。

（2）容易实现正反转和启、停控制，启停时间短。

（3）输出转角的精度高，无累计误差。步进电机实际步距角与理论步距角总有一定的误差，且误差可以累积，但在步进电机转过一周后，总的误差又回到零。

（4）直接用数字信号控制，与计算机连接方便。

（5）维修方便，寿命长。

2）直流伺服电机

直流伺服电机特指直流有刷伺服电机，伺服主要靠脉冲来定位，伺服电机接收到 1 个脉冲，就会旋转 1 个脉冲对应的角度，从而实现位移。因为伺服电机本身具备发出脉冲的功能，所以伺服电机每旋转一个角度，都会发出对应数量的脉冲，这样，和伺服电机接受的脉冲形成了呼应，或者叫闭环，如此一来，系统就会知道发了多少脉冲给伺服电机，同时又收了多少脉冲回来，这样就能够很精确地控制电动机的转动，从而实现精确的定位（可以达到 0.001 mm）。

直流伺服电机的电磁转矩 T 是指电动机正常运行时，带电的电枢绕组在磁场中受到的电磁力作用所形成的总转矩。电磁转矩 T 基本与电枢电流 I_a 成比例：

$$T = K_t \Phi I_a \tag{2-1}$$

式中：Φ——磁极的磁通；

K_t——电动势常数。

直流伺服电机轴在外力的作用下旋转，两个端子之间会产生电压，称为反电动势。反电动势 E 与转动速度 ω 成比例，比例系数是 K_e，且

$$E = K_e \omega \Phi \tag{2-2}$$

在无负载运转时，施加的电压基本等于反电动势，与转动速度成正比。

直流伺服电机的运转方式有两种，即线性驱动和 PWM(pulse width modulation，脉宽调制)驱动。线性驱动即给电动机施加的电压以模拟量的形式连续变化，是电动机理想的驱动方式，但在电子线路中易产生大量热损耗。实际应用较多的是 PWM 驱动，其特点是在低速时转矩大，高速时转矩急速减小。

直流伺服电机成本低，结构简单，启动转矩大，调速范围宽，控制容易，需要维护，但维护方便(换碳刷)，会产生电磁干扰，对环境有要求。直流伺服电机最适合应用于工业机器人的试制阶段或竞技用机器人。

3) 交流伺服电机

交流伺服电机一般用于闭环控制系统。常见的交流伺服电机有 3 类，即鼠笼式感应型电机、交流整流子电动机和同步电机。机器人中采用交流伺服电机，可以实现精确的速度控制和定位功能。这种电动机还具备直流伺服电机的基本性质，又可以理解为把电刷和整流子换为半导体元件的装置，所以也称为无刷直流伺服电机。

和步进电机相比，交流伺服电机具有以下优点。

(1) 实现了速度、位置和力矩的闭环控制，克服了步进电机的失步问题。

(2) 高速性能好，一般额定转速能达到 2000～3000 r/min。

(3) 抗过载能力强，能承受 3 倍于额定转矩的负载，对于有瞬间负载波动和要求快速启动的场合特别适用。

(4) 低速运行平稳，低速运行时不会产生类似于步进电机的步进运行现象。

(5) 加、减速的动态响应时间短，一般在几十毫秒之内。

(6) 发热和噪声明显降低。

4) 直接驱动电动机

在齿轮、皮带等减速机构组成的驱动系统中，存在间隙、回差、摩擦等问题。克服这些问题可以借助直接驱动电动机。对直接驱动电动机的要求是没有减速器，但仍要提供大输出转矩(推力)，可控性要好。这种电动机被广泛应用于 SCARA 机器人、自动装配机、加工机械、检测机器及印刷机械中。

所谓直接驱动(direct drive，DD)系统，就是电动机与其所驱动的负载直接耦合在一起，中间不存在任何减速机构。

同传统的电动机伺服驱动相比，直接驱动电动机驱动减少了减速机构，从而避免了系统传动过程中减速机构产生的间隙和松动，也避免了减速结构的摩擦及传动转矩脉动，极大地提高了机器人的精度。特别是采用传统电动机伺服驱动的关节型机器人，其机械刚性差，易产生振动，阻碍了机器人运行操作精度的提高。而直接驱动电动机由于具有上述优点，机械刚性好，可以高速、高精度动作，且具有部件少、结构简单、容易维修、可靠性高等特点，在高精度、高速度工业机器人应用中越来越引起人们的重视。

直接驱动技术的关键环节是直接驱动电动机及其驱动器，它应具有以下特性。

(1) 输出转矩大。直接驱动电动机的输出转矩应为传统驱动方式中伺服电机输出转矩的 50～100 倍。

(2) 转矩脉动小。直接驱动电动机的转矩脉动应抑制在输出转矩的 5%～10%以内，以消除力矩谐波的影响，保证精确的定位，避免共振。

(3) 效率方面，与采用合理阻抗匹配的电动机(传统驱动方式)相比，直接驱动电动机是在功率转换较差的使用条件下工作的。因此，负载越大，越倾向于选用功率较大的电动机。

4. 新型驱动方式

1）磁致伸缩材料

铁磁材料和亚铁磁材料由于磁化状态的改变，其长度和体积都要发生微小的变化，这种现象称为磁致伸缩。

20 世纪 60 年代发现某些稀土元素在低温时磁致伸缩率达 $3000\times10^{-6}\sim10000\times10^{-6}$。研究发现，$TbFe_2$（铽铁）、$SmFe_2$（钐铁）、$DyFe_2$（镝铁）、$HoFe_2$（钬铁）、$(TbDy)Fe_2$（铽镝铁）等稀土-铁系化合物不仅磁致伸缩值高，而且居里点高于室温，其在室温下的磁致伸缩值为 $1000\times10^{-6}\sim2500\times10^{-6}$，是传统磁致伸缩材料（如铁、镍等）的 10～100 倍。这类材料被称为稀土超磁致伸缩材料（rear earth-giant magnetostrictive materials，简称 RE-GMSM）。

这一现象已用于制造具有微英寸（1 in＝2.54 cm）量级位移能力的直线电动机。为使这种驱动器工作，要将被磁性线圈覆盖的磁致伸缩小棒的两端固定在两个架子上。当磁场改变时，会导致小棒收缩或伸展，这样其中一个架子就会相对于另一个架子产生运动。一个与此类似的概念是用压电晶体来制造具有毫微英寸量级位移的直线电动机。美国波士顿大学已经研制出了一台使用压电微电动机驱动的机器人——机器蚂蚁。机器蚂蚁的每条腿是长约 1 mm 的硅杆，通过不带传动装置的压电微电动机来驱动各条腿运动。这种机器蚂蚁可用在实验室中，以收集放射性的尘埃，以及从活着的病人体中收取患病的细胞。

2）形状记忆金属

有一种特殊的形状记忆合金叫作 Biometal（生物金属），它是一种专利合金，在达到特定温度时缩短大约 4%。通过改变合金的成分可以设计合金的转变温度，但标准样品都将温度设在 90 ℃左右。在这个温度附近，合金的晶格结构会从马氏体状态变化到奥氏体状态，并因此变短。然而，与许多其他形状记忆合金不同的是，它变冷时能再次回到马氏体状态。如果线材上负载低的话，上述过程能够持续变化数十万个循环。

实现这种转变的常用热源来自当电流通过金属时，金属因自身的电阻而产生的热量。结果是，来自电池或者其他电源的电流轻易就能使生物金属线缩短。这种材料的主要缺点在于它的总应变仅发生在一个很小的温度范围内，因此除了在开关情况下以外，要精确控制它的拉力很困难，同时也很难控制位移。图 2-17 所示为一种使用形状记忆合金制作的夹持器。

3）静电薄膜电机

静电薄膜电机利用电荷间的吸引力和排斥力互相作用顺序驱动电极而产生平移或旋转的运动。因静电作用属于表面力，它和元件尺寸的二次方成正比，故在尺寸变化微小时，能够产生很大的能量。其构造简单，可以实现以薄膜为基础的大面积多层化结构。

如图 2-18 所示，静电薄膜电机由两片薄膜制成，一片是定子，另一片薄膜是由结构相同的多相电极所组成的滑块。在高压作用下，静电薄膜中诱导出异种电荷，产生吸引力。当改变静电薄膜电机中的电极极性，滑块相对于定子向前滑动。重复此切换顺序，滑块将连续滑动。相比较大多数软体驱动器（如气动、电活性聚合物），静电薄膜电机有着两个突出的优点：极高的线性移动精度和大行程。

静电薄膜电机是一种新兴的柔性驱动技术，具有柔顺性好、质量轻、成本低等独特优点，在医疗器具、可穿戴设备、检测装置、机器人等方面有着广泛的潜在应用前景。特别是那些需要较大行程和高精度位置控制的场合，例如外科手术机器人、可穿戴机器人和

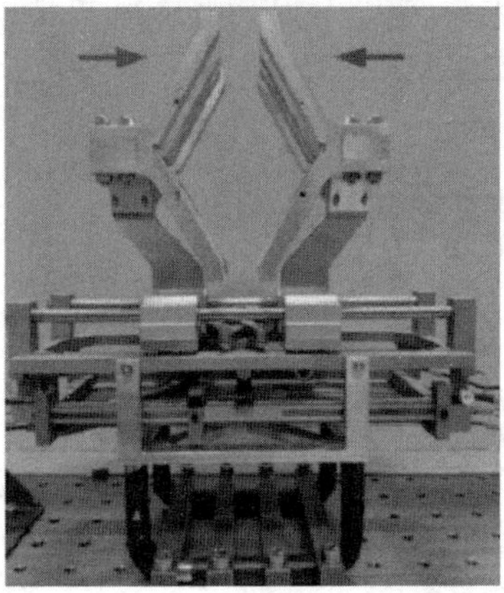

(a) 合拢

(b) 张开

图 2-17　一种使用形状记忆合金制作的夹持器

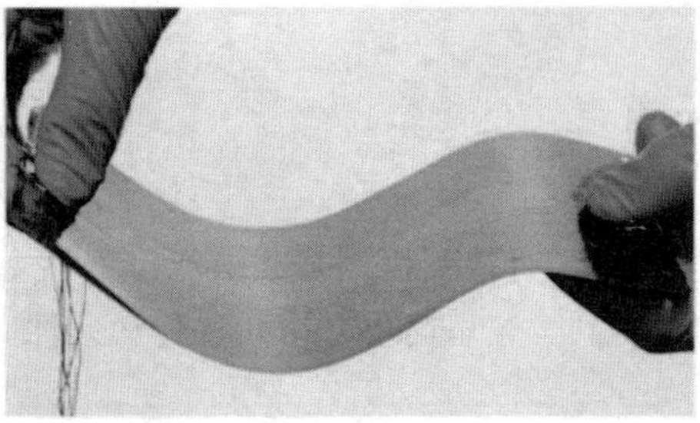

(a)

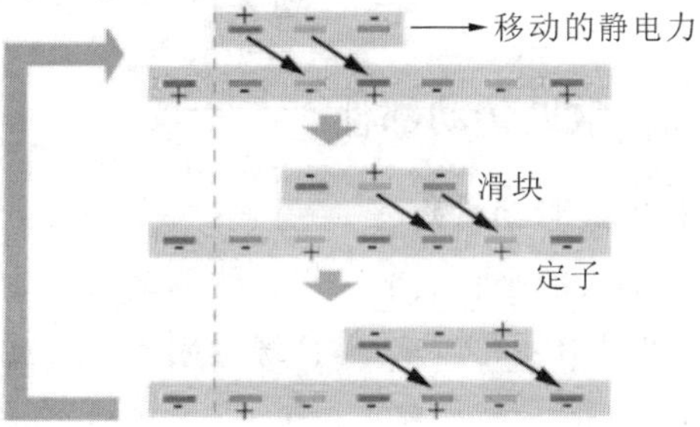

(b)

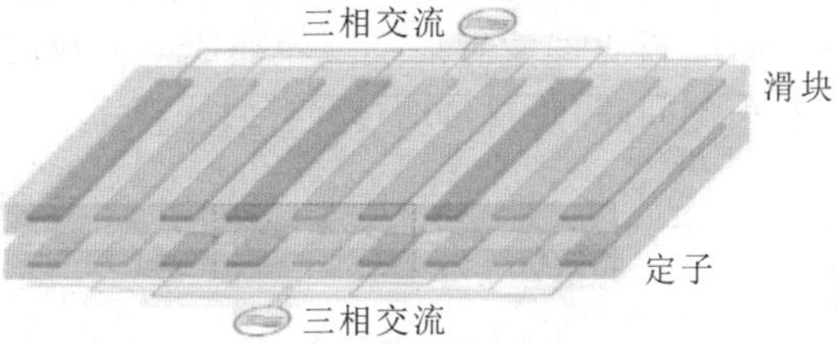

(c)

图 2-18　一种静电薄膜电机的结构

巡查机器人。

4）超声波电机

所谓超声波驱动器就是利用超声波振动作为驱动力的一种驱动器，即由振动部分和移动部分所组成，靠振动部分和移动部分之间的摩擦力来驱动的一种驱动器。由于超声波驱动器没有铁芯和线圈，结构简单、体积小、重量轻、响应快、力矩大，不需配合减速装置就可以低速运行，因此，它很适合用作机器人、照相机和摄像机等的驱动装置。

超声波电机的负载特性与直流电机相似，负载增加时，其转速有垂直下降的趋势。将超声波电机与直流电机进行比较，它的特点有：① 可望达到低速、高效率；② 同样的尺寸，能得到大的转矩；③ 能保持大转矩；④ 无电磁噪声；⑤ 易控制；⑥ 外形的自由度大等。

5）人工肌肉

人工肌肉通常是指能够在外界物理或化学刺激下发生伸缩、膨胀、弯曲、扭转等动作，并对外做功的柔性材料或器件，借助人工肌肉驱动可大幅提高机器人的柔顺适应能力和人机力学交互的舒适性。人工肌肉的发展已有超过六十年的历史，其激励方式包括电、热、内压等多种形式。图 2-19 所示是一种纤维肌肉热驱动仿生机械手指。

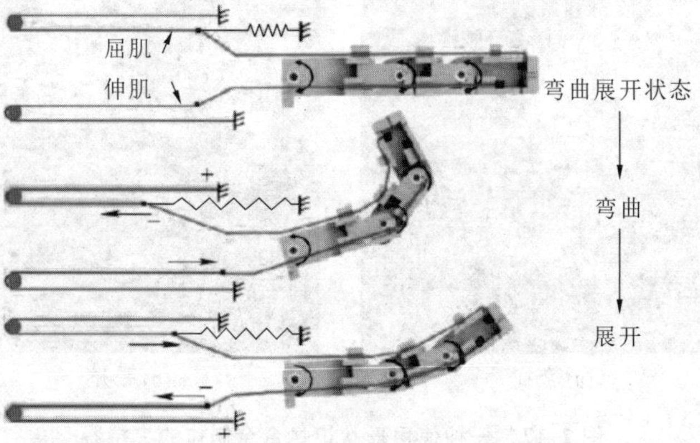

图 2-19　一种纤维肌肉热驱动仿生机械手指

2.2.2　常见传动部件

1. 直线驱动机构

机器人的平移关节采用直线驱动机构，其平移运动可直接利用汽缸或液压缸的活塞杆获得，也可以由齿轮齿条、丝杠螺母副等传动元件转换得到。这里简单介绍几种传动元件。

1）齿轮齿条装置

齿轮齿条相互啮合构成一对传动机构。如图 2-20 所示，齿条固定不动，齿轮绕中心轴转动时，齿轮轴连同拖板作直线运动，齿轮的旋转运动就转换成为拖板的直线运动。拖板是由导杆或导轨支承的。由于存在齿侧间隙，装置传动过程有回差。

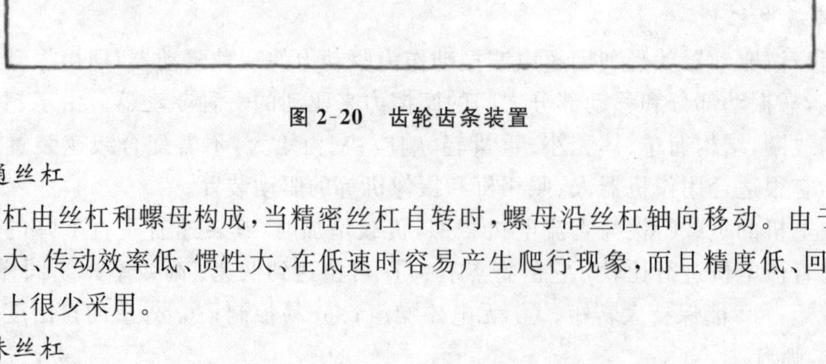

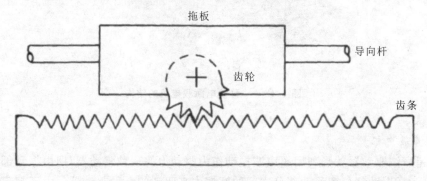

图 2-20　齿轮齿条装置

2）普通丝杠

普通丝杠由丝杠和螺母构成，当精密丝杠自转时，螺母沿丝杠轴向移动。由于普通丝杠的摩擦力较大、传动效率低、惯性大、在低速时容易产生爬行现象，而且精度低、回差大，因此其在机器人上很少采用。

3）滚珠丝杠

滚珠丝杠由丝杠、螺母、滚动体、回路管道等构成。丝杠外螺旋槽与滚珠内螺旋槽形成螺旋滚道，利用滚珠的滚动传递运动，摩擦力很小，运动响应速度快，传动效率高，消除了低速运动时的爬行现象。在装配时施加一定的预紧力，可消除回差。

如图 2-21 所示，滚珠丝杠里的滚珠从钢套管出来，进入经过研磨的导槽，转动 2～3 圈以后，返回钢套管。滚珠丝杠的传动效率可以达到 90%，所以只需要使用极小的驱动力，并采用较小的驱动连接件就能够传递运动。

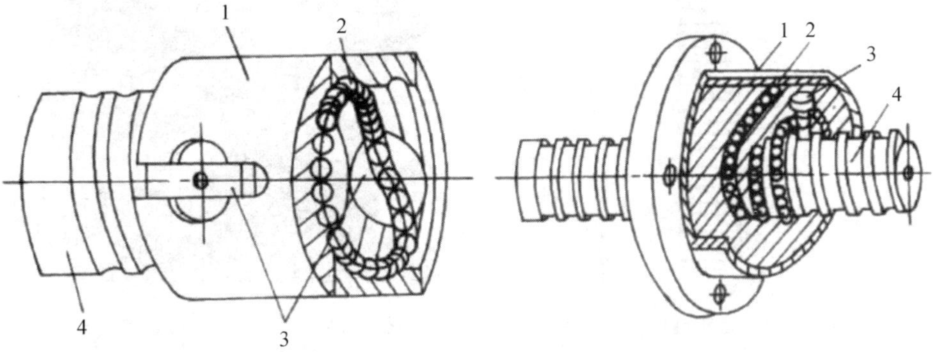

图 2-21　滚珠丝杠副旋转驱动机构

1—螺母；2—滚珠；3—回程引导装置；4—丝杠

4）液压（气压）缸

液压缸（见图 2-22）是能将液压泵输出的压力转换成机械能并作直线往复运动的执行元件，使用液压缸可以很容易实现直线运动。液压缸的活塞和缸筒采用精密滑动配合，压力油从液压缸的一端进入，把活塞推向液压缸的另一端，从而实现直线运动。

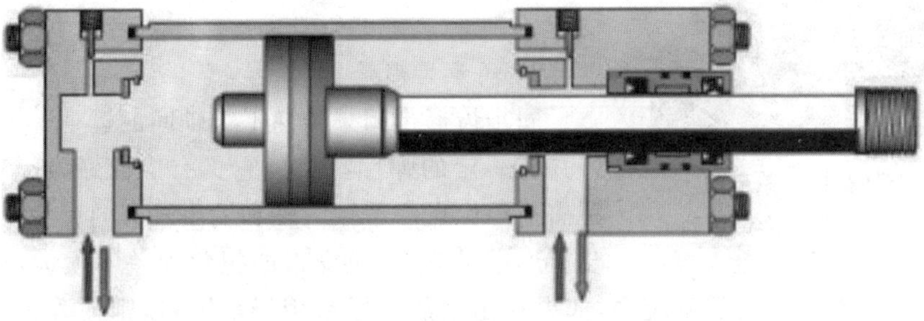

图 2-22　液压缸示意图

早期的许多机器人采用了伺服阀控制的液压缸，以产生直线运动。比如，Unimate 型机器人采用直线液压缸作为径向驱动源，Vertran 机器人也使用直线液压缸作为其圆柱坐标型机器人的垂直驱动源和径向驱动源。目前高效专业设备和自动线大多采用液压驱动，与其配合的机器人可共用主设备动力源。

2. 旋转驱动机构

机器人广泛使用了电气驱动，一般采用旋转传动元件把电动机轴的旋转运动传递到机器人回转轴。

1）齿轮链

齿轮链是由两个或两个以上的齿轮组成的传动机构。它不但可以传递运动角位移和角速度，而且可以传递力和力矩。现以具有两个齿轮的齿轮链为例，说明其传动转换关系。其中一个齿轮装在输入轴上，另一个齿轮装在输出轴上，如图 2-23 所示。图 2-24 所示是典型的机器人关节的齿轮传动。

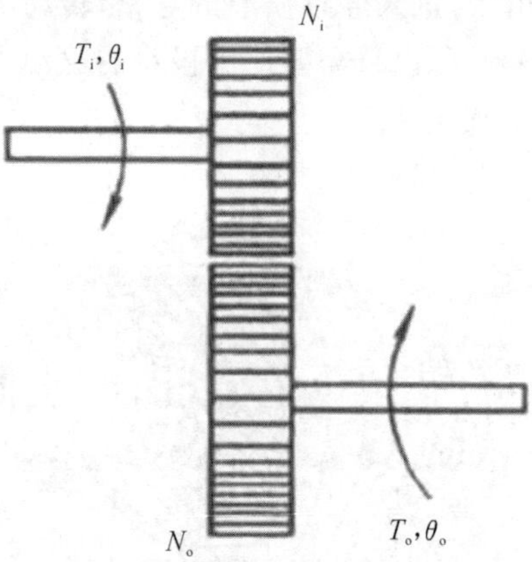

图 2-23　齿轮链结构示意图

图 2-24　机器人关节的齿轮传动

图 2-25　机器人关节的同步齿形带传动

使用齿轮链应注意两个问题。一是齿轮链的引入会改变系统的等效转动惯量，从而使驱动电机的响应时间缩短，这样伺服系统就更加容易控制。输出轴转动惯量转换到驱动电机上，等效转动惯量的下降与输入/输出齿轮齿数的平方成正比。二是在引入齿轮链的同时，齿轮间隙误差的存在，将导致机器人手臂的定位误差增加；而且，假如不采取一些补救措施，齿隙误差还会引起伺服系统不稳定。

2）同步齿形带

同步齿形带用来传递平行轴间的运动。工作时，齿形带具有一定的弹性，因此，它具有柔性好、价格低廉、传动距离远等优点。若输入轴和输出轴方向存在偏差，只要同步齿形带足够长，使皮带的扭角误差不太大，则同步齿形带仍能够正常工作。在伺服系统中，如果输出轴的位置采用码盘测量，则输入传动的同步齿形带可以放在伺服环外面，这对系统的定位精度和重复定位精度不会有影响，重复定位精度可以达到 1 mm 以内。某机器人关节采用了同步齿形带传动，如图 2-25 所示。

典型工业机器人关节常用的传动方式如表 2-3 所示。

表 2-3　典型工业机器人关节常用的传动方式

传动方式	特点	运动形式	传动距离	应用部件	实例(机器人型号)
圆柱齿轮	用于手臂第一转动轴提供大扭矩	转—转	近	臂部	Unimate PUMA560
锥齿轮	转动轴方向垂直相交	转—转	近	臂部 腕部	Unimate
蜗轮蜗杆	大传动比，重量大，有发热问题	转—转	近	臂部 腕部	FANUC M1
行星传动	大传动比，价格高，重量大	转—转	近	臂部 腕部	Unimate PUMA560

续表

传动方式	特点	运动形式	传动距离	应用部件	实例(机器人型号)
谐波传动	很大的传动比,尺寸小,重量轻	转—转	近	臂部 腕部	ASEA
链传动	无间隙,重量大	转—转 转—移 移—转	远	移动部分 腕部	ASEA IR66
同步齿形带	有间隙和振动,重量轻	转—转 转—移 移—转	远	腕部 手爪	KUKA
钢丝传动	远距离传动性能很好,有轴向伸长问题	转—转 转—移 移—转	远	腕部 手爪	S. Hirose
四杆传动	远距离传动性能很好	转—转	远	臂部 手爪	Unimate2000
曲柄滑块机构	特殊应用场合	转—移 移—转	远	腕部 手爪 臂部	大量的手爪将油(汽)缸的运动转化为手指摆动
丝杠螺母	传动比大,存在摩擦与润滑问题	转—移	远	腕部 手爪	精工 PT300H
滚珠丝杠螺母	很大的转动比,精度高,可靠性高,价格高昂	转—移	远	臂部 腕部	Motorman L10
齿轮齿条	精度高,价格低	转—移 移—转	远	腕部 手爪 臂部	Unimate2000
液压气压	效率高,寿命长	移—移	远	腕部 手爪 臂部	Unimate

3. 轴承

工业机器人的关节、旋转部位都需要配置轴承。轴承由内圈、外圈、滚动体、保持架构成。工业机器人的轴承需满足以下要求：

(1) 承受轴向、径向、倾覆等方向的载荷；

(2) 高回转定位精度；

(3) 体积小、重量轻。

工业机器人轴承主要包括交叉圆柱滚子轴承、等截面薄壁轴承等。

1) 交叉圆柱滚子轴承

两列圆柱滚子在呈 90°的 V 形滚道上通过尼龙隔离块被相互垂直交叉排列,如图 2-26 所示。所以交叉滚子轴承可承受径向载荷、轴向载荷及力矩等多方向的载荷。滚子之间装有间隔保持器或者隔离块,可以防止滚子的倾斜或滚子之间的摩擦,避免增大旋转扭矩。

2) 等截面薄壁轴承

薄壁型轴承具有极薄的轴承断面,具有小型化、轻量化等特点。它的横截面大多为正方形,轴承孔的直径不同,横截面也保持不变,因此称为等截面薄壁轴承,如图 2-27 所示,它也正是因为这个特性而区别于传统的标准轴承。

图 2-26 交叉圆柱滚子轴承

图 2-27 等截面薄壁轴承

4. 减速器

实际应用中，驱动电机的转速非常高，达到每分钟几千转，而机械关节的转速较慢，减速后关节转速为每分钟几百转，甚至低至每分钟几十转，所以减速器在机器人的驱动中是必不可少的，是工业机器人的关键零部件。机器人的结构特点要求减速器满足：① 减速比大，达几百；② 重量轻，结构紧凑；③ 精度高，回差小。目前，工业机器人中主要使用的减速器是谐波齿轮减速器和RV(rot-vector)减速器。

1) 谐波齿轮减速器

谐波齿轮减速器最早应用于航空航天领域，后用于机器人关节，目前机器人的旋转关节有60%～70%都使用的是谐波齿轮减速器。

谐波齿轮减速器由刚性齿轮、谐波发生器和柔性齿轮组成，如图2-28所示。刚性齿轮有内齿，工作时固定安装，具有外齿圈的柔性齿轮沿刚性齿轮的内齿圈转动。柔性齿轮比刚性齿轮少两个齿，所以柔性齿轮沿刚性齿轮每转一圈就反方向转过两个齿的相应转角。谐波发生器具有椭圆形轮廓，装在谐波发生器上的滚珠用于支承柔性齿轮，谐波发生器驱动柔性齿轮旋转并使之发生塑性变形。转动时，柔性齿轮的椭圆形端部只有少数齿与刚性齿轮啮合，这样柔性齿轮才能相对于刚性齿轮自由地转过一定的角度。

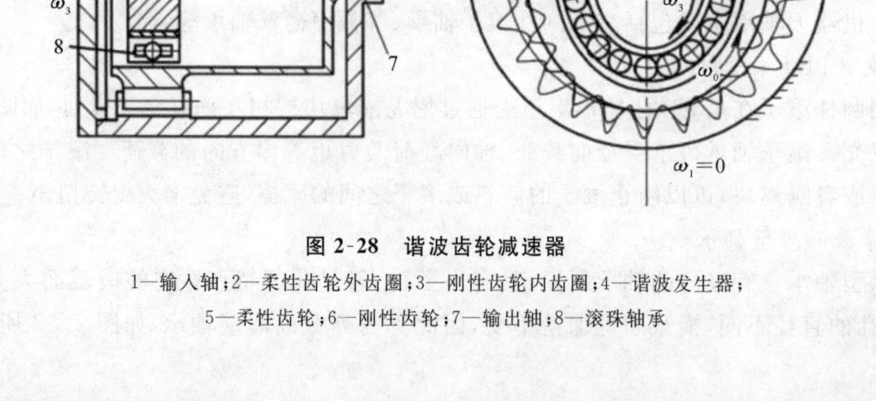

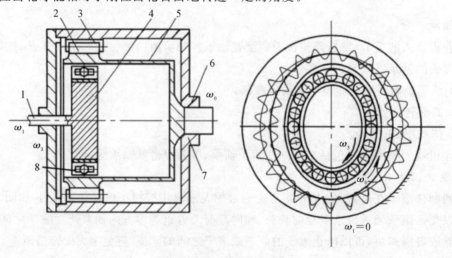

图 2-28 谐波齿轮减速器

1—输入轴；2—柔性齿轮外齿圈；3—刚性齿轮内齿圈；4—谐波发生器；5—柔性齿轮；6—刚性齿轮；7—输出轴；8—滚珠轴承

假设刚性齿轮有 100 个齿，柔性齿轮比它少 2 个齿，则当谐波发生器转 50 圈时，柔性齿轮转 1 圈，这样只占用很小的空间就可得到 1∶50 的减速比。由于同时啮合的齿数较多，因此谐波发生器的力矩传递能力很强。在刚性齿轮、谐波发生器、柔性齿轮这三个零件中，尽管任何两个都可以选为输入元件和输出元件，但通常总是把谐波发生器装在输入轴上，把柔性齿轮装在输出轴上，以获得较大的减速比。

由于自然形成的预加载谐波发生器啮合齿数较多，以及齿的啮合比较平稳，谐波齿轮传动的齿隙几乎为零，因此其传动精度高，回差小。但是，柔性齿轮的刚性较差，承载后会出现较大的扭转变形，从而会引起一定的误差。不过，对于多数应用场合，这种变形将不会引起太大的问题。

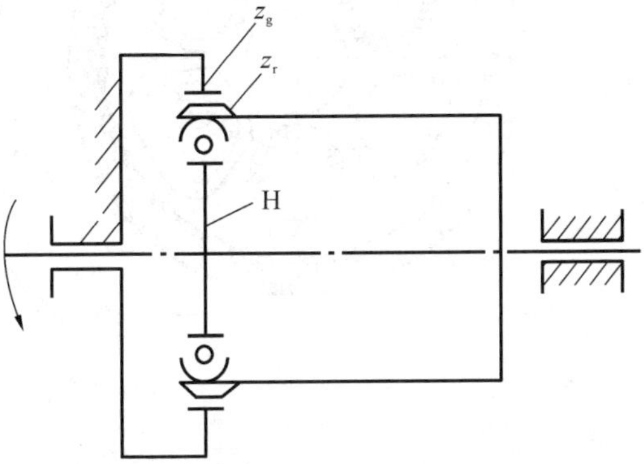

图 2-29　谐波齿轮传动示意图

一般以刚性齿轮固定，以谐波发生器作为输入端，以柔性齿轮作为输出端来计算谐波齿轮减速器的传动比，如图 2-29 所示。

现以谐波发生器为参考，以柔性齿轮作为输入端，以刚性齿轮作为输出端，刚性齿轮固定时，刚性齿轮转速 $n_g=0$，则柔性齿轮-刚性齿轮转速比为

$$i_{rg}^{H}=\frac{n_r-n_H}{n_g-n_H}=\frac{n_r-n_H}{0-n_H}=-i_{rH}+1=\frac{z_g}{z_r} \tag{2-3}$$

式中：n_r——柔性齿轮转速；

n_H——谐波发生器的转速；

n_g——刚性齿轮转速；

z_g——刚性齿轮齿数；

z_r——柔性齿轮齿数；

i_{rH}——柔性齿轮-谐波发生器转速比。

则

$$i_{rH}=1-\frac{z_g}{z_r}=\frac{z_r-z_g}{z_r} \tag{2-4}$$

实际上，运动是从谐波发生器输入、柔性齿轮输出的，故谐波齿轮减速器的传动比为

$$i_{Hr}=\frac{1}{i_{rH}}=\frac{z_r}{z_r-z_g} \tag{2-5}$$

2) RV 减速器

RV 减速器由第一级渐开线圆柱齿轮行星减速机构和第二级摆线针轮行星减速机构组成，为封闭差动轮系，如图 2-30 所示。中心轮 1 与输入轴连接在一起，传递输入功率；渐开线行星轮 2 与曲柄轴 3 连成一体，作为摆线针轮减速机构的输入；曲柄轴 3 带动摆线轮 4 公转，但摆线轮 4 外齿廓与针轮啮合，导致了摆线轮的自转；摆线轮通过输出块 9 镶嵌在支承圆盘 8 上，支承圆盘获得了摆线轮的自转；输出轴 7 与支承圆盘 8 相互连接，把摆线轮的自转矢量以 1∶1 的速比传递出来。

RV 减速器技术含量高，是工业机器人的关键零部件。RV 减速器主要特点是：三大（传

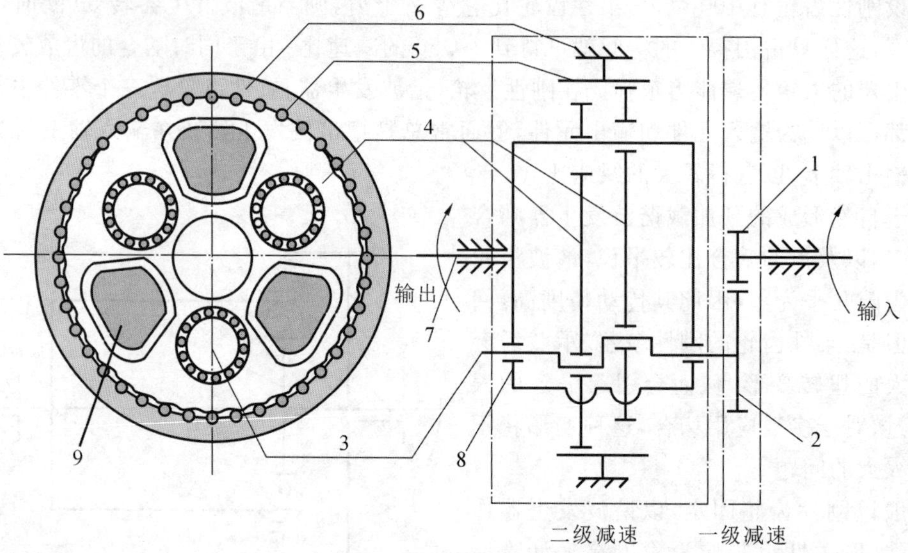

图 2-30 RV减速器结构与传动简图

1—中心轮;2—行星轮;3—曲柄轴;4—摆线轮;5—针齿销;6—针轮壳体;7—输出轴;8—支承圆盘;9—输出块

动比大、承载能力大、扭转刚度大)、二高(运动精度高、传动效率高)、一小(回差小)。

(1) 传动比大。针齿销固定安装在针轮壳体上,针轮与摆线轮啮合,针齿销数量比摆线轮齿数多一个,构成了少齿差传动,具有较大的传动比。而且通过改变第一级减速装置中中心轮和行星轮的齿数,可以方便获得范围较大的传动比,传动比范围 $i=57\sim192$。

(2) 承载能力大。其原因包括:通过一级减速机构,对输入轴进行了功率分流;传动过程采用了多齿啮合;采用了具有圆盘支承装置的输出机构。

(3) 扭转刚度大。圆盘支承装置的采用改善了曲柄轴的支承情况,使传动轴的扭转刚度增大。

(4) 传动精度高。回差误差小,可获得较高的传动精度。

(5) 传动效率高。除了针轮的针齿销支承部分外,其他构件均为滚动轴承支承,传动效率高。

(6) 回差小。回差误差在 1.5′以下。

2.3 串联机器人

从运动学原理上说,绝大多数机器人的本体都是由若干关节和连杆组成的运动链。根据关节间的连接形式,多关节工业机器人的典型结构形态主要有垂直串联、水平串联和并联 3 大类,这里主要讲述垂直串联机器人和水平串联机器人。

2.3.1 垂直串联机器人

1. 基本结构与特点

垂直串联是工业机器人最常用的结构形式。垂直串联机器人可用于加工、搬运、装配、包装等各种场合。垂直串联机器人的本体部分一般由 5～7 个关节在垂直方向依次串联而成,典型结构如图 2-31 所示的 6 关节串联。

为了便于区分，在机器人上，通常将能够在 4 象限进行 360°或接近 360°回转的旋转轴(图 2-31 中用实线表示的轴)称为回转轴(roll)；将只能在第 3 象限进行小于 270°回转的旋转轴(图 2-31 中用虚线表示的轴)称为摆动轴(bend)。图 2-31所示的六轴垂直串联结构的机器人可以模拟人类从腰部到手腕的运动，其 6 个运动轴分别为腰回转轴 S(swing)、下臂(肩)摆动轴 L(lower arm wiggle)、上臂(肘)摆动轴 U(upper arm wiggle)、腕回转轴 R(wrist rotation)、腕弯曲轴 B(wrist bending)和手回转轴 T(turning)。

图 2-31　六轴典型垂直串联机器人

垂直串联机器人的末端执行器的作业点运动，由手臂和手腕、手的运动合成。六轴典型结构机器人的手臂部分有腰、肩、肘 3 个关节，用来改变手腕基准点(参考点)的位置，称为定位机构；手腕部分有腕回转、腕弯曲和手回转 3 个关节，用来改变末端执行器的姿态，称为定向机构。在垂直串联结构的机器人中，回转轴 S 称为腰关节，它可使得机器人中除基座外的所有后端部件，绕固定基座的垂直轴线，进行 4 象限 360°或接近 360°回转，以改变机器人的作业面方向。摆动轴 L 称为肩关节，它可使机器人下臂及后端部件进行垂直方向的偏摆，实现参考点的前后运动。摆动轴 U 称为肘关节，它可使机器人上臂及后端部件进行水平方向的偏摆，实现参考点的上下运动(俯仰)。

腕回转轴 R、腕弯曲轴 B、手回转轴 T 统称为腕关节，用来改变末端执行器的姿态。腕回转轴 R 用于机器人手腕及后端部件的 4 象限 360°或接近 360°回转运动；腕弯曲轴 B 用于手部及末端执行器的上下或前后、左右摆动运动；手回转轴 T 可实现末端执行器的 4 象限 360°或接近 360°回转运动。

六轴垂直串联机器人通过以上定位机构和定向机构的串联，较好地实现了三维空间内的任意位置和姿态控制，它对于各种作业都有良好的适应性，因此，可用于加工、搬运、装配、包装等各种场合。

但是，六轴垂直串联机器人也存在固有的缺点。首先，末端执行器在笛卡儿坐标系上的三维运动(x、y、z 轴)需要通过多个回转、摆动轴的运动合成，且运动轨迹不具备唯一性，x、y、z 轴的坐标计算和运动控制比较复杂，加上 x、y、z 轴位置无法直接检测，因此，要实现高精度的位置控制非常困难。其次，由于结构所限，这种机器人存在运动干涉区域，限制了工作空间。再次，在如图 2-31 所示的典型结构上，所有轴的运动驱动机构都安装在相应的关节部位，机器人上部的质量大、重心高，高速运动时的稳定性较差，承载能力也受到一定的限制等。

2. 简化结构

机器人末端执行器的姿态与作业对象和要求有关，在部分作业场合，有时可省略 1～2 个运动轴，简化为 4～5 轴垂直串联结构的机器人；或者以直线轴代替回转摆动轴。图 2-32 所示为机器人的简化结构。

例如，对于以水平面作业为主的大型机器人，可省略腕回转轴 R，直接采用如图 2-32(a)所示的五轴结构；对于搬运、码垛作业的重载机器人，可采用如图 2-32(b)所示的四轴结构，省略腰回转轴 S 和腕回转轴 R，直接通过手回转轴 T 来实现执行器的回转运动，以简化结构、增加刚性、方便控制等。

3. 七轴结构

六轴垂直串联结构的机器人，由于结构限制，作业时存在运动干涉区域，使得部分区域的作业无法进行。为此，工业机器人生产厂家又研发了如图 2-33 所示的七轴垂直串联结构的机器人。

七轴垂直串联结构的机器人在六轴机器人的基础上，增加了下臂回转轴 *LR*(lower arm rotation)，使得手臂部分的定位机构扩大到腰回转、下臂摆动、下臂回转、上臂摆动 4 个关节，手腕基准点(参考点)的定位更加灵活。

例如，当机器人上部的运动受到限制时，它仍然能够通过下臂的回转，避让上部的干涉区，从而完成下部作业。此外，它还可在正面运动受到限制时，通过下臂的回转，避让正面的干涉区，进行反向作业。

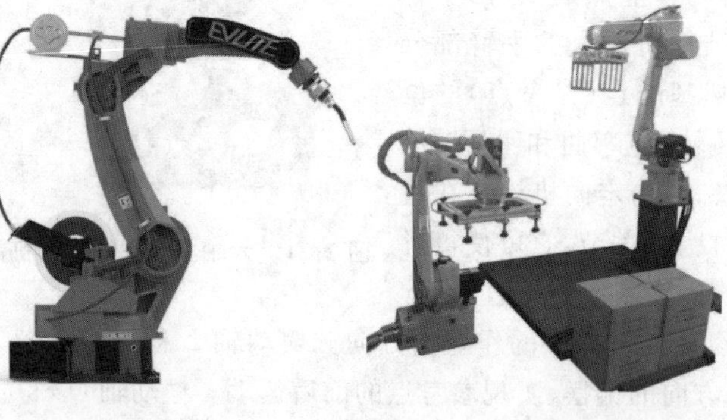

(a) 五轴机器人　　(b) 四轴机器人

图 2-32　机器人的简化结构

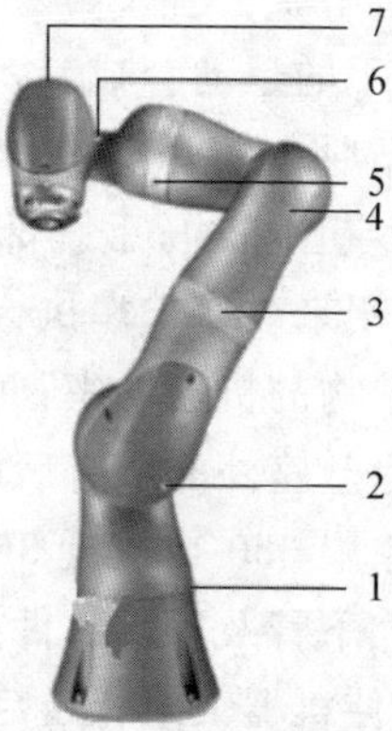

图 2-33　七轴垂直串联机器人

4. 各关节实现方案举例

1) 腰关节

腰关节为回转关节，既承受很大的轴向力、径向力，又承受倾覆力矩，应具有较高的运动精度和刚度。图 2-34 所示为腰关节电动机同轴布置方案，腰部驱动电机采用立式倒置安装；图 2-35 所示为腰关节电动机偏置布置方案，从重力平衡的角度考虑，电动机与机器人大臂(图中未画出)相对安装。其中，同轴式一般用于小型机器人，偏置式一般用于中、大型机器人。对于中、大型机器人，为方便走线，常采用中空型 RV 减速器，典型方案如图 2-36 所示。

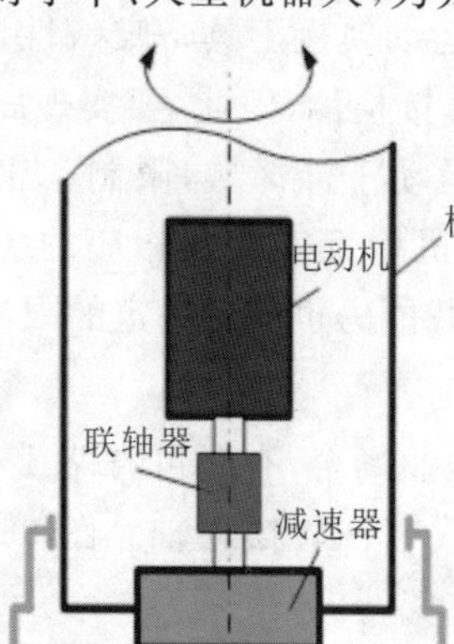

图 2-34　腰关节电动机同轴布置方案

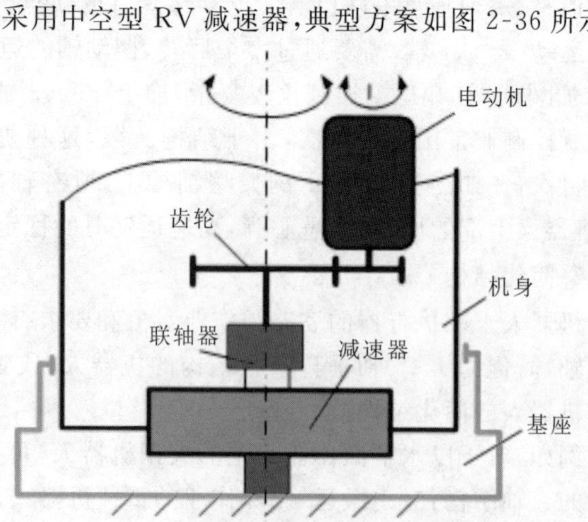

图 2-35　腰关节电动机偏置布置方案

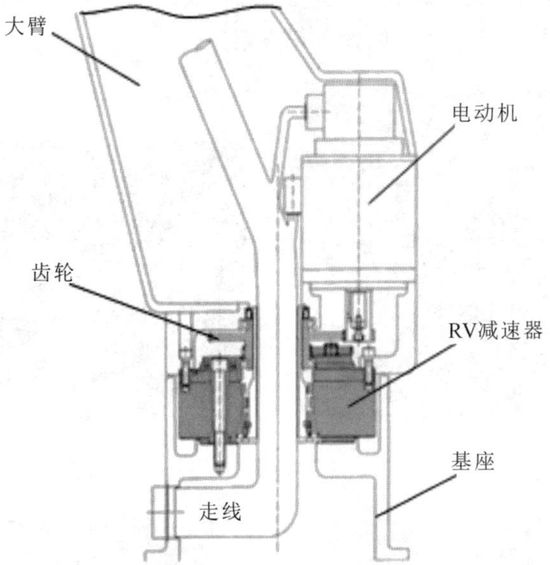

图 2-36　腰部使用中空型 RV 减速器驱动方案

2）臂部

臂部连接机身和腕部，通常由大臂和小臂组成，用以带动腕部作平面运动，一般具有 2 个自由度，即伸缩、回转或俯仰。

臂部的作用是引导手指准确地抓住工件，并将其运送到所需要的位置上。在运动时，臂部直接承受腕部、手部和工件（或工具）的静、动载荷，尤其在高速运动时，将产生较大的惯性力（或惯性力矩），引起冲击，影响定位的准确性。

臂部的结构要考虑重力平衡的问题，其原因是：

（1）使驱动器基本上只需克服机器人运动时的惯性力，而忽略重力矩的影响（故可选用体积较小、功耗较小的驱动器）；

（2）免除了机器人手臂在自重下落下伤人的危险；

（3）在伺服控制中因减少了负载变化的影响，故可实现更精确的伺服控制。

图 2-37　配重平衡机构

图 2-37 所示为配重平衡机构。这种平衡机构简单，平衡效果好，易调整，工作可靠，但增加了手臂的惯量和关节的负载，故适用于不平衡力矩较小的情况。

图 2-38 所示为弹簧平衡机构。这种平衡机构结构简单，平衡效果也较好，工作可靠，不会增加关节转动惯量，适用于中小负载，但平衡范围较小。

图 2-39 所示为液压缸平衡机构。液（气）压缸平衡机构多用在重载搬运和点焊机器人操作机上。液缸平衡机构体积小，平衡力大；气压缸平衡机构具有很好的阻尼作用，但体积较大。

肩、肘关节承受很大扭矩（肩关节同时承受来自平衡机构的弯矩）且应具有较高的运动精度和刚度，多采用高刚性的 RV 减速器传动。按照电动机旋转轴线与减速器旋转轴线是否同轴,肩、肘关节布置方案也分为同轴式与偏置式两种。图 2-40 所示为肩关节电动机偏置布置方案。图 2-41 所示为肘关节电动机偏置布置方案。

图 2-38 弹簧平衡机构

图 2-39 液压缸平衡机构

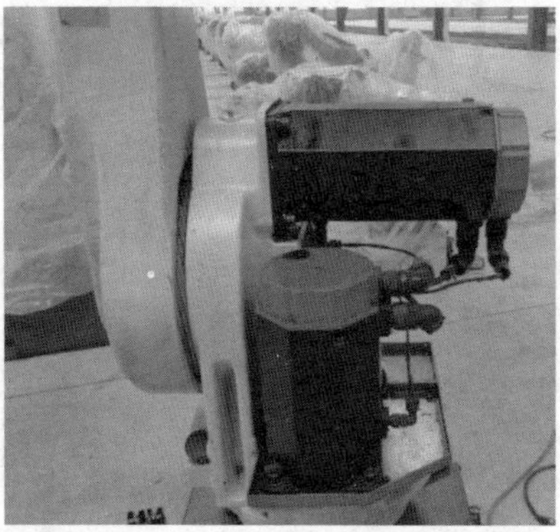

图 2-40 肩关节电动机偏置布置方案

图 2-41 肘关节电动机偏置布置方案

3）手腕

腕部用来连接操作机手臂和末端执行器,并决定末端执行器在空间里的姿态。腕部一般应有 2～3 个 DOF,结构要紧凑,质量较小,各运动轴采用独立传动。为了使得手部能处于空间任意方向,要求腕部能实现绕空间三个坐标轴的旋转,即回转、俯仰和偏转 3 个 DOF,图 2-42所示为腕部自由度示意图。

典型六轴垂直串联工业机器人的 4 关节(R 轴)的典型传动链如图 2-43 所示。上臂前段用两圆锥滚子轴承支承于后段内;电动机及减速器装于后段内,输出转盘与上臂前段连接;调节螺母用来调整轴承间隙。

典型六轴垂直串联工业机器人的 5 关节(B 轴)、6 关节(T 轴)的典型传动链如图 2-44所示。B 轴的电动机装于上臂前段内部,手腕用一对圆锥滚子轴承支承在上臂前部,通过电动机—锥齿轮—同步齿形带—谐波齿轮减速器—手腕传递运动。锥齿轮轴和 B 轴由向心球轴承支承。T 轴传动链为:T 轴电动机—锥齿轮—同步齿形带—锥齿轮—谐波齿轮减速器—手腕。手腕轴由一对圆锥滚子轴承支承在手腕体内,手腕法兰连接末端执行器。

对于中、大型负载机器人,小臂和电动机的总量会增加很多,考虑到重力平衡问题,其手腕三轴驱动电机尽量靠近小臂末端,超过了肘关节旋转中心,如图 2-45 所示。图 2-46 所示为手腕三轴驱动电机后置的典型传动原理。

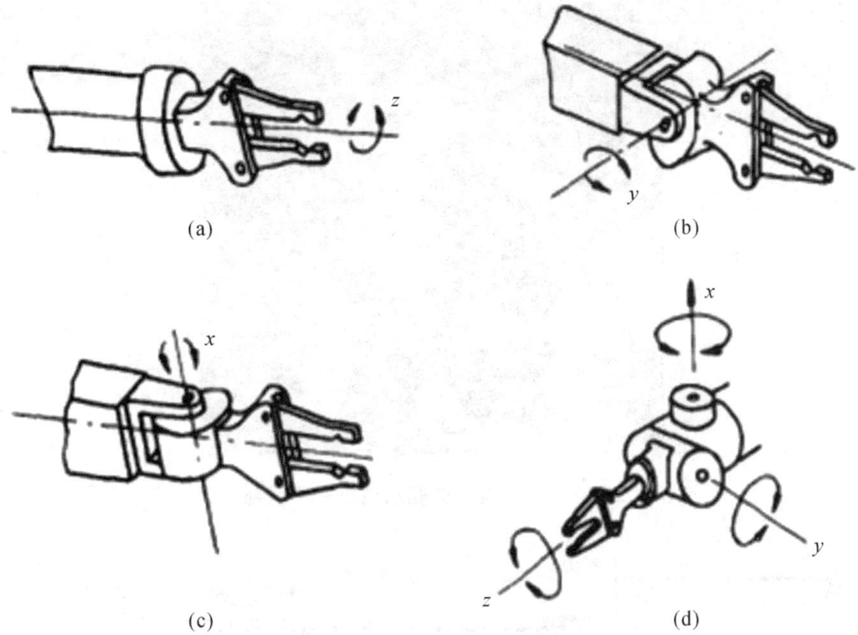

图 2-42　腕部自由度示意图

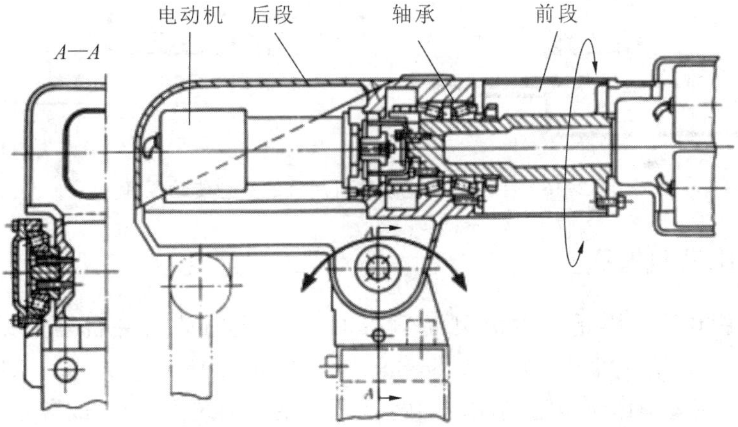

图 2-43　R 轴的典型传动链

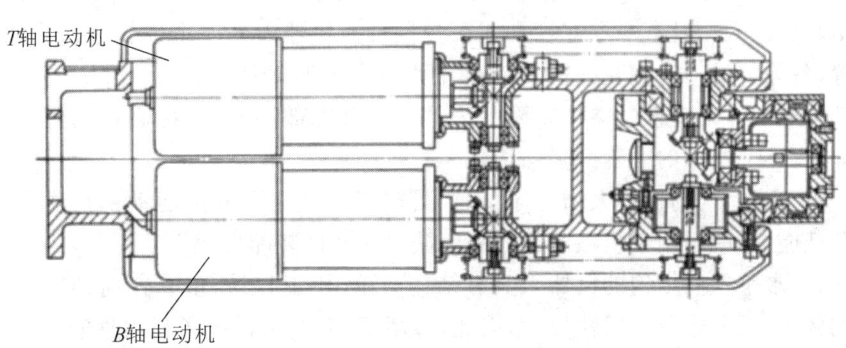

图 2-44　B 轴和 T 轴的典型传动链

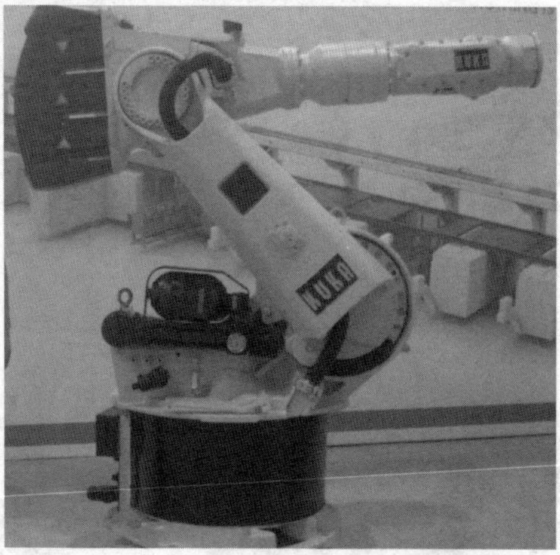

图 2-45　手腕三轴驱动电机置于肘部

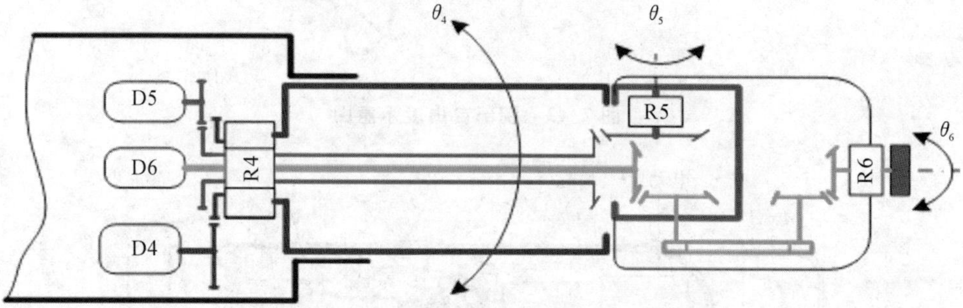

图 2-46　手腕三轴驱动电机后置的典型传动原理

2.3.2　水平串联机器人

机器人水平串联结构是日本山梨大学在 1979 年发明的一种机器人结构形式，又称 SCARA 结构。这种结构机器人为 3C(computer，communication，comsumer electronics)行业的电子元器件安装等操作而研制，适用于中小型零件的平面装配、焊接或搬运等作业。

用于 3C 行业的水平串联机器人的典型结构如图 2-47 所示，这种机器人的结构紧凑、质量小，因此，其本体一般采用平放或壁挂这两种安装方式。

水平串联机器人一般有 3 个连杆和 4 个控制轴。机器人的 3 个连杆依次沿水平方向串联延伸布置，各关节的轴线相互平行，每一连杆都可绕垂直轴线回转。

垂直轴 z 用于 3 个连杆的整体升降。为了减小升降部件质量、提高快速性，也有部分机器人使用如图 2-47 所示的手腕升降结构。

采用手腕升降结构的机器人增加了 z 轴升降行程，减小了升降运动部件质量，提高了手臂刚性和负载能力，故可用于机械产品的平面搬运和部件装配作业。

总体而言，水平串联结构的机器人具有结构简单、控制容易，垂直方向的定位精度高、运动速度快的优点，但其作业局限性较大，因此，多用于 3C 行业的电子元器件安装、小型机械部件装配等轻载、高速平面装配和搬运作业。

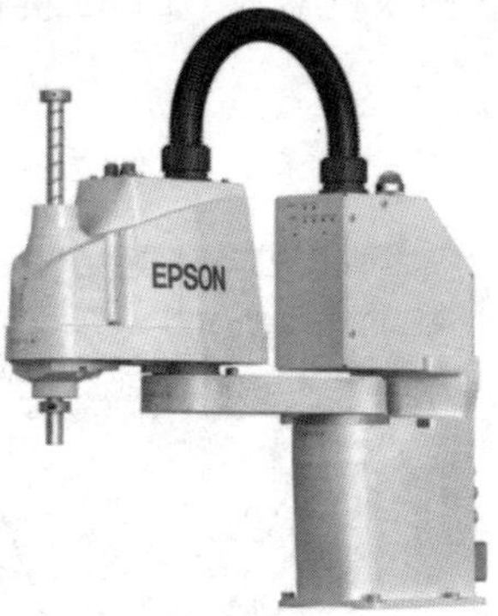

(a) 平放

(b) 壁挂

图 2-47　水平串联机器人

2.4　并联机器人

闭环运动链(闭链)是包含了至少 1 个由连杆和运动副并形成闭环的运动链，而复杂的闭环运动链是指除了基座以外的某个连杆的连接度大于等于 3，也就是说，该连杆通过运动副同时与至少 3 个连杆相连。并联机械手可被定义为包含基座，以及 1 个具有 n 个自由度的机械手的闭链机构，且与基座相连的独立支链数不小于 2。

1965 年英国高级工程师 Stewart 提出了用于飞行模拟器的六自由度并联机构——Stewart 平台，如图 2-48 所示。Stewart 机构可作为六自由度的闭链操作臂，运动平台的位置和姿态由六个直线油缸的行程长度决定，油缸的一端与基座由二自由度的万向联轴器相连，另一端(连杆)由三自由度的球-套关节与运动平台相连。Stewart 平台用于飞行模拟器说明并联机构的承载能力强。对六个转动自由度串联组成的工业机械手来说，负载与自重的比例基本小于 0.15，而对于并联机构，此比例大于 10。而且 Stewart 平台的另一个优点是定位精度很高，因为每条支链只受到拉力或者压力作用而几乎不产生弯曲，所以变形很少。并联机器人主要的缺点是工作空间较小且工作空间内可能存在奇异位形。

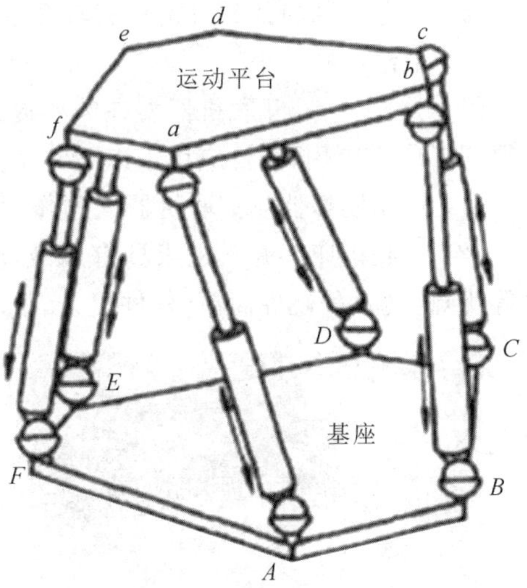

图 2-48　Stewart 平台

1978 年澳大利亚机构学教授 Hunt 提出把六自由度的 Stewart 平台机构作为机器人机构；1985 年法国 Clavel 教授设计出了一种简单、实用的并联机构——Delta 并联机构，此后并联机器人得到推广及应用。Delta 并联机构被称为“最成功的并联机器人设计”，是一种高速、轻载的并联机器人，通常具有三至四个自由度，可以实现在工作空间中沿 x、y、z 方向的平移及绕 z 轴的旋转运动。Delta 驱动电机安装在固定平台上，可大大降低机器人运动过程中的惯性，如图 2-49 所示。Delta 机器人在运动过程中可以实现快速加、减速，最快抓取速度可达到 2～4 次/秒。图 2-50 所示是 Adept 公司生产的 Delta 并联机器人。Delta 机构也是 3D 打印机的一种常见构型之一。

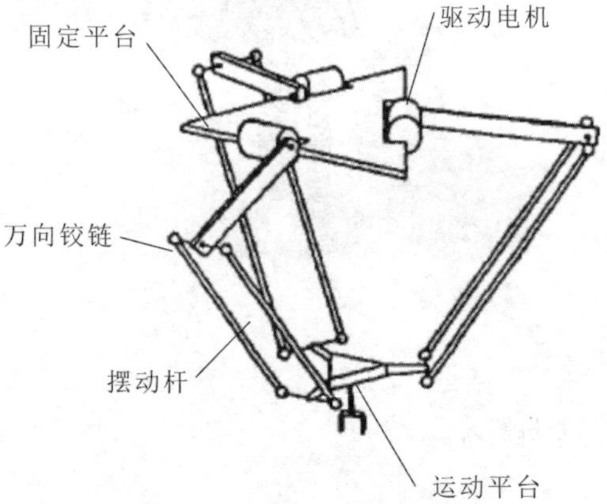

图 2-49 Delta 并联机构

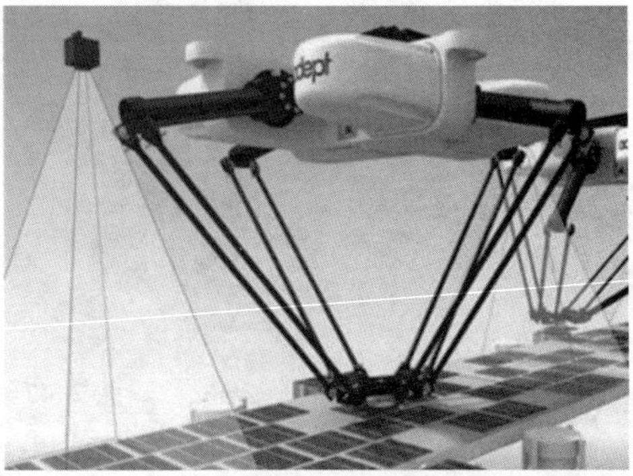

图 2-50 Delta 并联机器人

Delta 机器人具有以下特点：

(1) 无累计误差，精度较高；

(2) 驱动装置可置于定平台或接近定平台的位置上，这样运动部分重量轻、速度高、动态响应好；

(3) 结构紧凑，刚度高，承载能力大；

(4) 完全对称的并联机构具有较好的各向同性；

(5) 工作空间较小。

因为这些特点，并联机器人在需要高刚度、高精度或者高负载而无很大工作空间的领域内得到了广泛应用，主要应用于以下几个方面。

(1) 运动模拟器。并联机器人用作运动模拟器如图 2-51 所示。

(2) 并联机床。并联机床具有承载能力强、响应速度快、精度高、机械结构简单、适应性好等优点，是一种硬件简单、软件复杂、技术附加值高的产品。并联机床如图 2-52 所示。

图 2-51 并联机器人用作运动模拟器

图 2-52 并联机床

(3) 细微操作机器人。细微操作机器人如图 2-53 所示，经常用于安装印刷电路板上的电子元件。

图 2-53　细微操作机器人

2.5　机器人末端执行器

机器人的末端执行器(亦称为机器人的手部或抓取机构)是用来握持工件或工具的部件。机器人必须要有末端执行器,这样它才能根据计算机发出的指令执行相应的动作。末端执行器不仅是一个执行命令的机构,它还具有识别功能,也就是我们通常所说的触觉,故其类似于人的手。由于被握工件的形状、尺寸、重量、材质及表面状态等不同,因此末端执行器的结构是多种多样的。大部分的末端执行器都是根据特定的工件要求而专门设计的。各种末端执行器的工作原理不同,故其结构形态各异。目前常用的工业机器人末端执行器有夹持式取料手、吸附式取料手和专用工具(如焊枪、喷嘴、电磨头等)等。

2.5.1　夹持式取料手

夹持式取料手分为三种:夹钳式、钩拖式和弹簧式。按手指夹持工作时的运动方式,夹持式取料手又可分为手指回转型和指面平移型两种。

1. 夹钳式

夹钳式手部与人手相似,是工业机器人广为应用的一种手部形式。它一般由手指、驱动机构、传动机构、支架组成,如图 2-54 所示。

手指是直接与工件接触的部件。手部松开和夹紧工件,就是通过手指的张开与闭合来实现的。一般情况下机器人的手部有两个手指,也有三个或多个手指的,它们的结构形式常取决于被夹持工件的形状和特性。

传动机构是向手指传递运动和动力,以实现夹紧和松开动作的机构。该机构根据手指开合的动作特点分为回转型和平移型两类。回转型又分为一个支点回转型和多个支点回转型两种。根据手指夹紧是通过摆动还是平动实现的,回转型传动机构又可分为摆动回转型和平动回转型两类。

1) 回转型传动机构

夹钳式手部中较多的是回转型手部,其手指就是一对(或几对)杠杆,再同斜楔、滑槽、连杆、齿轮、蜗杆或螺杆等机构组成复合式杠杆传动机构,用以改变传动比(机构中两转动构件角速度的比值,也称为速比)和运动方向等。

2)平移型传动机构

平移型传动机构多用于指面平移型夹钳式手部,它是通过手指的指面作直线往复运动或

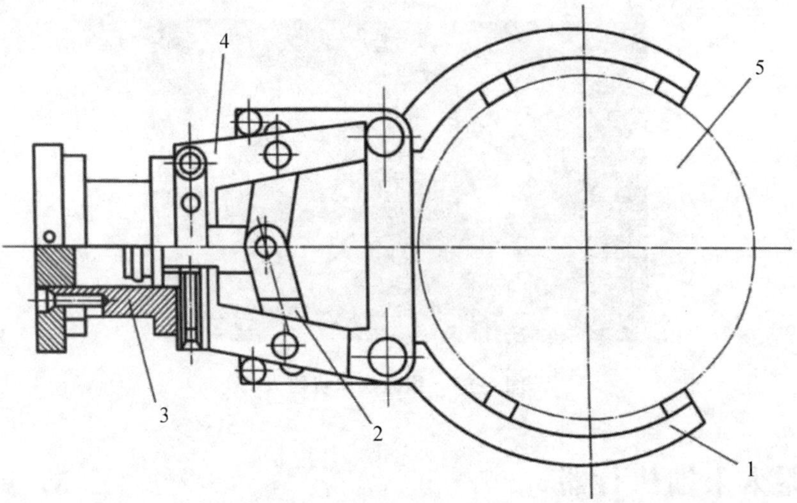

图 2-54　夹钳式手部的组成

1—手指；2—传动机构；3—驱动机构；4—支架；5—工件

平面移动来实现张开或闭合动作的，常用于夹持具有平行平面的工件，如冰箱等。平移型传动机构结构较复杂，不如回转型传动机构应用广泛。平移型传动机构根据其结构，大致可分为直线往复移动机构和平面平行移动机构两种。

(1) 直线往复移动机构。

实现直线往复移动的机构很多，常用的斜楔传动、齿条传动、螺旋传动等均可应用于手部结构，如图 2-55 所示。图 2-55(a)所示的为斜楔平移机构，图 2-55(b)所示的为连杆杠杆平移机构，图 2-55(c)所示的为螺旋斜楔平移机构。它们既可是双指型的，也可是三指(或多指)型的；既可自动定心，也可非自动定心。

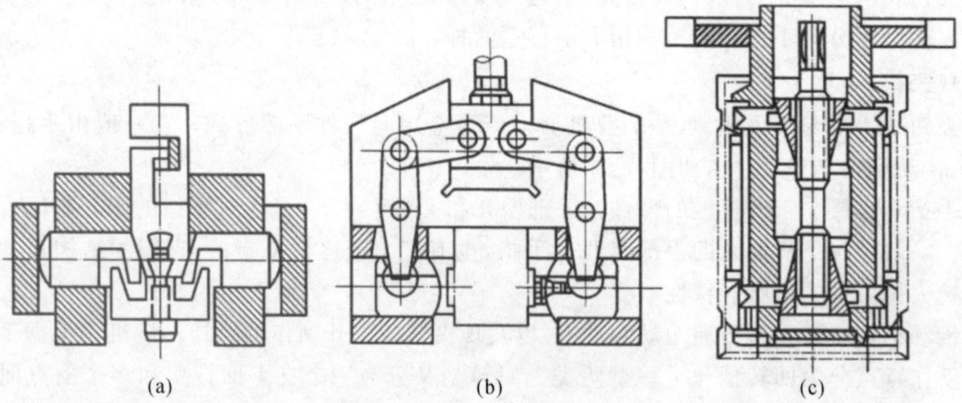

图 2-55　直线平移型手部

(2) 平面平行移动机构。

图 2-56 所示的为几种指面平移型夹钳式手部的简图。图 2-56(a)所示的是采用齿轮齿条传动的手部；图 2-56(b)所示的是采用蜗轮蜗杆传动的手部；图 2-56(c)所示的是采用连杆斜滑槽传动的手部。它们的共同点是，都采用平行四边形的铰链机构——双曲柄铰链四连杆机构，以实现手指平移。其差别在于，图 2-56(a)、(b)、(c)分别采用齿轮齿条、蜗轮蜗杆、连杆斜滑槽的传动装置。

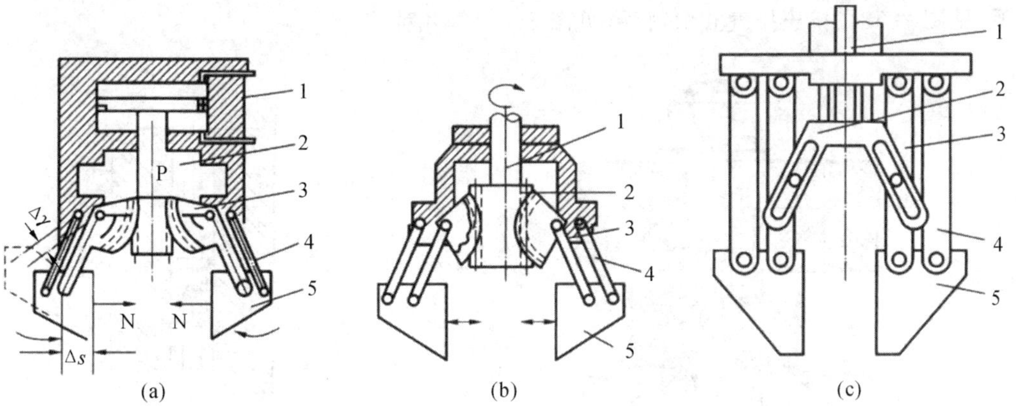

图 2-56　四连杆机构平移型手部

1—驱动器；2—驱动元件；3—驱动摇杆；4—从动摇杆；5—手指

2. 钩拖式

钩拖式手部主要特征是不靠夹紧力来夹持工件，而是利用手指对工件钩、拖、捧等动作来搬运工件。应用钩拖方式可降低驱动力的要求，简化手部结构，甚至可以省略手部驱动装置。它适用于在水平面内和垂直面内作低速移动的搬运工作，尤其对大型笨重的工件或结构粗大而质量较小且易变形的工件的搬运更有利。

3. 弹簧式

弹簧式手部靠弹簧力的作用将工件夹紧，手部不需要专用的驱动装置，结构简单。它的使用特点是，工件进入手指和从手指中取下工件都是强制进行的。由于弹簧力有限，因此这种手部只适用于夹持轻小工件。

2.5.2　吸附式取料手

吸附式取料手靠吸附力取料，根据吸附力性质的不同，分为气吸附和磁吸附两种。吸附式取料手适用于大平面(单面接触无法抓取)、易碎(玻璃、磁盘)、微小(不易抓取)的物体的搬运，因此使用面很广。

1. 气吸附式取料手

气吸附式取料手是工业机器人常用的一种吸持工件的装置。它由吸盘(一个或几个)、吸盘架及进排气系统组成，是利用吸盘内的压力和大气压之间的压力差而工作的。气吸附式取料手与夹钳式取料手相比，具有结构简单、重量轻、吸附力分布均匀等优点，对于薄片状物体，如板材、纸张、玻璃等物体的搬运更有其优越性，广泛应用于非金属材料或不可有剩磁的材料的吸附。气吸附式取料手的另一个特点是，对工件表面没有损伤，且对被吸持工件预定的位置精度要求不高，但要求物体表面较平整、光滑、清洁、无孔、无凹槽，被吸工件材质致密、没有透气空隙。按形成压力差的方法，气吸附式取料手可分为真空吸附式取料手(见图 2-57)、气流负压吸附式取

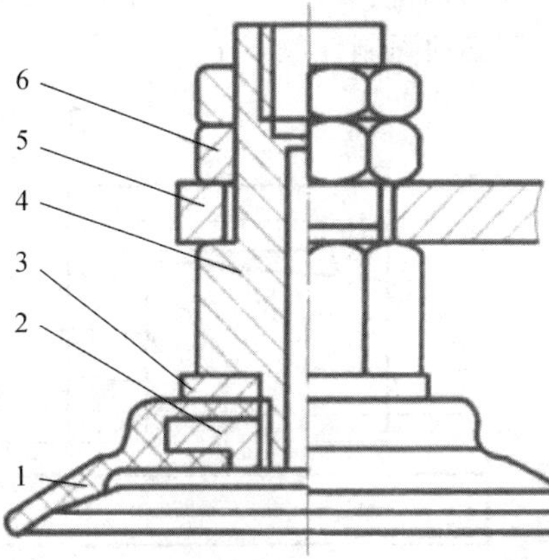

图 2-57　真空吸附式取料手

1—橡胶吸盘；2—固定环；3—垫片；4—支承杆；5—基板；6—螺母

料手(见图 2-58)、挤压排气式取料手(见图 2-59)等几种。

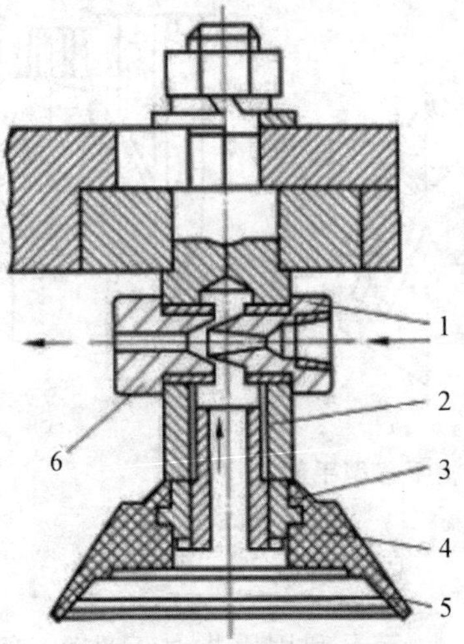

图 2-58 气流负压吸附式取料手

1—喷嘴;2—支承杆;3—透气螺钉;4—芯套;5—橡胶吸盘;6—喷嘴套

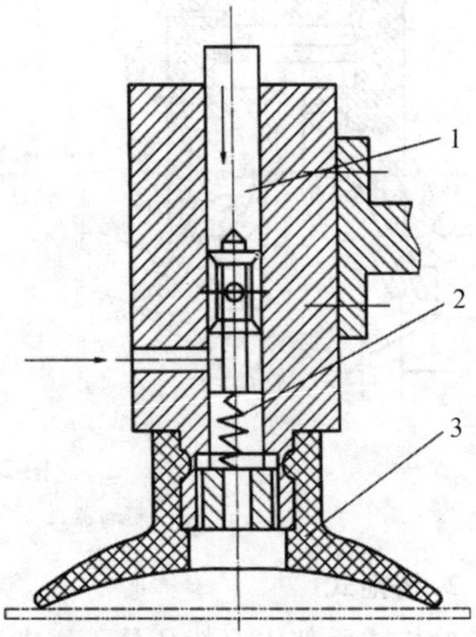

图 2-59 挤压排气式取料手

1—拉杆;2—弹簧;3—橡胶吸盘

2. 磁吸附式取料手

磁吸附式取料手是利用电磁铁通电后产生的电磁吸力取料的,因此只能对铁磁物体起作用;另外,对某些不允许有剩磁的零件要禁止使用。因此,磁吸附式取料手的使用有一定的局限性。磁吸附式取料手有电磁吸盘和永磁吸盘两种。磁吸附式取料手主要用于搬运块状、圆柱形导磁性钢铁材料工件,可大大提高工件装卸、搬运的效率,是工厂、码头、仓库等工作场景最理想的吊装工具,常用于交通运输等行业。

图 2-60(a)所示为电磁吸盘的工作原理:在线圈 1 通电后,在铁芯 2 内外产生磁场,磁力线经过铁芯,空气隙和衔铁 3 被磁化并形成回路,衔铁受到电磁吸力 F 的作用被牢牢吸住。实际使用时,往往采用如图 2-60(b)所示的盘式电磁铁。衔铁是固定的,在衔铁内用隔磁的材料将磁力线切断,当衔铁接触由铁磁材料制成的工件时,工件将被磁化,形成磁力线回路并受到电磁吸力而被吸住。一旦断电,电磁吸力即消失,工件因此被松开。若采用永久磁铁作为吸盘,则必须强制性取下工件。

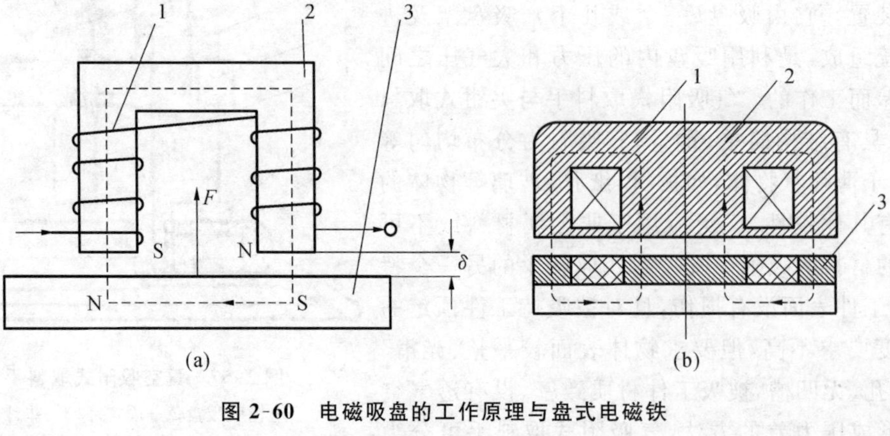

图 2-60 电磁吸盘的工作原理与盘式电磁铁

1—线圈;2—铁芯;3—衔铁

磁吸附式手部与气吸附式手部相同,不会破坏被吸附表面质量。磁吸附式手部比气吸附式手部优越的方面是:有较大的单位面积吸力,对工件表面粗糙度及通孔、沟槽等无特殊要求。

图 2-61 所示为几种电磁吸盘吸料示意图。图 2-61(a)所示为吸附滚动轴承底座的电磁吸盘;图 2-61(b)所示为吸取钢板的电磁吸盘;图 2-61(c)所示为吸取齿轮用的电磁吸盘;图 2-61(d)所示为吸附多孔钢板用的电磁吸盘。

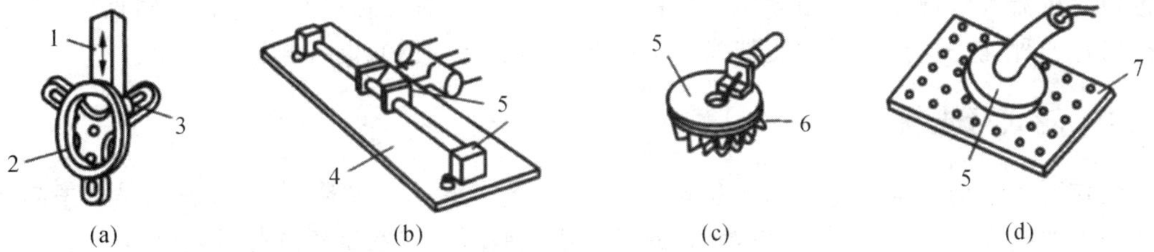

图 2-61　几种电磁吸盘吸料示意图

1—手臂;2—滚动轴承座圈;3—手部电磁吸盘;4—钢板;5—电磁吸盘;6—齿轮;7—多孔钢板

2.5.3　专用工具

机器人配上各种专用的末端执行器后,就能完成各种动作,目前有许多由专用电动、气动工具改型而成的操作器,如图 2-62 所示,有拧螺母机、焊枪、电磨头、电铣头、抛光头、激光切割机等。这些专用工具形成一整套系列以供用户选用,使机器人能胜任各种工作。

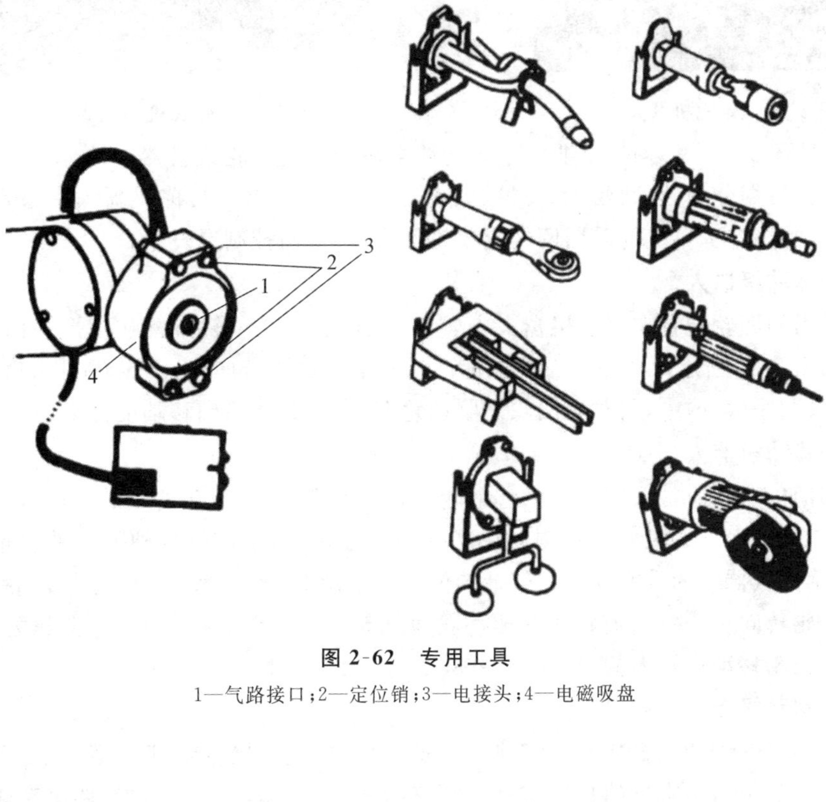

图 2-62　专用工具

1—气路接口;2—定位销;3—电接头;4—电磁吸盘

2.6 行走机构

所有在地面上移动的机器人都有共同的组成部分，即车轮、履带、腿足等用于推动机器人本体在地面上进行移动的装置。配置这些车轮、履带或腿足并使其发挥应有的功能称为移动系统行走机构设计。不同的移动机器人由于用途不同，其工作环境、整体结构都不尽相同，为了达到让机器人平稳而准确地运动这一目的，必须选择一种合适的行走机构。目前常用的行走机构有四种：轮式行走机构、履带式行走机构、足式行走机构、混合式行走机构。

2.6.1 轮式行走机构

轮式行走机构（见图 2-63 和图 2-64）由滚动摩擦代替滑动摩擦，其主要特点是效率高、适合在平坦的路面上移动、定位精确，而且质量较小、制作简单，在这里进行重点讲解。

图 2-63 轮式机器人 1

图 2-64 轮式机器人 2

绝大多数轮式行走机构都是非完整运动约束驱动系统。轮式机器人的分类有很多种，按照其轮子的数目划分为独轮、两轮、三轮、四轮、五轮机器人等。目前机器人中最常用的是三轮或四轮移动方式，少量机构采用两轮或单轮形式，其平衡控制更复杂。

1. 四轮移动机器人

汽车采用的四轮配置在移动机器人中较容易实现，四个车轮布置在矩形平面的四角，其配置形式如图 2-65 所示。图 2-65(a)中，前两轮驱动且同步转向；图 2-65(b)中，后两轮驱动，前两轮转向；图 2-65(c)中，斜对角两轮是驱动轮兼舵轮，具备横向移动能力。

2. 三轮移动机器人

三轮移动机器人通常采用一个中心前轮和两个后轮的布置方式，结构简单，但稳定性稍差，遇到冲撞或地面不平时容易倾倒。在这种移动方式下，应该将各种元器件尽量放在机器人的下层，确保机器人的重心处于比较低的位置。如图 2-66 所示，(a)图中后两轮差速驱动，前轮作为舵轮转向；(b)图中前轮作为驱动轮兼舵轮；(c)图中后两轮驱动，前轮为自由轮，起辅助作用。三轮移动机器人的旋转半径可从零到无限大之间自主设定。

3. 两轮移动机器人

两轮移动机器人的配置如图 2-67 所示，(a)图中，前轮为操纵轮，后轮驱动，此类型两轮机构的典型案例是生活中常见的自行车和摩托车；(b)图中，双轮左右布置，两个车轮差速驱动可实现转向，其典型案例是两轮平衡车。

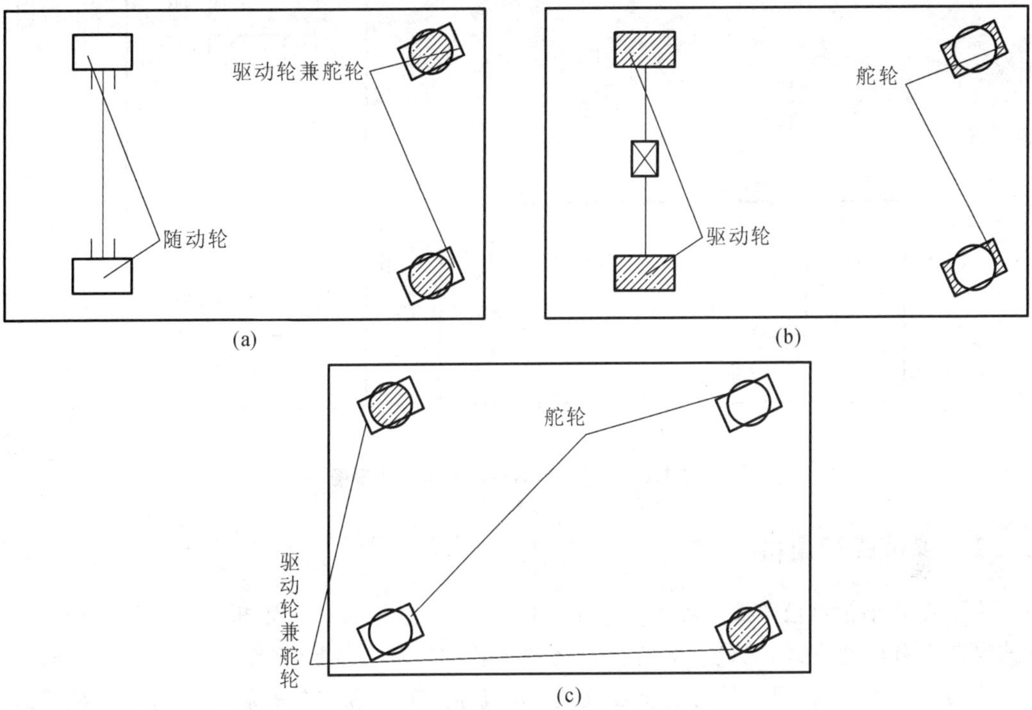

图 2-65　四轮移动机器人构型示意图

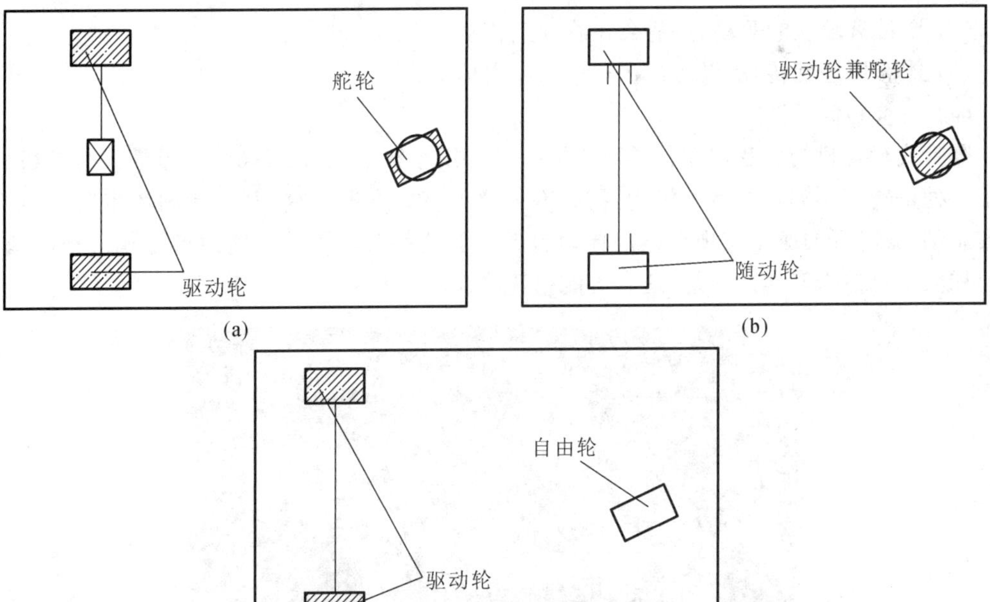

图 2-66　三轮移动机器人构型示意图

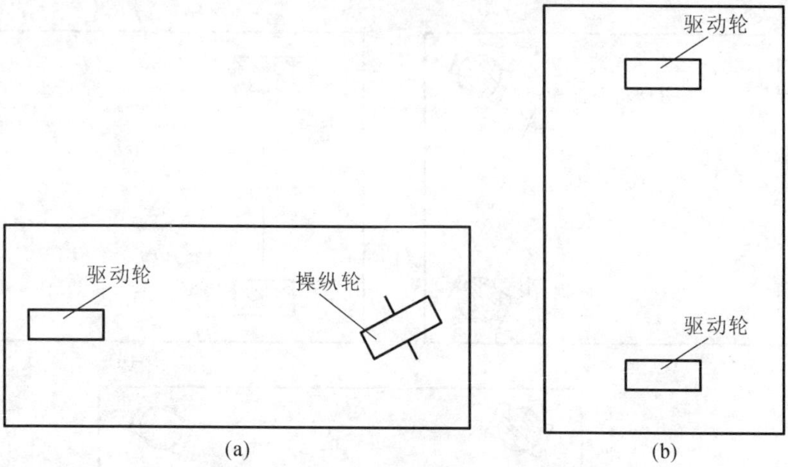

图 2-67 两轮移动机器人构型示意图

2.6.2 履带式行走机构

为了提高车轮对松软地面和不平坦地面的适应能力，履带式行走机构被广泛采用。履带方式又叫循环轨道方式，其最大的特征是将圆环状的循环轨道履带卷绕在若干车轮外，使车轮不直接与路面接触，可以缓冲路面状态，因此机器人就可以在各种路面上行走。机器人采用履带行走方式有以下优点：

（1）由于冲角的作用，能登上较高的台阶；

（2）履带有较强的驱动力，适合在阶梯上移动；

（3）能够原地旋转，所以适合在狭窄的屋内移动；

（4）因重心低而稳定。

履带式行走机构广泛用在各类建筑机械及军用车辆上（见图 2-68）。履带式行走机构的不足之处是转弯不如轮式行走机构灵活，在需要改变方向时，要将某一侧的履带驱动机构减速或制动，或者反向驱动实现车体的原地自转。但这都会使履带与路面产生相对横向滑动，不但加大了机器人车体的能耗，还有可能损坏路面。

图 2-68 履带式行走机构

2.6.3　足式行走机构

足式行走机构即所谓的步行机器人，其步行移动方式模仿人类或动物的行走机理，用腿脚走路。它不仅能在平地上行走，而且能在凹凸不平的地面上行走，甚至可以跨越障碍、上下台阶，对环境的适应性强，智能程度相对较高，具有轮式行走机器人无法达到的机动性和独特的优越性能。但对设计和制作者来说，步行机器人的研究极具挑战性，其主要难点在于各个腿关节之间的协调控制、机身姿态控制、转向机构设计和转向控制、动力的有效传递和行走机构机理设计。

足式行走机器人的种类很多，一般可分为两足机器人和多足机器人，如图 2-69 所示。一般将具有两腿机构的移动机器人叫作两足机器人，这种机器人基本上是近似或模仿人的下肢机构形态而制成。三足及以上的机器人称为多足机器人，主要研究模仿四足和六足动物的各种步态，其具有复杂的步态规划。

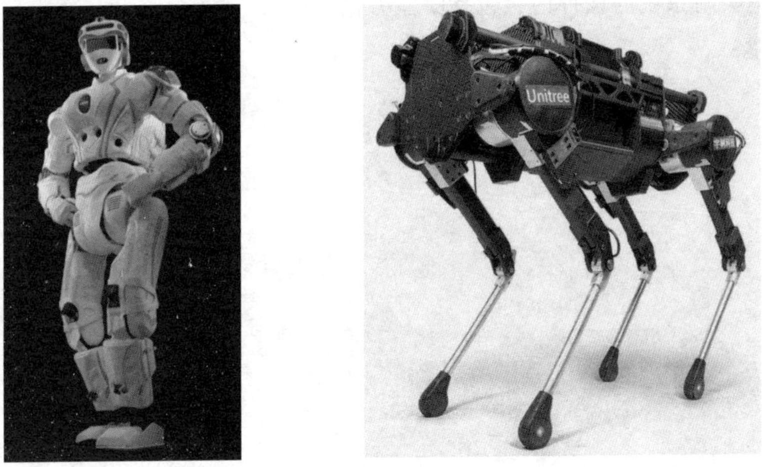

(a) 两足机器人　　(b) 多足机器人

图 2-69　足式行走机器人

步行机器人的机构复杂，由于其运动学及动力学模型复杂，控制难度较大。从移动的范围来讲，车轮形及履带形的移动机构一般只能前后、左右移动，虽然能够应付一定的坡度和凹凸表面，但是车体与移动机构始终保持着固定的位置关系。而步行机器人的移动却有着很大的不同，它可以在保持身体姿态不变的前提下，既能前后、左右移动又能沿着楼梯拾级而上，从这一点来看，步行机器人的移动是三维空间移动。另外，要控制它的步行和不倾倒有很大的难度，目前实现上述功能的机器人很少。正因如此，步行移动方式在机构和控制上最复杂，技术上也不成熟，不适用于对灵活性和可靠性要求较高的场合。

综上所述，在轮式机器人设计中可通过具体的课题来决定采用几轮。轮式机器人是使用最为普遍和方便的一类机器人，它为机器人设计者提供了一定指导。

2.7　本章小结

本章首先总结了机器人的结构形式，即机械臂由连杆与关节组成，且不同组合形式的机器人具备不同的特点。然后简要介绍了机器人的驱动方式和常见传动机构，重点阐述了关键零部件，如机器人轴承、谐波齿轮减速器、RV减速器等，并通过图片具体介绍了垂直多关节型串联机器人的典型结构，包括腰关节、臂关节、肘关节、手腕的实现方式、电动机配置形式、传动链等。接着介绍了磁吸附式、气吸附式、机械钳夹式等形式的手部。最后列举常见移动机器人的移动机构，包括足式行走机构、履带式行走机构、轮式行走机构等。

习 题

2.1 为何工业机器人选用减速比大、精度高的减速器？

2.2 简述串联机器人为何要考虑重力平衡问题。

2.3 自选一种物料，根据物料的结构特点，试设计一种机器人末端执行器。

2.4 简述六自由度串联机器人的电动机布置方案。

2.5 手爪的开合为什么常用气压驱动？

2.6 真空吸附系统的设计内容包括哪些方面？

第3章　工业机器人的运动学

工业机器人作业时，机械臂的机械机构动作，改变手部位置或者使抓取机构在工作空间动作。这就需要采用一种数学方法来描述机械臂、手部、工件的位置、姿态，以及它们之间的关系。本章主要讨论机器人运动学的基本问题，仅考虑工业机器人运动时的位置、速度和加速度，而不考虑引起运动的力。

3.1　机器人的数学基础

3.1.1　直角坐标变换

1. 坐标系位置及姿态描述

在三维笛卡儿坐标系中，我们可以用位置矩阵表达空间内任一点的具体位置。

$$\boldsymbol{p}=\begin{bmatrix}p_x\\p_y\\p_z\end{bmatrix}=\begin{bmatrix}x\\y\\z\end{bmatrix} \tag{3-1}$$

即图 3-1 中坐标系$\{O_h\}$的原点在坐标系$\{O\}$中的位置可以写成一个 3×1 的矩阵。

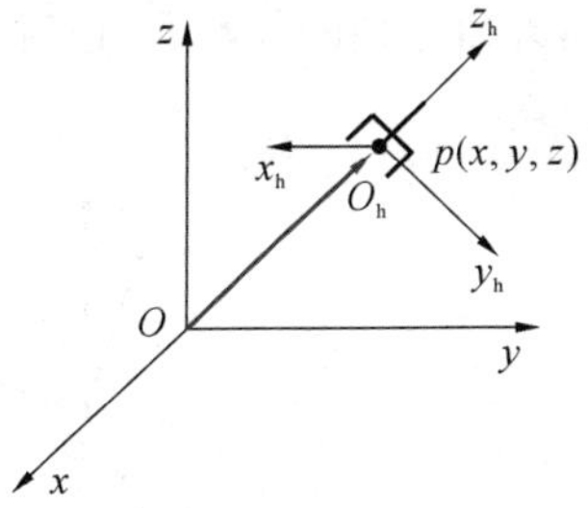

图 3-1　位置及姿态示意图

两个坐标系之间的角度关系即姿态，可以用坐标系三个坐标轴两两夹角的余弦值组成 3×3 的姿态矩阵来描述。

$$\boldsymbol{R}=\begin{bmatrix}\cos(x,x_h) & \cos(x,y_h) & \cos(x,z_h)\\ \cos(y,x_h) & \cos(y,y_h) & \cos(y,z_h)\\ \cos(z,x_h) & \cos(z,y_h) & \cos(z,z_h)\end{bmatrix} \tag{3-2}$$

2. 平移变换

设坐标系$\{O_i\}$和坐标系$\{O_j\}$具有相同的姿态，但它们的坐标原点不重合，若用矢量表示坐标系$\{O_i\}$和坐标系$\{O_j\}$原点之间的位置关系，则坐标系$\{O_j\}$就可以看成由坐标系$\{O_i\}$沿矢量 $\boldsymbol{p}_{ij}$ 平移变换而来的，如图 3-2 所示。所以称矢量 $\boldsymbol{p}_{ij}$ 为平移变换矩阵，它是一个 3×1 的矩阵，即

$$\boldsymbol{p}_{ij}=\begin{bmatrix}p_x\\p_y\\p_z\end{bmatrix} \tag{3-3}$$

若空间有一点在坐标系$\{O_i\}$和坐标系$\{O_j\}$中分别用矢量 $\boldsymbol{r}_i$ 和 $\boldsymbol{r}_j$ 表示，则它们之间有以下关系：

$$\boldsymbol{r}_i=\boldsymbol{p}_{ij}+\boldsymbol{r}_j \tag{3-4}$$

式(3-4)称为坐标平移方程，相关矢量关系如图 3-3 所示。

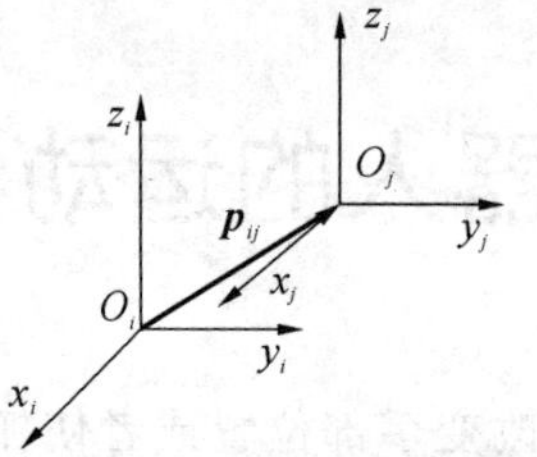

图 3-2　两个坐标系间位置关系示意图

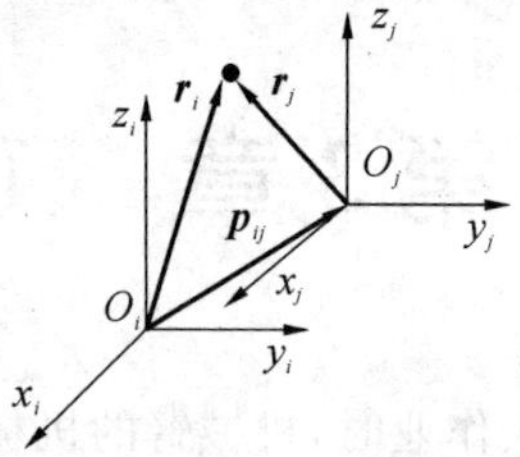

图 3-3　坐标平移示意图

3. 旋转变换

设坐标系$\{O_i\}$和坐标系$\{O_j\}$的原点重合，但它们的姿态不同，则坐标系$\{O_j\}$就可以看成由坐标系$\{O_i\}$旋转变换而来的。旋转变换矩阵比较复杂。图 3-4 中，坐标系$\{O_i\}$和坐标系$\{O_j\}$的三个坐标轴均不重合，较复杂。最简单的是绕一根坐标轴的旋转变换。下面以此来对旋转变换矩阵作一说明。

首先看绕 z 轴旋转 θ 角的情况。如图 3-5 所示，坐标系$\{O_i\}$和坐标系$\{O_j\}$的原点重合，坐标系$\{O_j\}$相当于由坐标系$\{O_i\}$绕其 z 轴旋转了一个 θ 角而来。θ 角的正负一般按右手法则确定，即由 z 轴的矢端看，逆时针为正。

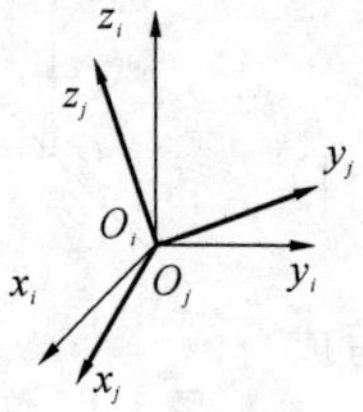

图 3-4　坐标系 O_i 与坐标系 O_j 的关系 1

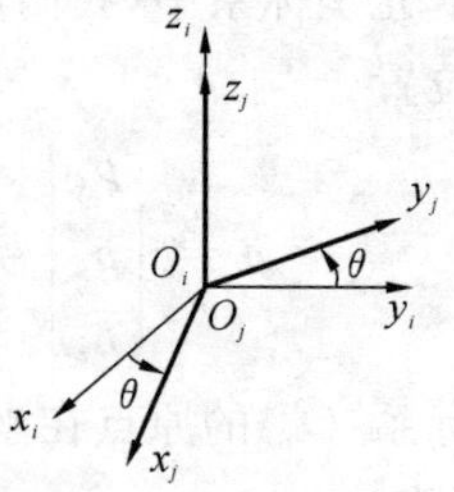

图 3-5　坐标系 O_i 与坐标系 O_j 的关系 2

若空间有一点 p，则其在坐标系$\{O_i\}$和坐标系$\{O_j\}$中的坐标分量之间有以下关系：

$$\begin{cases} x_i = x_j \cdot \cos\theta - y_j \cdot \sin\theta \\ y_i = x_j \cdot \sin\theta + y_j \cdot \cos\theta \\ z_i = z_j \end{cases} \tag{3-5}$$

若补齐所缺的项，再作适当变形，则有

$$\begin{cases} x_i = \cos\theta \cdot x_j - \sin\theta \cdot y_j + 0 \cdot z_j \\ y_i = \sin\theta \cdot x_j + \cos\theta \cdot y_j + 0 \cdot z_j \\ z_i = 0 \cdot x_j + 0 \cdot y_j + 1 \cdot z_j \end{cases} \tag{3-6}$$

将式(3-6)写成矩阵的形式，则有

$$\begin{bmatrix} x_i \\ y_i \\ z_i \end{bmatrix} = \begin{bmatrix} \cos\theta & -\sin\theta & 0 \\ \sin\theta & \cos\theta & 0 \\ 0 & 0 & 1 \end{bmatrix} \begin{bmatrix} x_j \\ y_j \\ z_j \end{bmatrix} \tag{3-7}$$

再将其写成矢量形式，则有

$$\boldsymbol{r}_i = \boldsymbol{R}_{ij}^{z,\theta} \cdot \boldsymbol{r}_j \tag{3-8}$$

式(3-8)称为坐标旋转方程。

式中：$\boldsymbol{r}_i$——p 点在坐标系$\{O_i\}$中的坐标列阵(矢量)；

$\boldsymbol{r}_j$——p 点在坐标系$\{O_j\}$中的坐标列阵(矢量)；

$\boldsymbol{R}_{ij}^{z,\theta}$——坐标系$\{O_j\}$变换到坐标系$\{O_i\}$的旋转变换矩阵，也称为方向余弦矩阵。

$$\boldsymbol{R}_{ij}^{z,\theta}=\begin{bmatrix}\cos\theta & -\sin\theta & 0\\ \sin\theta & \cos\theta & 0\\ 0 & 0 & 1\end{bmatrix} \tag{3-9}$$

同理，可得绕 x 轴旋转 α 角的旋转变换矩阵为

$$\boldsymbol{R}_{ij}^{x,\alpha}=\begin{bmatrix}1 & 0 & 0\\ 0 & \cos\alpha & -\sin\alpha\\ 0 & \sin\alpha & \cos\alpha\end{bmatrix} \tag{3-10}$$

绕 y 轴旋转 β 角的旋转变换矩阵为

$$\boldsymbol{R}_{ij}^{y,\beta}=\begin{bmatrix}\cos\beta & 0 & \sin\beta\\ 0 & 1 & 0\\ -\sin\beta & 0 & \cos\beta\end{bmatrix} \tag{3-11}$$

旋转变换矩阵的逆矩阵既可以用线性代数的方法求出，也可以用逆向的坐标变换求出。以绕 z 轴旋转 θ 角为例，其逆向变换即为绕 z 轴旋转$-\theta$ 角，则其旋转变换矩阵就为

$$\boldsymbol{R}_{ij}^{z,\theta}=\begin{bmatrix}\cos\theta & -\sin\theta & 0\\ \sin\theta & \cos\theta & 0\\ 0 & 0 & 1\end{bmatrix} \tag{3-12}$$

逆矩阵为

$$\boldsymbol{R}_{ij}^{z,-\theta}=\begin{bmatrix}\cos\theta & \sin\theta & 0\\ -\sin\theta & \cos\theta & 0\\ 0 & 0 & 1\end{bmatrix} \tag{3-13}$$

即

$$(\boldsymbol{R}_{ij}^{z,\theta})^{-1}=(\boldsymbol{R}_{ij}^{z,\theta})^{\mathrm{T}} \tag{3-14}$$

4. 联合变换

设坐标系$\{O_i\}$和坐标系$\{O_j\}$之间存在先平移变换后旋转变换的关系，则空间任一点在坐标系$\{O_i\}$和坐标系$\{O_j\}$中的矢量之间就有以下关系：

$$\boldsymbol{r}_i=\boldsymbol{p}_{ij}+\boldsymbol{R}_{ij}\cdot\boldsymbol{r}_j \tag{3-15}$$

称为直角坐标系中的坐标联合变换方程。

【例 3.1】 已知坐标系$\{B\}$的初始位置与坐标系$\{A\}$重合，首先坐标系$\{B\}$沿坐标系$\{A\}$的 x 轴移动 12 个单位，并沿坐标系$\{A\}$的 y 轴移动 6 个单位，再绕坐标系$\{A\}$的 z 轴旋转 30°，求平移变换矩阵和旋转变换矩阵。假设某点在坐标系$\{B\}$中的位置矢量为 $\boldsymbol{r}_B=5\boldsymbol{i}+9\boldsymbol{j}+2\boldsymbol{k}$，其中 $\boldsymbol{i},\boldsymbol{j},\boldsymbol{k}$ 是坐标系$\{B\}$对应坐标轴上的单位矢量，求该点在坐标系$\{A\}$中的位置矢量。

解 由题意可得平移变换矩阵和旋转变换矩阵分别为

$$\boldsymbol{p}_{AB}=\begin{bmatrix}12\\ 6\\ 0\end{bmatrix}$$

$$\boldsymbol{R}_{AB}=\begin{bmatrix}\cos 30^\circ & -\sin 30^\circ & 0\\ \sin 30^\circ & \cos 30^\circ & 0\\ 0 & 0 & 1\end{bmatrix}=\begin{bmatrix}0.866 & -0.5 & 0\\ 0.5 & 0.866 & 0\\ 0 & 0 & 1\end{bmatrix}$$

则该点在坐标系$\{A\}$中的位置矢量为

$$\boldsymbol{r}_A = \boldsymbol{p}_{AB} + \boldsymbol{R}_{AB} \cdot \boldsymbol{r}_B = \begin{bmatrix} 12 \\ 6 \\ 0 \end{bmatrix} + \begin{bmatrix} 0.866 & -0.5 & 0 \\ 0.5 & 0.866 & 0 \\ 0 & 0 & 1 \end{bmatrix} \begin{bmatrix} 5 \\ 9 \\ 2 \end{bmatrix} = \begin{bmatrix} 11.830 \\ 13.794 \\ 2 \end{bmatrix}$$

若坐标系$\{O_i\}$和坐标系$\{O_j\}$之间是先旋转变换，后平移变换，则上述关系应如何变化？经分析可知，此时式(3-15)应变为

$$\boldsymbol{r}_i = \boldsymbol{R}_{ij} \cdot (\boldsymbol{p}_{ij} + \boldsymbol{r}_j)$$

当坐标系之间存在多次变换时，直角坐标变换就无法用同一规整的表达式表示，因此往往引入齐次坐标变换。

3.1.2 齐次坐标变换

1. 齐次坐标的定义

空间中任一点在直角坐标系中的坐标用四维坐标表示，则该四维坐标即为直角坐标的齐次坐标。若有四个不同时为零的数与该点三个直角坐标分量之间存在以下关系：

$$x = \frac{x'}{k}, \quad y = \frac{y'}{k}, \quad z = \frac{z'}{k} \tag{3-16}$$

则称(x', y', z', k)是空间该点的齐次坐标。

关于齐次坐标的几点说明：

(1) 空间中的任一点都可用齐次坐标表示；

(2) 空间中的任一点的直角坐标是单值的，但其对应的齐次坐标是多值的；

(3) k 是比例坐标，它表示直角坐标值与对应的齐次坐标值之间的比例关系；

(4) 若比例坐标 $k=1$，则空间任一点(x,y,z)的齐次坐标为$(x,y,z,1)$，以后用到齐次坐标时，一律默认 $k=1$。

2. 齐次坐标变换矩阵

若坐标系$\{O_j\}$是$\{O_i\}$先沿矢量 $\boldsymbol{p}_{ij}$($\boldsymbol{p}_{ij} = p_x\boldsymbol{i} + p_y\boldsymbol{j} + p_z\boldsymbol{k}$，$\boldsymbol{i},\boldsymbol{j},\boldsymbol{k}$ 是坐标系$\{O_i\}$对应坐标轴上的单位矢量)平移，再绕 z 轴旋转θ 角得到的，则空间任一点在坐标系$\{O_i\}$和坐标系$\{O_j\}$中的矢量和对应的变换矩阵之间就有

$$\boldsymbol{r}_i = \boldsymbol{p}_{ij} + \boldsymbol{R}_{ij}^{z,\theta} \cdot \boldsymbol{r}_j \tag{3-17}$$

写成矩阵形式则为

$$\begin{bmatrix} x_i \\ y_i \\ z_i \end{bmatrix} = \begin{bmatrix} p_x \\ p_y \\ p_z \end{bmatrix} + \begin{bmatrix} \cos\theta & -\sin\theta & 0 \\ \sin\theta & \cos\theta & 0 \\ 0 & 0 & 1 \end{bmatrix} \begin{bmatrix} x_j \\ y_j \\ z_j \end{bmatrix} \tag{3-18}$$

也即

$$\begin{cases} x_i = p_x + \cos\theta \cdot x_j - \sin\theta \cdot y_j \\ y_i = p_y + \sin\theta \cdot x_j + \cos\theta \cdot y_j \\ z_i = p_z + z_j \end{cases} \tag{3-19}$$

进一步变换为

$$\begin{cases} x_i = \cos\theta \cdot x_j - \sin\theta \cdot y_j + 0 \cdot z_j + p_x \cdot 1 \\ y_i = \sin\theta \cdot x_j + \cos\theta \cdot y_j + 0 \cdot z_j + p_y \cdot 1 \\ z_i = 0 \cdot x_j + 0 \cdot y_j + 1 \cdot z_j + p_z \cdot 1 \\ 1 = 0 \cdot x_j + 0 \cdot y_j + 0 \cdot z_j + 1 \cdot 1 \end{cases} \tag{3-20}$$

再将其写成矩阵形式，则有

$$\begin{bmatrix} x_i \\ y_i \\ z_i \\ 1 \end{bmatrix} = \begin{bmatrix} \cos\theta & -\sin\theta & 0 & p_x \\ \sin\theta & \cos\theta & 0 & p_y \\ 0 & 0 & 1 & p_z \\ 0 & 0 & 0 & 1 \end{bmatrix} \begin{bmatrix} x_j \\ y_j \\ z_j \\ 1 \end{bmatrix} \tag{3-21}$$

由此可得联合变换的齐次坐标方程为

$$\begin{bmatrix} \boldsymbol{r}_i \\ 1 \end{bmatrix} = \boldsymbol{M}_{ij} \cdot \begin{bmatrix} \boldsymbol{r}_j \\ 1 \end{bmatrix} \tag{3-22}$$

齐次变换矩阵 $\boldsymbol{M}_{ij}$ 为

$$\boldsymbol{M}_{ij} = \begin{bmatrix} \cos\theta & -\sin\theta & 0 & p_x \\ \sin\theta & \cos\theta & 0 & p_y \\ 0 & 0 & 1 & p_z \\ 0 & 0 & 0 & 1 \end{bmatrix} = \begin{bmatrix} \boldsymbol{R}_{ij}^{z,\theta} & \boldsymbol{p}_{ij} \\ 0 & 1 \end{bmatrix} \tag{3-23}$$

一般齐次变换矩阵 $\boldsymbol{M}_{ij}$ 的通式可以表示为

$$\boldsymbol{M}_{ij} = \begin{bmatrix} n_x & o_x & a_x & p_x \\ n_y & o_y & a_y & p_y \\ n_z & o_z & a_z & p_z \\ 0 & 0 & 0 & 1 \end{bmatrix} = \begin{bmatrix} \boldsymbol{R}_{ij} & \boldsymbol{p}_{ij} \\ 0 & 1 \end{bmatrix} \tag{3-24}$$

齐次变换矩阵的符号及齐次矩阵为

$$\boldsymbol{M}_p = \mathrm{Trans}(p_x, p_y, p_z) = \begin{bmatrix} 1 & 0 & 0 & p_x \\ 0 & 1 & 0 & p_y \\ 0 & 0 & 1 & p_z \\ 0 & 0 & 0 & 1 \end{bmatrix} = \begin{bmatrix} \boldsymbol{E} & \boldsymbol{p}_{ij} \\ 0 & 1 \end{bmatrix} \tag{3-25}$$

旋转变换的齐次矩阵为

$$\boldsymbol{M}_{zR} = \mathrm{Rot}(z,\theta) = \begin{bmatrix} \cos\theta & -\sin\theta & 0 & 0 \\ \sin\theta & \cos\theta & 0 & 0 \\ 0 & 0 & 1 & 0 \\ 0 & 0 & 0 & 1 \end{bmatrix} = \begin{bmatrix} \boldsymbol{R}_{ij}^{z,\theta} & \boldsymbol{0} \\ \boldsymbol{0} & 1 \end{bmatrix} \tag{3-26}$$

$$\boldsymbol{M}_{xR} = \mathrm{Rot}(x,\alpha) = \begin{bmatrix} 1 & 0 & 0 & 0 \\ 0 & \cos\alpha & -\sin\alpha & 0 \\ 0 & \sin\alpha & \cos\alpha & 0 \\ 0 & 0 & 0 & 1 \end{bmatrix} = \begin{bmatrix} \boldsymbol{R}_{ij}^{x,\alpha} & \boldsymbol{0} \\ \boldsymbol{0} & 1 \end{bmatrix} \tag{3-27}$$

$$\boldsymbol{M}_{yR} = \mathrm{Rot}(y,\beta) = \begin{bmatrix} \cos\beta & 0 & \sin\beta & 0 \\ 0 & 1 & 0 & 0 \\ -\sin\beta & 0 & \cos\beta & 0 \\ 0 & 0 & 0 & 1 \end{bmatrix} = \begin{bmatrix} \boldsymbol{R}_{ij}^{y,\beta} & \boldsymbol{0} \\ \boldsymbol{0} & 1 \end{bmatrix} \tag{3-28}$$

当空间有 n 个坐标系时，若已知相邻坐标系之间的齐次变换矩阵，则

$$\boldsymbol{M}_{0n} = \boldsymbol{M}_{01} \cdot \boldsymbol{M}_{12} \cdots \boldsymbol{M}_{(i-1)i} \cdots \boldsymbol{M}_{(n-1)n} \tag{3-29}$$

由此可知，建立机器人的坐标系，将机器人手部在空间的位姿用齐次坐标变换矩阵描述

出来，可得到机器人的运动学方程。

【例 3.2】 假设坐标系$\{n,o,a\}$位于参考坐标系$\{x,y,z\}$的原点，坐标系$\{n,o,a\}$上的点 $P(7,3,2)$依次经历如下变换，求出变换后该点相对于参考坐标系的坐标。

(1) 绕 z 轴旋转 90°；

(2) 绕 y 轴旋转 90°；

(3) 平移[4，−3，7]。

解 绕 z 轴旋转 90°对应的矩阵如下：

$$\mathrm{Rot}(z,\frac{\pi}{2})=\begin{bmatrix}\cos\frac{\pi}{2} & -\sin\frac{\pi}{2} & 0 & 0\\ \sin\frac{\pi}{2} & \cos\frac{\pi}{2} & 0 & 0\\ 0 & 0 & 1 & 0\\ 0 & 0 & 0 & 1\end{bmatrix}$$

绕 y 轴旋转 90°对应的矩阵如下：

$$\mathrm{Rot}(y,\frac{\pi}{2})=\begin{bmatrix}\cos\frac{\pi}{2} & 0 & \sin\frac{\pi}{2} & 0\\ 0 & 1 & 0 & 0\\ -\sin\frac{\pi}{2} & 0 & \cos\frac{\pi}{2} & 0\\ 0 & 0 & 0 & 1\end{bmatrix}$$

平移[4，−3，7]，矩阵如下：

$$\mathrm{Trans}(4,-3,7)=\begin{bmatrix}1 & 0 & 0 & 4\\ 0 & 1 & 0 & -3\\ 0 & 0 & 1 & 7\\ 0 & 0 & 0 & 1\end{bmatrix}$$

则变换后，坐标系$\{n,o,a\}$上的点 $P(7,3,2)$在参考坐标系$\{x,y,z\}$中的坐标可按如下方法求出：

$$\begin{bmatrix}x\\ y\\ z\\ 1\end{bmatrix}=\mathrm{Trans}(4,-3,7)\mathrm{Rot}(y,\frac{\pi}{2})\mathrm{Rot}(z,\frac{\pi}{2})\begin{bmatrix}7\\ 3\\ 2\\ 1\end{bmatrix}=\begin{bmatrix}6\\ 4\\ 10\\ 1\end{bmatrix}$$

3. 相对变换

坐标系之间多步齐次变换矩阵等于每次单独变换的齐次变换矩阵的乘积，而相对变换则决定这些矩阵相乘的顺序，即左乘和右乘：

(1) 若坐标系之间的变换是始终相对于原来的参考坐标系，则齐次坐标变换矩阵左乘；

(2) 若坐标系之间的变换是相对于当前新的坐标系，则齐次坐标变换矩阵右乘。

【例 3.3】 设活动坐标系$\{O':u,v,w\}$与固定坐标系$\{O:x,y,z\}$初始位置重合，依次经下列坐标变换：① 绕 z 轴旋转 90°；② 绕 y 轴旋转 90°；③ 相对于固定坐标系平移位置矢量 $4\boldsymbol{i}-3\boldsymbol{j}+7\boldsymbol{k}$。试求合成齐次坐标变换矩阵 $\boldsymbol{T}$。

解 活动坐标系绕固定坐标系 z 轴旋转 90°，其齐次变换为

$$T_1 = \mathrm{Rot}(z,90°) = \begin{bmatrix} 0 & -1 & 0 & 0 \\ 1 & 0 & 0 & 0 \\ 0 & 0 & 1 & 0 \\ 0 & 0 & 0 & 1 \end{bmatrix}$$

活动坐标系再绕固定坐标系 y 轴旋转 90°,其齐次变换为

$$T_2 = \mathrm{Rot}(y,90°) = \begin{bmatrix} 0 & 0 & 1 & 0 \\ 0 & 1 & 0 & 0 \\ -1 & 0 & 1 & 0 \\ 0 & 0 & 0 & 1 \end{bmatrix}$$

活动坐标系再平移 $4\boldsymbol{i}-3\boldsymbol{j}+7\boldsymbol{k}$,有

$$T_3 = \mathrm{Trans}(4,-3,7) = \begin{bmatrix} 1 & 0 & 0 & 4 \\ 0 & 1 & 0 & -3 \\ 0 & 0 & 1 & 7 \\ 0 & 0 & 0 & 1 \end{bmatrix}$$

故合成齐次变换矩阵为

$$T = T_3 T_2 T_1 = \begin{bmatrix} 0 & 0 & 1 & 4 \\ 1 & 0 & 0 & -3 \\ 0 & 1 & 0 & 7 \\ 0 & 0 & 0 & 1 \end{bmatrix}$$

例 3.3 坐标变换的几何表示如图 3-6 所示。

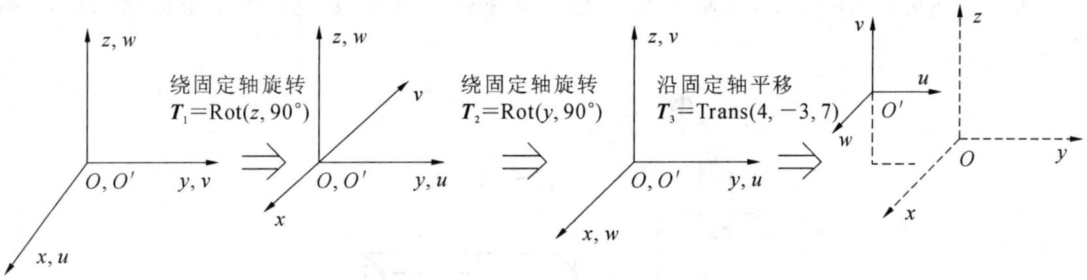

图 3-6 坐标变换的几何表示

以上变换是相对固定坐标系进行的,这里尤其需要注意的是变换次序不能随意调换,因为矩阵的乘法不满足交换律,很容易举出这样的例子:$\mathrm{Trans}(4,-3,7)\mathrm{Rot}(y,90°) \neq \mathrm{Rot}(y,90°)\mathrm{Trans}(4,-3,7)$;$\mathrm{Rot}(y,90°)\mathrm{Rot}(z,90°) \neq \mathrm{Rot}(z,90°)\mathrm{Rot}(y,90°)$;等等。

上面所述的坐标变换每步都是相对于固定坐标系进行的,也可以相对于活动坐标系进行变换:坐标系$\{O':u,v,w\}$初始与固定坐标系$\{O:x,y,z\}$相重合,首先相对于固定坐标系平移 $4\boldsymbol{i}-3\boldsymbol{j}+7\boldsymbol{k}$;然后绕活动坐标系的 v 轴旋转 90°;最后绕 w 轴旋转 90°。这时合成变换矩阵为

$$T = T_1 T_2 T_3 = \begin{bmatrix} 0 & 0 & 1 & 4 \\ 1 & 0 & 0 & -3 \\ 0 & 1 & 0 & 7 \\ 0 & 0 & 0 & 1 \end{bmatrix}$$

变换的几何表示如图 3-7 所示。

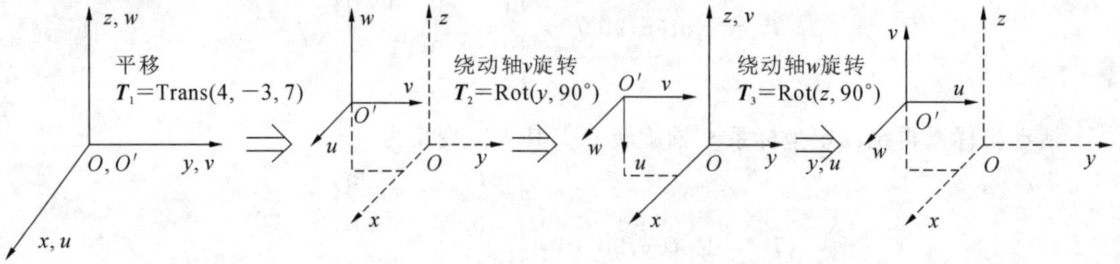

图 3-7 绕活动坐标系变换的几何表示

经过以上分析,可以得到如下结论:若每次的变换是相对于固定坐标系进行的,则矩阵左乘;若每次的变换是相对于活动坐标系进行的,则矩阵右乘。

3.2 连杆的变换矩阵

机器人是由一系列关节连接起来的连杆所组成的开式链结构。为了求机器人手部在空间的运动规律,即以一种合适的数学方法来描述机器人手部的运动,通常把坐标系固定于每一个连杆的关节上,如果知道了这些坐标系之间的相互位置与姿态,手部在空间的位置与姿态也就能够确定了。

3.2.1 机器人的位姿描述

为了描述机器人的运动,以便于控制、编程和操作,一般需要定义多个坐标系,如图 3-8 所示。

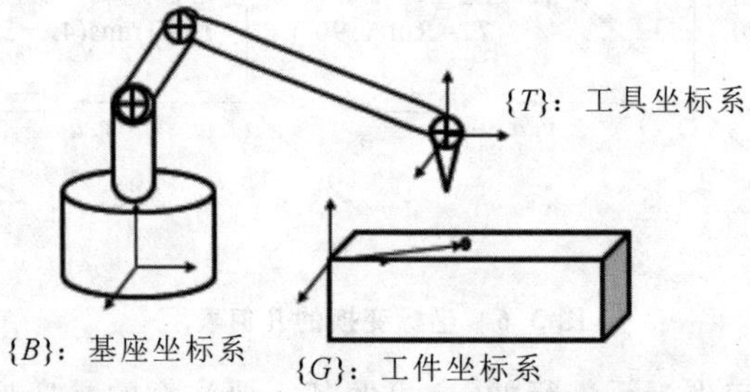

图 3-8 机器人运动控制一般需定义的坐标系

为了方便描述机器人与周围环境的相互位姿关系,常使用以下几种坐标系。

(1) 绝对坐标系——也称世界坐标系,参考工作现场地面的坐标系,它是机器人所有构件的公共参考坐标系。

(2) 基座坐标系——参考机器人基座的坐标系,固定在机器人的基座上,它是机器人各活动杆件及手部的公共参考坐标系。

(3) 工具坐标系——参考机器人工具位置和姿态的坐标系,它表示机器人工具在指定坐标系中的位置和姿态。

(4) 工作台(用户)坐标系——固定在工作台的边角处,表示工作台的位置。

(5) 工件坐标系——表示工件的位置。

(6) 杆件坐标系——也称关节坐标系，是在机器人每个活动杆件上固定的坐标系，随杆件的运动而运动。

机器人基座、工具、工件、工作台之间的位置关系可通过坐标系的位置关系表达，但是在机器人关节运动过程中，工具的位姿在不断变化，各个活动连杆的位姿也在不断变化，因此，给机器人的每个活动连杆定义一个坐标系，即杆件坐标系，通过坐标变换得到工具坐标系与基座坐标系的位姿关系。

3.2.2　连杆坐标系及 D-H 参数

Denavit 和 Hartenberg 于 1955 年提出了一种为关节链中的每一个杆件建立坐标系的矩阵方法，称为 Denavit-Hartenberg 参数法，简称为 D-H 参数法。

如图 3-9 所示，连杆坐标系的原点选在关节轴线上，坐标轴按照如下规则定义：

(1) z_i 坐标轴沿 $i+1$ 关节的轴线方向。

(2) x_i 坐标轴沿 z_i 和 z_{i-1} 轴的公垂线，且指向离开 z_{i-1} 轴的方向。

(3) y_i 坐标轴的方向须满足与 x_i 轴、z_i 轴构成 $x_iy_iz_i$ 右手直角坐标系的条件。

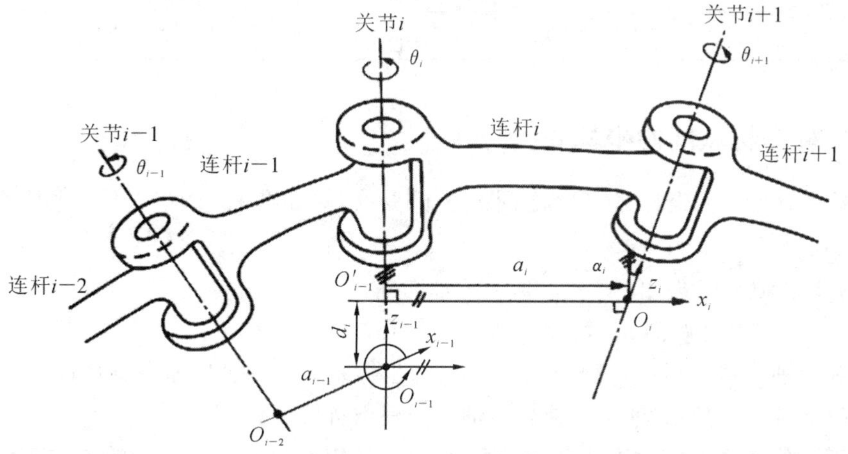

图 3-9　转动关节连杆 D-H 坐标系建立示意图

机器人的连杆结构尺寸各不相同，连杆参数的规定如下：用两相邻关节轴线间的相对位置关系来描述该根连杆的尺寸，有连杆长度和连杆扭角两个参数；相邻两连杆之间的参数，用两根公垂线之间的关系来描述，有连杆距离和连杆转角两个参数。

(1) 连杆长度 a_i。

a_i 为两关节轴线之间的距离，即 z_i 轴与 z_{i-1} 轴之间的公垂线长度，沿 x_i 轴方向测量。a_i 总为非负值，两关节轴线平行时，a_i 为连杆的长度 l_i；若两关节轴线相交，则 $a_i=0$。

(2) 连杆扭角 α_i。

α_i 为两关节轴线之间的夹角，即 z_i 轴与 z_{i-1} 轴之间的夹角，绕 x_i 轴从 z_{i-1} 轴旋转到 z_i 轴，符合右手规则的为正。

当两关节轴线平行时，$\alpha_i=0$；当两关节轴线垂直时，$\alpha_i=90°$。

(3) 连杆距离 d_i。

d_i 为两根公垂线 $O_iO'_{i-1}$ 与 $O_{i-1}O_{i-2}$ 之间的距离，即 x_i 轴与 x_{i-1} 轴之间的距离，在 z_{i-1} 轴上测量。对于转动关节，d_i 为常数；对于移动关节，d_i 是变量。

(4) 连杆转角 θ_i。

θ_i 为两根公垂线 $O_iO'_{i-1}$ 与 $O_{i-1}O_{i-2}$ 之间的夹角，即 x_i 轴与 x_{i-1} 轴之间的夹角，绕 z_{i-1} 轴从 x_{i-1} 轴旋转到 x_i 轴，符合右手规则的为正。对于转动关节，θ_i 为变量；对于移动关节，θ_i 为常数。

a_i 和 α_i 用于描述连杆本身的特征，其数值的大小是由 z_{i-1} 和 z_i 两轴之间的距离和夹角来决定的。

d_i 和 θ_i 用于描述连杆之间的连接关系，其数值的大小是由 x_{i-1} 和 x_i 两轴之间的距离和夹角来决定的。

连杆的 D-H 参数如表 3-1 所示。

表 3-1 机器人连杆的 D-H 参数

参　数		符号	释　义
连杆本身的参数	连杆长度	a_n	连杆两个轴的公垂线距离（x 方向）
	连杆扭转角	α_n	连杆两个轴的夹角（x 轴的扭转角）
连杆之间的参数	连杆之间的距离	d_n	相连两连杆公垂线距离（z 方向平移距离）
	连杆之间的夹角	θ_n	相连两连杆公垂线的夹角（z 轴旋转角）

3.2.3 连杆坐标系间的坐标变换

从坐标系 $\{O_{i-1}\}$ 到坐标系 $\{O_i\}$ 之间的坐标变换，可由坐标系 $\{O_{i-1}\}$ 经过下述变换顺序得到：

(1) 绕 z_{i-1} 轴旋转 θ_i 角，使 x_{i-1} 轴与 x_i 轴同向；

(2) 沿 z_{i-1} 轴平移距离 d_i，使 x_{i-1} 轴与 x_i 轴在同一条直线上；

(3) 沿 x_i 轴平移距离 a_i，使坐标系 $\{O_{i-1}\}$ 与坐标系 $\{O_i\}$ 的坐标原点重合；

(4) 绕 x_i 轴旋转角 α_i，使 z_{i-1} 轴与 z_i 轴在同一条直线上。

上述变换每次都是相对于活动坐标系进行的，所以经过这四次变换的齐次变换矩阵为

$$\boldsymbol{T}_i = \mathrm{Rot}(z,\theta_i)\mathrm{Trans}(0,0,d_i)\mathrm{Trans}(a_i0,0)\mathrm{Rot}(x,\alpha_i)$$

$$\boldsymbol{T}_i = \begin{bmatrix} \cos\theta_i & -\sin\theta_i & 0 & 0 \\ \sin\theta_i & \cos\theta_i & 0 & 0 \\ 0 & 0 & 1 & 0 \\ 0 & 0 & 0 & 1 \end{bmatrix} \begin{bmatrix} 1 & 0 & 0 & a_i \\ 0 & 1 & 0 & 0 \\ 0 & 0 & 1 & d_i \\ 0 & 0 & 0 & 1 \end{bmatrix} \begin{bmatrix} 1 & 0 & 0 & 0 \\ 0 & \cos\alpha_i & -\sin\alpha_i & 0 \\ 0 & \sin\alpha_i & \cos\alpha_i & 0 \\ 0 & 0 & 0 & 1 \end{bmatrix}$$

$$= \begin{bmatrix} \cos\theta_i & -\sin\theta_i\cos\alpha_i & \sin\theta_i\sin\alpha_i & a_i\cos\theta_i \\ \sin\theta_i & \cos\theta_i\cos\alpha_i & -\cos\theta_i\sin\alpha_i & a_i\sin\theta_i \\ 0 & \sin\alpha_i & \cos\alpha_i & d_i \\ 0 & 0 & 0 & 1 \end{bmatrix} \tag{3-30}$$

【例 3.4】 图 3-10 所示为一个平面三连杆机器人，因为三个关节均为转动关节，一般可称为 3R 型机械臂。试建立连杆坐标系，写出 D-H 参数。

解 (1) 首先定义坐标系。

平面三关节有这几个特点：关节轴都与纸面垂直，因此 z 轴沿着关节轴的方向；连杆即为关节轴的公垂线，则 x 轴沿着公垂线方向。所以坐标系的定义如下：

参考坐标系$\{O\}$，固定在基座上；

第一段连杆的坐标系原点位于旋转轴上 O_1 点，x_1 轴沿连杆 1 的轴线方向，z 轴与纸面垂直向外；

第二段连杆坐标系原点位于 O_2 点，x_2 轴沿连杆 2 的轴线方向，z 轴与纸面垂直向外；

第三段连杆坐标系原点位于 O_3 点，x_3 轴沿连杆 3 的轴线方向，z 轴与纸面垂直向外；

由右手定则可确定所有 y 轴，如图 3-11 所示。

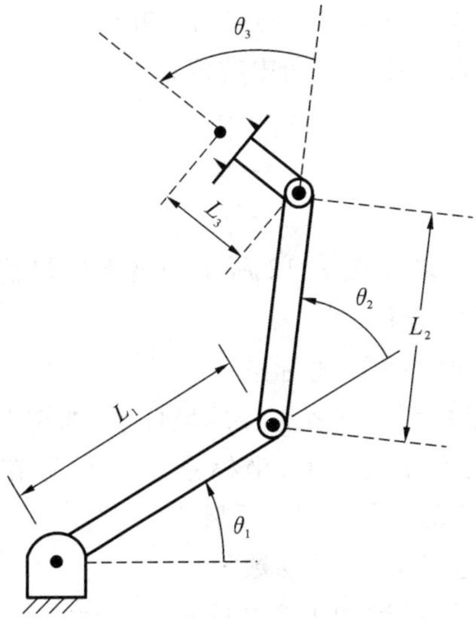

图 3-10　平面三连杆机器人

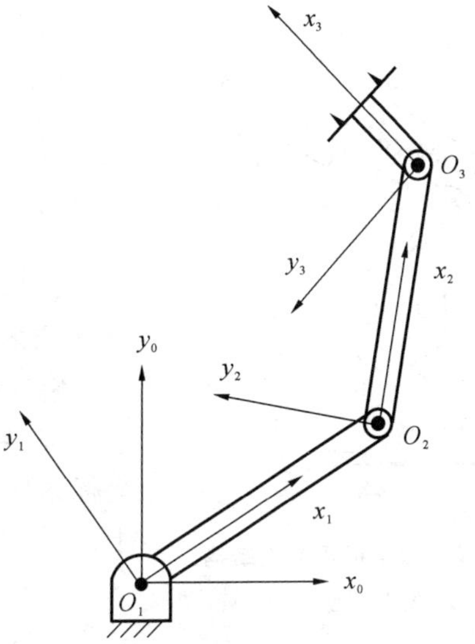

图 3-11　平面三连杆机器人的坐标系

(2) 确定 D-H 参数。

旋转关节的旋转量分别为 θ_1，θ_2，θ_3。所有 z 轴均垂直于纸面向外，相互平行，则连杆扭角均为 0；

相连两连杆相交，则相连两连杆公垂线距离为 0，因此连杆偏距 d_i 均为 0；

a_i 表示从 z_i 轴移动到 z_{i+1} 轴的距离，因此可以确定 $a_0=0$；a_1 是 z_1 轴和 z_2 轴之间的距离，因此 a_1 为连杆 1 的长度，即 $a_1=L_1$，同理，$a_2=L_2$。

综上，可得三连杆机器人对应的 D-H 参数如表 3-2 所示。

表 3-2　三连杆机器人对应的 D-H 参数

i	α_{i-1}	a_{i-1}	d_i	θ_i
1	0	0	0	θ_1.
2	0	L_1	0	θ_2
3	0	L_2	0	θ_3

3.3　机器人正运动学方程的建立及求解

3.3.1　机器人正运动学方程的建立步骤

(1) 建立坐标系并确定 4 个 D-H 参数(θ_i，d_i，a_i，α_i)。

(2) 计算两坐标系之间的齐次变换矩阵 $\boldsymbol{T}_i$：

$$\boldsymbol{T}_i = \mathrm{Rot}(z,\theta_i)\mathrm{Trans}(0,0,d_i)\mathrm{Trans}(a_i,0,0)\mathrm{Rot}(x,\alpha_i)$$

(3) 计算整个机器人的齐次坐标变换矩阵 $\boldsymbol{T}$：

$$\boldsymbol{T} = \boldsymbol{T}_1\boldsymbol{T}_2\cdots\boldsymbol{T}_i\cdots\boldsymbol{T}_n = \begin{bmatrix} n_x & o_x & a_x & p_x \\ n_y & o_y & a_y & p_y \\ n_z & o_z & a_z & p_z \\ 0 & 0 & 0 & 1 \end{bmatrix} \tag{3-31}$$

(4) 求机器人手部中心的运动学方程。

机器人手部中心在空间中的位置为

$$\begin{cases} x = p_x \\ y = p_y \\ z = p_z \end{cases}$$

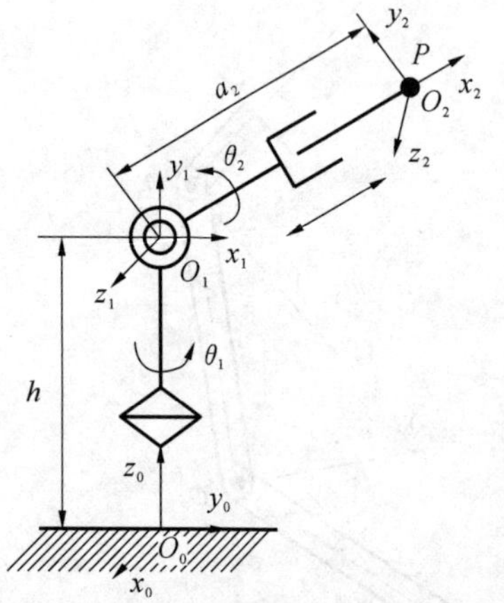

图 3-12 极坐标机器人结构简图和坐标系

【例 3.5】 求如图 3-12 所示的极坐标机器人手腕中心 P 点的运动学方程。

解 (1) 建立 D-H 坐标系。

按 D-H 坐标系建立各连杆的坐标系，如图 3-12 所示。坐标系 $\{O_0\}$ 设置在基座上；坐标系 $\{O_1\}$ 设置在旋转关节上；坐标系 $\{O_2\}$ 设置在机器人手腕中心 P 点。

(2) 确定连杆的 D-H 参数。

连杆的 D-H 参数如表 3-3 所示。

表 3-3 连杆的 D-H 参数

连　杆	θ_i	d_i	a_i	α_i
$i=1$	θ_1	h	0	90°
$i=2$	θ_2	0	a_2	0

(3) 求两连杆间的齐次坐标变换矩阵 $\boldsymbol{T}_i$。

$$\boldsymbol{T}_1 = \mathrm{Rot}(z,\theta_1)\mathrm{Trans}(0,0,h)\mathrm{Rot}(x,90°)$$

$$\boldsymbol{T}_2 = \mathrm{Rot}(z,\theta_2)\mathrm{Trans}(a_2,0,0)$$

$$\boldsymbol{T}_1 = \begin{bmatrix} c_1 & -s_1 & 0 & 0 \\ s_1 & c_1 & 0 & 0 \\ 0 & 0 & 1 & 0 \\ 0 & 0 & 0 & 1 \end{bmatrix}\begin{bmatrix} 1 & 0 & 0 & 0 \\ 0 & 1 & 0 & 0 \\ 0 & 0 & 1 & h \\ 0 & 0 & 0 & 1 \end{bmatrix}\begin{bmatrix} 1 & 0 & 0 & 0 \\ 0 & 0 & -1 & 0 \\ 0 & 1 & 0 & 0 \\ 0 & 0 & 0 & 1 \end{bmatrix} = \begin{bmatrix} c_1 & 0 & s_1 & 0 \\ s_1 & 0 & -c_1 & 0 \\ 0 & 1 & 0 & h \\ 0 & 0 & 0 & 1 \end{bmatrix}$$

$$\boldsymbol{T}_2 = \begin{bmatrix} c_2 & -s_2 & 0 & 0 \\ s_2 & c_2 & 0 & 0 \\ 0 & 0 & 1 & 0 \\ 0 & 0 & 0 & 1 \end{bmatrix}\begin{bmatrix} 1 & 0 & 0 & a_2 \\ 0 & 1 & 0 & 0 \\ 0 & 0 & 1 & 0 \\ 0 & 0 & 0 & 1 \end{bmatrix} = \begin{bmatrix} c_2 & -s_2 & 0 & a_2c_2 \\ s_2 & c_2 & 0 & a_2s_2 \\ 0 & 0 & 1 & 0 \\ 0 & 0 & 0 & 1 \end{bmatrix}$$

式中：$s_i=\sin\theta_i$；$c_i=\cos\theta_i$；

a_2——移动关节变量。

(4) 求手腕中心的运动学方程。

$$\boldsymbol{T}_{20} = \boldsymbol{T}_1\boldsymbol{T}_2$$

即

$$T_{20}=\begin{bmatrix} c_1 & 0 & s_1 & 0\\ s_1 & 0 & -c_1 & 0\\ 0 & 1 & 0 & h\\ 0 & 0 & 0 & 1\end{bmatrix}\begin{bmatrix} c_2 & -s_2 & 0 & a_2c_2\\ s_2 & c_2 & 0 & a_2s_2\\ 0 & 1 & 0 & 0\\ 0 & 0 & 0 & 1\end{bmatrix}$$

$$=\begin{bmatrix} c_1c_2 & -c_1s_2 & s_1 & a_2c_1c_2\\ s_1s_2 & -s_1s_2 & -c_1 & a_2s_1c_2\\ s_2 & c_2 & 0 & a_2s_2+h\\ 0 & 0 & 0 & 1\end{bmatrix}$$

得手腕中心的运动学方程为

$$\begin{cases} p_x = a_2c_1c_2\\ p_y = a_2s_1c_2\\ p_z = a_2s_2+h\end{cases}$$

3.3.2　机器人正运动学方程的典型案例

【例 3.6】　PUMA560 机器人是串联多关节型机器人，6 个关节都是转动关节，具有 6 个自由度。前 3 个关节用于确定手腕中心参考点在空间的位置，后 3 个关节用于确定手腕姿态，其结构如图 3-13 所示。

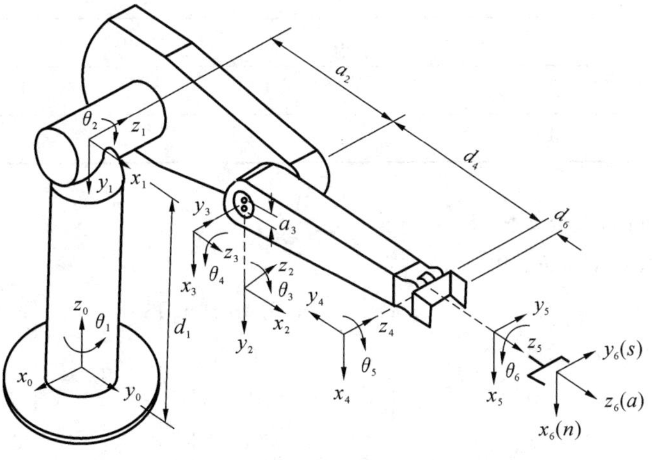

图 3-13　PUMA560 **结构示意图**

(1) 建立 D-H 坐标系。

建立的连杆坐标系如图 3-14 所示。

坐标系$\{O_0\}$建在基座上。O_0x_0 代表机器人的横方向，即肩关节轴线方向；O_0y_0 代表机器人手臂的正前方；O_0z_0 代表机器人身高方向。

关节 1 的轴线垂直；关节 2、3 的轴线水平，且平行；关节 3 和 4 的轴线垂直相交，距离为 a_3(可以忽略)。z 轴建在各关节轴线上。

x_1 轴在水平面内，x_2 轴沿大臂轴线方向，x_3 轴与小臂轴线垂直，x_4 轴$/\!/$ x_5 轴$/\!/$ x_6 轴。

坐标原点之间的关系为：O_0 与 O_1 相距 h；O_2 与 O_3 相距 a_3；O_4 与 O_5 重合。

坐标系$\{O_6\}$为终端坐标系，考虑了工具长度 d_6。

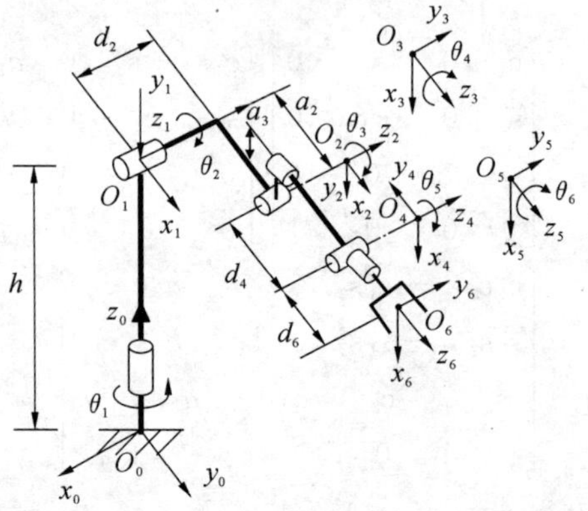

图 3-14 连杆坐标系示意图

(2) 确定各连杆的 D-H 参数(忽略 h 和 a_3)。

表 3-4 给出了各连杆的 D-H 参数。

表 3-4 PUMA 560 机器人连杆的 D-H 参数

连 杆	θ_i	d_i	a_i	α_i
$i=1$	θ_1	0	0	$-90°$
$i=2$	θ_2	d_2	a_2	0
$i=3$	θ_3	0	0	$90°$
$i=4$	θ_4	d_4	0	$-90°$
$i=5$	θ_5	0	0	$90°$
$i=6$	θ_6	d_6	0	0

(3) 求两杆之间的位姿矩阵 $\boldsymbol{T}_i$。

由表 3-4 和式(3-31)可求得 $\boldsymbol{T}_i$:

$$\boldsymbol{T}_1=\begin{bmatrix} c_1 & 0 & -s_1 & 0 \\ s_1 & 0 & c_1 & 0 \\ 0 & -1 & 0 & 0 \\ 0 & 0 & 0 & 1 \end{bmatrix},\quad \boldsymbol{T}_2=\begin{bmatrix} c_2 & -s_2 & 0 & a_2c_2 \\ s_2 & c_2 & 0 & a_2s_2 \\ 0 & 0 & 1 & d_2 \\ 0 & 0 & 0 & 1 \end{bmatrix},\quad \boldsymbol{T}_3=\begin{bmatrix} c_3 & 0 & s_3 & 0 \\ s_3 & 0 & -c_3 & 0 \\ 0 & 1 & 0 & 0 \\ 0 & 0 & 0 & 1 \end{bmatrix}$$

$$\boldsymbol{T}_4=\begin{bmatrix} c_4 & 0 & -s_4 & 0 \\ s_4 & 0 & c_4 & 0 \\ 0 & -1 & 0 & d_4 \\ 0 & 0 & 0 & 1 \end{bmatrix},\quad \boldsymbol{T}_5=\begin{bmatrix} c_5 & 0 & s_5 & 0 \\ s_5 & 0 & -c_5 & 0 \\ 0 & 0 & 1 & 0 \\ 0 & 0 & 0 & 1 \end{bmatrix},\quad \boldsymbol{T}_6=\begin{bmatrix} c_6 & -s_6 & 0 & 0 \\ s_6 & c_6 & 0 & 0 \\ 0 & 0 & 1 & d_6 \\ 0 & 0 & 0 & 1 \end{bmatrix}$$

式中:$s_i=\sin\theta_i$;$c_i=\cos\theta_i$。

(4) 求机器人的运动学方程。

$$\boldsymbol{T}_{60}=\boldsymbol{T}_1\boldsymbol{T}_2\boldsymbol{T}_3\boldsymbol{T}_4\boldsymbol{T}_5\boldsymbol{T}_6=\begin{bmatrix} n_x & o_x & a_x & p_x \\ n_y & o_y & a_y & p_y \\ n_z & o_z & a_z & p_z \\ 0 & 0 & 0 & 1 \end{bmatrix}$$

式中：$n_x = c_1[c_{23}(c_4c_5c_6 - s_4s_6) - s_{23}s_5c_6] - s_1(s_4c_5c_6 + c_4s_6)$；

$n_y = s_1[c_{23}(c_4c_5c_6 - s_4s_6) - s_{23}s_5c_6] + c_1(s_4c_5c_6 + c_4s_6)$；

$n_z = -s_{23}(c_4c_5c_6 - s_4s_6) - c_{23}s_5c_6$；

$o_x = c_1[-c_{23}(c_4c_5s_6 + s_4c_6) + s_{23}s_5c_6] - s_1(-s_4c_5c_6 + c_4s_6)$；

$o_y = s_1[-c_{23}(c_4c_5s_6 + s_4c_6) + s_{23}s_5c_6] + c_1(-s_4c_5c_6 + c_4s_6)$；

$o_z = s_{23}(c_4c_5s_6 + s_4c_6) + c_{23}s_5c_6$；

$a_x = c_1(c_{23}c_4s_5 + s_{23}c_5) - s_1s_4s_5$；

$a_y = s_1(c_{23}c_4s_5 + s_{23}c_5) + c_1s_4s_5$；

$a_x = c_1(c_{23}c_4s_5 + s_{23}c_5) - s_1s_4s_5$；

$p_x = c_1[d_6(c_{23}c_4s_5 + s_{23}c_5) + s_{23}d_4 + a_2c_2] - s_1(d_6s_4s_5 + d_2)$；

$p_y = s_1[d_6(c_{23}c_4s_5 + s_{23}c_5) + s_{23}d_4 + a_2c_2] + c_1(d_6s_4s_5 + d_2)$；

$p_z = d_6(c_{23}c_5 - s_{23}c_4s_5) + c_{23}d_4 - a_2s_2$；

其中：$c_{ij} = \cos(\theta_i + \theta_j)$；$s_{ij} = \sin(\theta_i + \theta_j)$。

3.4　机器人逆运动学的求解

本节讨论运动学的逆问题：已知目标位置的坐标，求工具坐标系处于目标位置时，机器人各关节的旋转角。

3.4.1　逆运动学求解的问题

1. 解的存在性

目标位置如果处于工作空间之外，则机器人逆运动学问题可能无解，如图 3-15 所示。如果目标位置处于工作空间内，那么至少存在一组解。需要注意的是，工作空间是一个三维空间，与每段连杆长度、每个关节旋转角的旋转范围等均有关系。

2. 解的多重性

求解机器人逆运动学问题时，可能存在多个解。如图 3-16 所示，对于一个带有末端执行器的三连杆平面机器人，存在两组解。

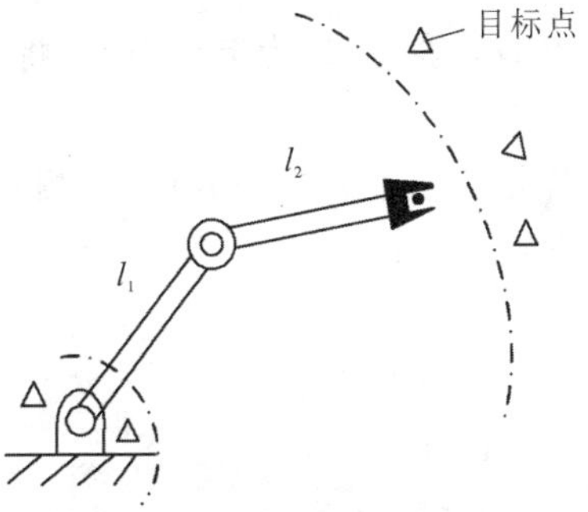

图 3-15　目标点在工作空间外

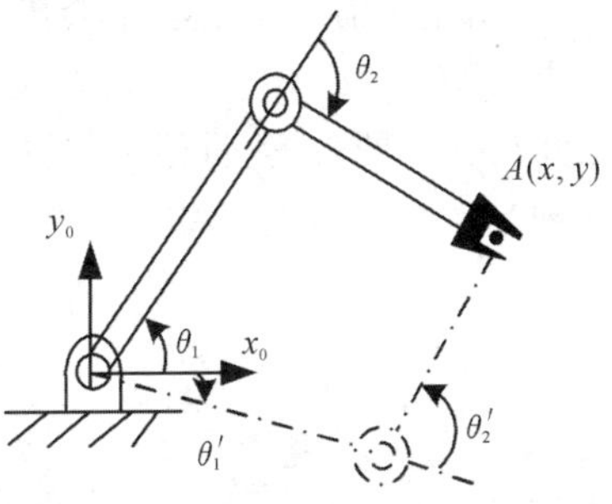

图 3-16　同一个目标点对应多个解

当逆运动学问题存在多组解时，一般可以采用如下方法排除多余解。

(1) 根据关节运动空间来选择合适的解。

如求得机器人某关节角的两个解为

$$\theta_{i1} = 40^\circ$$

$$\theta_{i2} = 180^\circ + 40^\circ = 220^\circ$$

若当前该机器人关节角度为 110°，则移动到 40°所需时间较少，因此可选择 $\theta_{i1}=40^\circ$。

(2) 根据避障要求(或者其他约束条件)，选择合适的解。

最短行程发生干涉，只能选择更长行程，如图 3-17 所示。

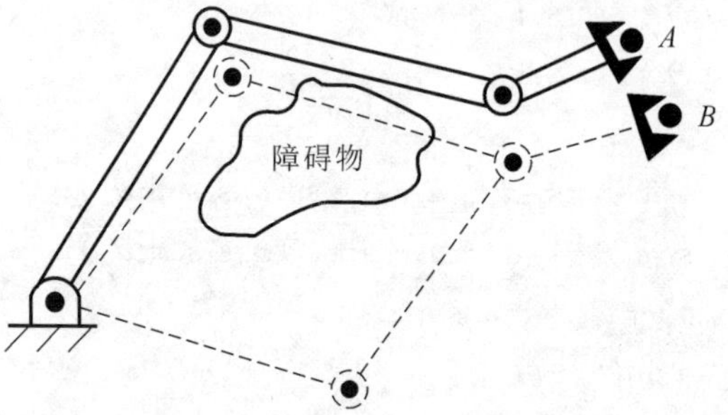

图 3-17 较短行程存在障碍物

3. 求解方法

一般把逆运动学的求解方法分为封闭解法和数值解法。这里为了便于理解，本章讲解封闭解法。封闭解法指的是解析形式的解法，具体包括代数解法和几何解法。

1) 代数解法

运用变换矩阵的逆左乘，然后找出右端为常数的元素，并令这些元素与左端元素相等，这样就能得出一个可以求解的三角函数方程。重复上述过程，直到解出所有未知数，所以这种方法也叫分离变量法。下面以 3.2.3 节中例 3.4 的平面三连杆机器人(见图 3-10，建立的坐标系见图 3-11)为例介绍代数解法。

根据例 3.4，求出平面三连杆机器人的正向运动学方程为

$$\boldsymbol{T}_{WB} = \boldsymbol{T}_{30} = \begin{bmatrix} c_{123} & -s_{123} & 0 & L_1c_1+L_2c_{12} \\ s_{123} & c_{123} & 0 & L_1s_1+L_2s_{12} \\ 0 & 0 & 1 & 0 \\ 0 & 0 & 0 & 1 \end{bmatrix} \tag{3-32}$$

如前所见，由于机器人运动学中会出现大量三角函数表达式，为节约空间，将 $\sin\theta_1$ 写成 s_1，将 c_{123} 写成 $\cos(\theta_1+\theta_2+\theta_3)$，其他以此类推。

假定已知目标点的位姿，目标点位置为 (x, y)，连杆 3 在平面内的方位角(相对于基坐标系 x 轴正方向)，则目标点关于基坐标系的变换 $\boldsymbol{T}_{WB}$ 为

$$\boldsymbol{T}_{WB} = \begin{bmatrix} \cos\varphi & -\sin\varphi & 0 & x \\ \sin\varphi & \cos\varphi & 0 & y \\ 0 & 0 & 1 & 0 \\ 0 & 0 & 0 & 1 \end{bmatrix} \tag{3-33}$$

令式(3-32)和式(3-33)对应元素相等，可得到四个非线性方程：

$$\cos\varphi = c_{123} \tag{3-34}$$

$$\sin\varphi = s_{123} \tag{3-35}$$

$$x = L_1c_1 + L_2c_{12} \tag{3-36}$$

$$y = L_1 s_1 + L_2 s_{12} \tag{3-37}$$

根据式(3-34)至式(3-37)这四个方程,可求出 θ_1,θ_2 和 θ_3。

将式(3-36)与式(3-37)同时平方后对应相加,可得

$$x^2 + y^2 = L_1^2 + L_2^2 + 2L_1 L_2 c_2$$

可进一步求得

$$c_2 = \frac{x^2 + y^2 - L_1^2 - L_2^2}{2L_1 L_2} \tag{3-38}$$

若式(3-38)右边的值不在范围[-1,1]内,则该目标点不在机器人工作空间内,逆运动学无解。假定目标点在工作空间内,则

$$s_2 = \pm\sqrt{1 - c_2^2} \tag{3-39}$$

根据式(3-38)和式(3-39),应用双变量反正切函数计算,可得 θ_2:

$$\theta_2 = \arctan2(s_2, c_2) \tag{3-40}$$

式(3-40)有正、负两组解,对应了该例中逆运动学的两组不同的解。

根据上面求得的 θ_2、式(3-36)和式(3-37),可求出 θ_1。

假定

$$\begin{cases} k_1 = L_1 + L_2 c_2 \\ k_2 = L_2 s_2 \end{cases} \tag{3-41}$$

则式(3-36)和式(3-37)可写成

$$\begin{cases} x = k_1 c_1 - k_2 s_1 \\ y = k_1 s_1 + k_2 c_1 \end{cases} \tag{3-42}$$

为求解这种形式的方程,可进行如下变量代换,令

$$\begin{cases} r = \sqrt{k_1^2 + k_2^2} \\ \gamma = \arctan2(k_2, k_1) \\ k_1 = r\cos\gamma \\ k_2 = r\sin\gamma \end{cases} \tag{3-43}$$

则式(3-42)可写成

$$\begin{cases} \dfrac{x}{r} = \cos\gamma\cos\theta_1 - \sin\gamma\sin\theta_1 \\ \dfrac{y}{r} = \cos\gamma\sin\theta_1 + \sin\gamma\cos\theta_1 \end{cases} \tag{3-44}$$

即

$$\begin{cases} \cos(\gamma + \theta_1) = \dfrac{x}{r} \\ \sin(\gamma + \theta_1) = \dfrac{y}{r} \end{cases} \tag{3-45}$$

利用双变量反正切函数,可得

$$\gamma + \theta_1 = \arctan2\left(\frac{y}{r}, \frac{x}{r}\right) = \arctan2(y, x) \tag{3-46}$$

从而有

$$\theta_1 = \arctan2(y, z) - \arctan2(k_2, k_1) \tag{3-47}$$

需要注意的是,θ_2 取值为正或负,决定了 k_2 的正、负,因此而影响 θ_1 的取值。若 $x = y =$

0,则式(3-47)的值不确定,θ_1 可取任何值。

最后,根据式(3-34)和式(3-35)能求出 θ_1,θ_2 和 θ_3 的和 φ:

$$\theta_1+\theta_2+\theta_3=\arctan2(\sin\varphi,\cos\varphi)=\varphi$$

从而可求出:

$$\theta_3=\varphi-\theta_1-\theta_2$$

至此,完成了平面三连杆机器人的逆运动学求解。

2) 几何解法

对于自由度较少的机器人,或者连杆扭角较特殊时(为 0°或者 90°),用几何解法求解运动学逆解是比较容易的。下面以平面两连杆为例来说明。

如图 3-18 所示,机器人末端处于 $P(x,y)$点,OA、PA,以及连线 OP 组成了一个三角形。图 3-18 中关于连线 OP,与 OA、PA 位置对称的一组点画线表示两连杆机器人的另一种可能的位形,该组位形同样可以达到点 P 的位置。

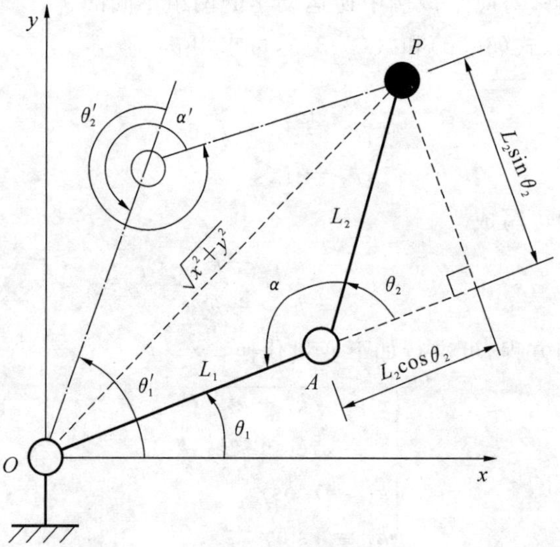

图 3-18 几何法求解平面两连杆机器人运动学逆解

对于图 3-18 中实线表示的三角形(下部的机器人位形),根据余弦定理可以得到

$$x^2+y^2=L_1^2+L_2^2-2L_1L_2\cos\alpha \tag{3-48}$$

则

$$\alpha=\arccos\left(\frac{L_1^2+L_2^2-x^2-y^2}{2L_1L_2}\right) \tag{3-49}$$

为了使该三角形成立,坐标系{O}原点到目标点的距离 $\sqrt{x^2+y^2}$ 必须小于或等于两根连杆的长度之和 L_1+L_2。可对上述条件进行计算,校核该解是否存在。当目标点超出机器人的工作空间时,这个条件不满足,此时逆运动学无解。

求得连杆 L_1 和 L_2 之间的夹角 α 后,我们即可通过平面几何关系求出θ_1和θ_2:

$$\theta_2=\pi-\alpha \tag{3-50}$$

$$\theta_1=\arctan\left(\frac{y}{x}\right)-\arctan\left(\frac{L_2\sin\theta_2}{L_1+L_2\cos\theta_2}\right) \tag{3-51}$$

如图 3-18 所示,当$\alpha'=\pi-\alpha$ 时,机器人有另外一组对称的解:

$$\theta_2' = \pi + \alpha \tag{3-52}$$

$$\theta_1' = \arctan\left(\frac{y}{x}\right) + \arctan\left(\frac{L_2 \sin\theta_2}{L_1 + L_2\cos\theta_2}\right) \tag{3-53}$$

现在回到图 3-11 中的平面三连杆机器人，此处得到的两个解 θ_1，θ_2 也是图 3-11 中的前两段连杆的旋转角，而平面内的角度是可以直接相加的，因此三根连杆的角度之和即为最后一根连杆的方位角 φ：

$$\theta_1 + \theta_2 + \theta_3 = \varphi \tag{3-54}$$

则可以解出θ_3：

$$\theta_3 = \varphi - \theta_1 - \theta_2 \tag{3-55}$$

至此我们即用几何解法得到了这个机器人逆运动学的全部解。

3.4.2　逆运动学典型案例

【例 3.7】　求例 3.6 中的 PUMA560 机器人的运动学逆解。

解　根据式(3-31)，运动学方程可以写成

$$\begin{bmatrix} n_x & o_x & a_x & p_x \\ n_y & o_y & a_y & p_y \\ n_z & o_z & a_z & p_z \\ 0 & 0 & 0 & 1 \end{bmatrix} = \boldsymbol{T}_1\boldsymbol{T}_2\boldsymbol{T}_3\boldsymbol{T}_4\boldsymbol{T}_5\boldsymbol{T}_6 = \boldsymbol{T}_{60} \qquad ①$$

在逆运动学求解问题中，对于矩阵方程①，等式左边的矩阵元素是已知的，而等式右边的六个矩阵是未知的，需要求解 θ_1、θ_2、θ_3、θ_4、θ_5、θ_6。

(1) 求解 θ_1。

用逆变换 $\boldsymbol{T}_1^{-1}$ 左乘方程①，得

$$\boldsymbol{T}_1^{-1}\boldsymbol{T}_{60} = \boldsymbol{T}_2\boldsymbol{T}_3\boldsymbol{T}_4\boldsymbol{T}_5\boldsymbol{T}_6 \qquad ②$$

计算两边矩阵，令两端的元素(2,4)分别对应相等，可得

$$-\sin\theta_1 p_x + \cos\theta_1 p = d_2$$

利用三角代换：

$$\begin{cases} p_x = \rho\cos\varphi \\ p_y = p\cos\varphi \end{cases} \qquad ③$$

可得

$$\theta_1 = \mathrm{Atan2}(p_y, p_x) - \mathrm{Atan2}(d_2, \pm\sqrt{1 - d_2{}^2}) \qquad ④$$

式中：正负号对应于 θ_1 的两个可能解。

(2) 求解 θ_3。

令矩阵方程②两端的元素(1,4)和(3,4)分别对应相等，即得两方程：

$$c_1 p_x + s_1 p_y = a_2 c_2 + a_3 c_{23} - d_4 s_{23} \qquad ⑤$$

$$p_z = -a_2 s_2 - a_3 s_{23} - d_4 c_{23} \qquad ⑥$$

式⑤与式⑥的平方和为

$$-s_3 d_4 + c_3 a_3 = k \qquad ⑦$$

其中，

$$k = \frac{p_x^2 + p_y^2 + p_z^2 - a_2^2 - a_3^2 - d_2^2 - d_4^2}{2a_2} \qquad ⑧$$

方程⑦中已经消去 θ_2，且方程⑦可采用三角代换求解 θ_3：

$$\theta_3 = \text{Atan2}(a_3, a_4) - \text{Atan2}(k, \pm\sqrt{a_3^2 + d_4^2 - k^2})$$

(3) 求解 θ_2。

为求解 θ_2，在矩阵方程①两边左乘逆变换 $\boldsymbol{T}_{30}^{-1}$，得

$$\boldsymbol{T}_{30}^{-1}\boldsymbol{T}_{60} = \boldsymbol{T}_4\boldsymbol{T}_5\boldsymbol{T}_6 \qquad ⑨$$

令方程⑨两边的元素(1,4)和(2,4)分别对应相等，可得

$$\begin{cases} c_1c_{23}p_x + s_1c_{23}p_y - s_{23}p_z - a_2c_3 = a_3 \\ -c_1s_{23}p_x - s_1s_{23}p_y - c_{23}p_z + a_2s_3 = d_4 \end{cases}$$

可求得

$$\begin{cases} s_{23} = \dfrac{(-a_3 - a_2c_3)p_z + (c_1p_x + s_1p_y)(a_2s_3 - d_4)}{p_z^2 + (c_1p_x + s_1p_y)^2} \\ c_{23} = \dfrac{(-d_4 + a_2s_3)p_z - (c_1p_x + s_1p_y)(-a_2c_3 - a_3)}{p_z^2 + (c_1p_x + s_1p_y)^2} \end{cases} \qquad ⑩$$

由方程组⑩两式分母相等且为正，可进一步得

$$\begin{aligned} \theta_2 + \theta_3 = \text{Atan2}[&-(a_3 + a_2c_3)p_z - (c_1p_x + s_1p_y)(a_2s_3 - d_4), \\ &(-d_4 + a_2s_3)p_z + (c_1p_x + s_1p_y)(a_2c_3 + a_3)] \end{aligned}$$

根据 θ_1、θ_3 解的四种可能组合，可以得到相应的四种可能值 $\theta_2+\theta_3$，于是得到 θ_2 的四种可能解：

$$\theta_2 = (\theta_2 + \theta_3) - \theta_3$$

(4) 求解 θ_4。

因为式⑨的左边均已知，令两边元素(1,3)和(3,3)分别对应相等，则可得

$$\begin{cases} a_xc_1c_{23} + a_ys_1c_{23} - a_zs_{23} = -c_4s_5 \\ -a_xs_1 + a_yc_1 = s_4s_5 \end{cases}$$

只要 $s_5 \neq 0$，即可求出 θ_4 为

$$\theta_4 = \text{Atan2}(-a_xs_1 + a_yc_1, -a_xc_1c_{23} - a_ys_1c_{23} + a_zs_{23})$$

当 $s_5 = 0$ 时，机器人处于奇异形位。此时，关节轴 4 和 6 同轴，只能解出 θ_4 与 θ_6 的和或差。

(5) 求解 θ_5。

根据求出的 θ_4，即可求出 θ_5，将式①两端左乘逆变换 $\boldsymbol{T}_{40}^{-1}$，有

$$\boldsymbol{T}_{40}^{-1}\boldsymbol{T}_{60} = \boldsymbol{T}_5\boldsymbol{T}_6 \qquad ⑪$$

因式⑪等号左边中 θ_1、θ_2、θ_3、θ_4 均已求出，为已知，故逆变换 $\boldsymbol{T}_{40}^{-1}$ 为

$$\boldsymbol{T}_{40}^{-1} = \begin{bmatrix} c_1c_{23}c_4 + s_1s_4 & s_1c_{23}c_4 - c_1s_4 & -s_{23}c_4 & -a_2c_3c_4 + d_2s_4 - a_3c_4 \\ -c_1c_{23}s_4 + s_1c_4 & -s_1c_{23}s_4 - c_1c_4 & s_{23}s_4 & a_2c_3s_4 + d_2c_4 + a_3s_4 \\ -c_1s_{23} & -s_1s_{23} & -c_{23} & a_2s_3 - d_4 \\ 0 & 0 & 0 & 1 \end{bmatrix}$$

令两边元素(1,3)和(3,3)分别对应相等，可得

$$\begin{cases} (c_1c_{23}c_4 + s_1s_4)a_x + (s_1c_{23}c_4 - c_1s_4)a_y - s_{23}c_4a_z = -s_5 \\ -c_1s_{23}a_x - s_1s_{23}a_y - c_{23}a_z = c_5 \end{cases}$$

由此可得到 θ_5 的封闭解：

$$\theta_5 = \text{Atan2}(s_5, c_5)$$

(6)求解 θ_6。

$$\boldsymbol{T}_{50}^{-1}\boldsymbol{T}_{60}=\boldsymbol{T}_6 \tag{⑫}$$

两边元素(3,1)和(1,1)分别对应相等,可得

$$\begin{cases}-n_x(c_1c_{23}s_4-s_1c_4)-n_y(s_1c_{23}s_4+c_1c_4)+n_zs_{23}s_4=s_6\\ n_x[(c_1c_{23}c_4+s_1s_4)c_5-c_2s_{23}c_5]+n_y[(s_1c_{23}c_4-c_1s_4)c_5-s_1s_{23}s_5]-\\ n_z(s_{23}c_4c_5+c_{23}s_5)=c_6\end{cases}$$

从而可求出 θ_6 的封闭解:

$$\theta_6=\mathrm{Atan2}(s_6,c_6)$$

通过以上计算,θ_1 有两个解、θ_3 有两个解,两两组合,是四种情况,对应 θ_2 有四组解;每个 θ_2 对应的 θ_4 有两个解,所以对应的解共 8 组,如图 3-19 所示。

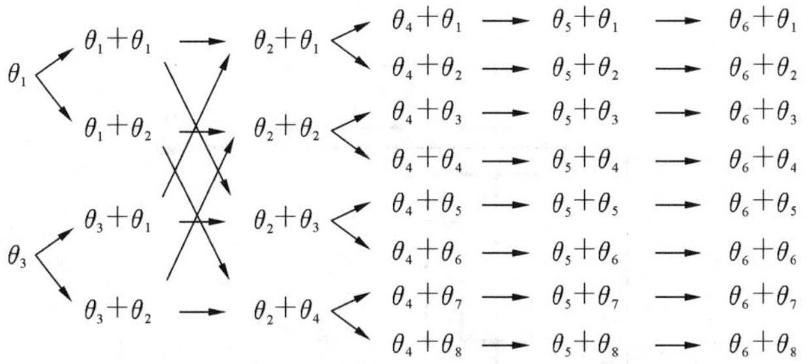

图 3-19　PUMA560 机器人的 8 组运动学逆解示意图

虽然根据以上分析,PUMA560 机器人到达一个确定的目标位姿共有 8 组不同的解,但由于结构的限制,例如各关节变量不能都在 360°范围内运动,因此有些解不能实现。在机器人有多个逆解时,应选取最合适的一组解,以满足机器人的工作要求。

3.5　本章小结

机器人的运动学问题是机器人学的基础,是机器人动力学、机器人控制、工业机器人操作的基础,本章重点介绍了机器人运动学的数学基础、连杆的变换矩阵、运动学方程的建立步骤、运动学逆解等知识。

在笛卡儿直角坐标系中,点的位置可以用 3×1 的矩阵表示、姿态可以用 3×3 的矩阵表示。坐标系之间的平移和角度关系,则可以用平移变换矩阵和旋转变换矩阵表示。接着引入齐次坐标及齐次坐标变换。

为了控制机器人运动,必须建立机器人各连杆间的运动关系,从而得到机器人工具与机器人基座的相互关系。因此引入了 D-H 参数法,介绍了定义连杆坐标系的方法,以及对应的 D-H 参数、连杆变换矩阵。

在连杆变换矩阵的基础上,介绍了运动学方程的建立步骤,PUMA 机器人运动学方程的建立过程。

最后,介绍了运动学方程的求解问题,分析了逆运动学问题的无解、多解等问题;介绍了逆运动学的两种求解方法:代数解法和几何解法。

习　题

3.1　什么是齐次坐标?与直角坐标有何区别?

3.2 机器人运动学方程的正解和逆解有何特征？各应用在什么场合？逆解如何计算？

3.3 已知坐标系$\{O_j\}$是由坐标系$\{O_i\}$经过以下变换来的：

(1) 绕 z 轴旋转 45°；

(2) 沿矢量 $\boldsymbol{p}=3\boldsymbol{i}+5\boldsymbol{j}+7\boldsymbol{k}$ 平移；

(3) 绕 x 轴旋转 30°。

计算：

(1) $\{O_i\}$与$\{O_j\}$之间的齐次变换矩阵；

(2) 若$\{O_j\}$中有一矢量 $\boldsymbol{r}_j=10\boldsymbol{i}+20\boldsymbol{j}+30\boldsymbol{k}$，则其在$\{O_i\}$中的坐标分量是多少？

(3) 若$\{O_i\}$中有一矢量 $\boldsymbol{r}_i=10\boldsymbol{i}+20\boldsymbol{j}+30\boldsymbol{k}$，则其在$\{O_j\}$中的坐标分量是多少？

3.4 求如图 3-20 所示的圆柱坐标机器人手腕中心 P 点的运动学方程。

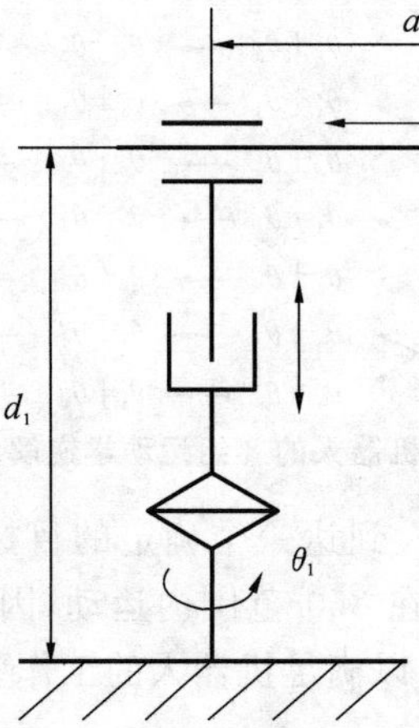

图 3-20 圆柱坐标机器人

3.5 如图 3-21 所示二自由度机器人，关节 1 为转动关节，关节变量为 θ_1，关节 2 为转动关节，关节变量为 θ_2，两段连杆长度分别为 L_1 和 L_2，试：

(1) 建立关节坐标系；

(2) 写出 D-H 参数；

(3) 求机器人的运动学方程。

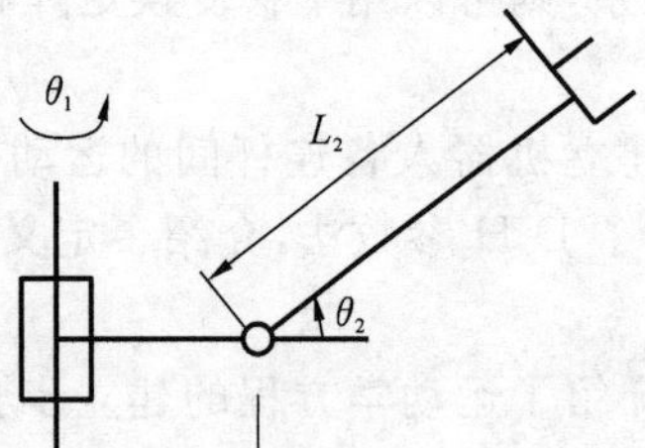

图 3-21 二自由度机器人示意图

第 4 章　工业机器人的力学特性

4.1　机器人的雅可比矩阵

4.1.1　微分运动

机械手的变换包括平移变换、旋转变换、比例变换和投影变换等。在此，把讨论限于平移变换和旋转变换。这样，就可以把导数项表示为微分平移和微分旋转。为了补偿机器人末端执行器位姿与目标物体之间的误差，以及解决两个不同坐标系之间的微位移关系问题，讨论机器人杆件在作微小运动时的位姿变化，都需要讨论微分运动。

既可以用给定的坐标系也可以用基坐标系来表示微分平移和旋转。已知坐标系$\{T\}$，可将 $\boldsymbol{T}+\mathrm{d}\boldsymbol{T}$ 表示为

$$\boldsymbol{T}+\mathrm{d}\boldsymbol{T}=\mathrm{Trans}(d_x,d_y,d_z)\mathrm{Rot}(\boldsymbol{f},\mathrm{d}\theta)T \tag{4-1}$$

式中：$\mathrm{Trans}(d_x,d_y,d_z)$——基坐标系中微分平移$d_x,d_y,d_z$的变换；

$\mathrm{Rot}(\boldsymbol{f},\mathrm{d}\theta)$——基坐标系中绕矢量 $\boldsymbol{f}$ 的微分旋转 $\mathrm{d}\theta$ 的变换。由上式可得 $\mathrm{d}\boldsymbol{T}$ 的表达式：

$$\mathrm{d}\boldsymbol{T}=[\mathrm{Trans}(d_x,d_y,d_z)\mathrm{Rot}(\boldsymbol{f},\mathrm{d}\theta)-\boldsymbol{I}]\boldsymbol{T} \tag{4-2}$$

同样地，也可用相对给定坐标系$\{T\}$的微分平移和旋转来表示微分变化：

$$\boldsymbol{T}+\mathrm{d}\boldsymbol{T}=\boldsymbol{T}\mathrm{Trans}(d_x,d_y,d_z)\mathrm{Rot}(\boldsymbol{f},\mathrm{d}\theta) \tag{4-3}$$

式中：$\mathrm{Trans}(d_x,d_y,d_z)$——相对坐标系$\{T\}$的微分平移变换；

$\mathrm{Rot}(\boldsymbol{f},\mathrm{d}\theta)$——绕坐标系$\{T\}$中矢量 $\boldsymbol{f}$ 的微分旋转 $\mathrm{d}\theta$。这时有

$$\mathrm{d}\boldsymbol{T}=\boldsymbol{T}[\mathrm{Trans}(d_x,d_y,d_z)\mathrm{Rot}(\boldsymbol{f},\mathrm{d}\theta)-\boldsymbol{I}] \tag{4-4}$$

式(4-2)和式(4-4)中有一共同的项 $\mathrm{Trans}(d_x,d_y,d_z)\mathrm{Rot}(\boldsymbol{f},\mathrm{d}\theta)-\boldsymbol{I}$。当微分运动是相对基坐标系进行时，我们规定该共同项为 $\boldsymbol{\Delta}$；而当运动是相对坐标系$\{T\}$进行时，记为${}^T\boldsymbol{\Delta}$。于是，当相对基坐标系进行微分变换时，$\mathrm{d}\boldsymbol{T}=\boldsymbol{\Delta T}$；而当相对坐标系$\{T\}$进行微分变换时，$\mathrm{d}\boldsymbol{T}=\boldsymbol{T}{}^T\boldsymbol{\Delta}$。

表示微分平移的齐次变换为

$$\mathrm{Trans}(d_x,d_y,d_z)=\begin{bmatrix}1&0&0&d_x\\0&1&0&d_y\\0&0&1&d_z\\0&0&0&1\end{bmatrix} \tag{4-5}$$

这时，Trans 的变量是由微分变化$d_x\boldsymbol{i}+d_y\boldsymbol{j}+d_z\boldsymbol{k}$ 表示的微分矢量 $\boldsymbol{d}$。在第 3 章讨论通用旋转变换时，有

$$\mathrm{Rot}(\boldsymbol{f},\theta)=\begin{bmatrix}f_xf_x\mathrm{versin}\theta+\cos\theta & f_yf_x\mathrm{versin}\theta-f_z\sin\theta & f_zf_x\mathrm{versin}\theta+f_y\sin\theta & 0\\ f_xf_y\mathrm{versin}\theta+f_z\sin\theta & f_yf_y\mathrm{versin}\theta+\cos\theta & f_zf_y\mathrm{versin}\theta+f_x\sin\theta & 0\\ f_xf_z\mathrm{versin}\theta+f_y\sin\theta & f_yf_z\mathrm{versin}\theta+f_x\sin\theta & f_zf_z\mathrm{versin}\theta+\cos\theta & 0\\ 0&0&0&1\end{bmatrix} \tag{4-6}$$

对于微分变化 $\mathrm{d}\theta$,其相应的正弦函数、余弦函数和正交函数分别为

$$\lim_{\theta\to 0}\sin\theta=\mathrm{d}\theta,\lim_{\theta\to 0}\cos\theta=1,\lim_{\theta\to 0}\operatorname{versin}\theta=0 \tag{4-7}$$

结合旋转齐次变换,可把微分旋转齐次变换表示为

$$\mathrm{Rot}(\boldsymbol{f},\mathrm{d}\theta)=\begin{bmatrix}1 & -f_z\mathrm{d}\theta & f_y\mathrm{d}\theta & 0\\ f_z\mathrm{d}\theta & 1 & -f_x\mathrm{d}\theta & 0\\ -f_y\mathrm{d}\theta & f_x\mathrm{d}\theta & 1 & 0\\ 0 & 0 & 0 & 1\end{bmatrix} \tag{4-8}$$

代入 $\boldsymbol{\Delta}=\mathrm{Trans}(d_x,d_y,d_z)\mathrm{Rot}(\boldsymbol{f},\mathrm{d}\theta)-\boldsymbol{I}$,可得

$$\boldsymbol{\Delta}=\begin{bmatrix}1 & 0 & 0 & d_x\\ 0 & 1 & 0 & d_y\\ 0 & 0 & 1 & d_z\\ 0 & 0 & 0 & 1\end{bmatrix}\begin{bmatrix}1 & -f_z\mathrm{d}\theta & f_y\mathrm{d}\theta & 0\\ f_z\mathrm{d}\theta & 1 & -f_x\mathrm{d}\theta & 0\\ -f_y\mathrm{d}\theta & f_x\mathrm{d}\theta & 1 & 0\\ 0 & 0 & 0 & 1\end{bmatrix}-\begin{bmatrix}1 & 0 & 0 & 0\\ 0 & 1 & 0 & 0\\ 0 & 0 & 1 & 0\\ 0 & 0 & 0 & 1\end{bmatrix} \tag{4-9}$$

化简得

$$\boldsymbol{\Delta}=\begin{bmatrix}0 & -f_z\mathrm{d}\theta & f_y\mathrm{d}\theta & d_x\\ f_z\mathrm{d}\theta & 0 & -f_x\mathrm{d}\theta & d_y\\ -f_y\mathrm{d}\theta & f_x\mathrm{d}\theta & 0 & d_z\\ 0 & 0 & 0 & 0\end{bmatrix} \tag{4-10}$$

绕矢量 $\boldsymbol{f}$ 的微分旋转 $\mathrm{d}\theta$ 等价于分别绕三个轴 x,y 和 z 的微分旋转δ_x,δ_y和δ_z,即$f_x\mathrm{d}\theta=\delta_x$,$f_y\mathrm{d}\theta=\delta_y$,$f_z\mathrm{d}\theta=\delta_z$,代入式(4-10)得

$$\boldsymbol{\Delta}=\begin{bmatrix}0 & -\delta_z & \delta_y & d_x\\ \delta_z & 0 & -\delta_x & d_y\\ -\delta_y & \delta_x & 0 & d_z\\ 0 & 0 & 0 & 0\end{bmatrix} \tag{4-11}$$

类似地,可得$^T\boldsymbol{\Delta}$ 的表达式为

$$^T\boldsymbol{\Delta}=\begin{bmatrix}0 & -^T\delta_z & ^T\delta_y & ^Td_x\\ ^T\delta_z & 0 & -^T\delta_x & ^Td_y\\ -^T\delta_y & ^T\delta_x & 0 & ^Td_z\\ 0 & 0 & 0 & 0\end{bmatrix} \tag{4-12}$$

于是,可把微分平移和旋转变换 $\boldsymbol{\Delta}$ 看成由微分平移矢量 $\boldsymbol{d}$ 和微分旋转矢量 $\boldsymbol{\delta}$ 构成的,它们分别为:$\boldsymbol{d}=d_x\boldsymbol{i}+d_y\boldsymbol{j}+d_z\boldsymbol{k}$,$\boldsymbol{\delta}=\delta_x\boldsymbol{i}+\delta_y\boldsymbol{j}+\delta_z\boldsymbol{k}$。我们用列矢量 $\boldsymbol{D}$ 来包含上述两矢量,并称之为刚体或坐标系的微分运动矢量:

$$\boldsymbol{D}=\begin{bmatrix}d_x\\ d_y\\ d_z\\ \delta_x\\ \delta_y\\ \delta_z\end{bmatrix},\text{或 }\boldsymbol{D}=\begin{bmatrix}\boldsymbol{d}\\ \boldsymbol{\delta}\end{bmatrix} \tag{4-13}$$

$$^T\boldsymbol{d}={}^Td_x\boldsymbol{i}+{}^Td_y\boldsymbol{j}+{}^Td_z\boldsymbol{k} \tag{4-14}$$

$$^T\boldsymbol{\delta}={}^T\delta_x\boldsymbol{i}+{}^T\delta_y\boldsymbol{j}+{}^T\delta_z\boldsymbol{k} \tag{4-15}$$

$$
{}^{T}\boldsymbol{D}=\begin{bmatrix}{}^{T}d_x\\{}^{T}d_y\\{}^{T}d_z\\{}^{T}\delta_x\\{}^{T}\delta_y\\{}^{T}\delta_z\end{bmatrix},\text{或}\,{}^{T}\boldsymbol{D}=\begin{bmatrix}{}^{T}\boldsymbol{d}\\{}^{T}\boldsymbol{\delta}\end{bmatrix} \tag{4-16}
$$

【例 4.1】 已知坐标系$\{A\}$和对基坐标系的微分平移与微分旋转分别为

$$
\boldsymbol{A}=\begin{bmatrix}0&0&1&10\\1&0&0&5\\0&1&0&0\\0&0&0&1\end{bmatrix}
$$

$$
\boldsymbol{d}=1\boldsymbol{i}+0\boldsymbol{j}+0.5\boldsymbol{k}
$$

$$
\boldsymbol{\delta}=0\boldsymbol{i}+0.1\boldsymbol{j}+0\boldsymbol{k}
$$

试求微分变换 d$\boldsymbol{A}$。

解 首先据式(4-11)可得

$$
\boldsymbol{\Delta}=\begin{bmatrix}0&0&0.1&1\\0&0&0&0\\-0.1&0&0&0.5\\0&0&0&0\end{bmatrix}
$$

再按照 d$\boldsymbol{T}$=$\boldsymbol{\Delta T}$，有 d$\boldsymbol{A}$=$\boldsymbol{\Delta A}$，即

$$
\mathrm{d}\boldsymbol{A}=\begin{bmatrix}0&0&0.1&1\\0&0&0&0\\-0.1&0&0&0.5\\0&0&0&0\end{bmatrix}\begin{bmatrix}0&0&1&10\\1&0&0&5\\0&1&0&0\\0&0&0&1\end{bmatrix}=\begin{bmatrix}0&0.1&0&1\\0&0&0&0\\0&0&-0.1&-0.5\\0&0&0&0\end{bmatrix}
$$

4.1.2 雅可比矩阵的定义

上面分析了机器人的微分运动，基于此，我们研究机器人操作空间速度与关节空间速度间的线性映射关系，即雅可比矩阵。

机器人的操作速度与关节速度的线性变换定义为机器人的雅可比矩阵。

机械手的运动方程为

$$
\boldsymbol{X}=\boldsymbol{X}(\boldsymbol{q}) \tag{4-17}
$$

该方程表示了操作空间 $\boldsymbol{X}$ 与关节空间 $\boldsymbol{q}$ 之间的位移关系。机器人末端在操作空间的位置和方位可用末端手爪的位姿 $\boldsymbol{X}$ 表示，它是一个 6 维列矢量 $\boldsymbol{X}=[x\quad y\quad z\quad \varphi_x\quad \varphi_y\quad \varphi_z]^T$。对于 n 自由度机器人的情况，关节变量可用广义关节变量 $\boldsymbol{q}$ 表示，$\boldsymbol{q}=[q_1\quad q_2\quad \cdots\quad q_n]^T$。

将式(4-17)两边对时间 t 求导：

$$
\dot{\boldsymbol{X}}=\boldsymbol{J}(\boldsymbol{q})\,\dot{\boldsymbol{q}} \tag{4-18}
$$

式中：$\dot{\boldsymbol{X}}$——末端在操作空间的广义速度，简称操作速度；

$\dot{\boldsymbol{q}}$——关节速度；

$\boldsymbol{J}(\boldsymbol{q})$——$6\times n$ 的偏导数矩阵，称为机械手的雅可比矩阵，它的第 i 行第 j 列元素为

$$J_{ij}(\boldsymbol{q})=\frac{\partial x_i(\boldsymbol{q})}{\partial_{q_i}},i=1,2,\cdots,6;j=1,2,\cdots,n \tag{4-19}$$

从式(4-18)可以看出，对于给定的$\boldsymbol{q}\in\mathbf{R}^n$，雅可比矩阵$\boldsymbol{J}(\boldsymbol{q})$是从关节空间速度$\dot{\boldsymbol{q}}$向操作空间速度$\dot{\boldsymbol{X}}$映射的线性变换。

刚体或坐标系的广义速度$\dot{\boldsymbol{X}}$是由线速度$\boldsymbol{v}$和角速度$\boldsymbol{\omega}$组成的6维列矢量：

$$\dot{\boldsymbol{X}}=\begin{bmatrix}\boldsymbol{v}\\\boldsymbol{\omega}\end{bmatrix}=\lim_{\Delta t\to 0}\frac{1}{\Delta t}\begin{bmatrix}\boldsymbol{d}\\\boldsymbol{\delta}\end{bmatrix} \tag{4-20}$$

由式(4-20)有

$$\boldsymbol{D}=\begin{bmatrix}\boldsymbol{d}\\\boldsymbol{\delta}\end{bmatrix}\lim_{\Delta t\to 0}\dot{\boldsymbol{X}}\Delta t \tag{4-21}$$

把式(4-18)代入式(4-21)可得

$$\boldsymbol{D}=\lim_{\Delta t\to 0}\boldsymbol{J}(\boldsymbol{q})\,\dot{\boldsymbol{q}}\Delta t \tag{4-22}$$

即

$$\boldsymbol{D}=\boldsymbol{J}(\boldsymbol{q})\mathrm{d}\boldsymbol{q} \tag{4-23}$$

含有n个关节的机器人，其雅可比矩阵$\boldsymbol{J}(\boldsymbol{q})$是$6\times n$的矩阵，前3行代表对机器人末端操作器线速度$\boldsymbol{v}$的传递比，后3行代表对夹手的角速度$\boldsymbol{\omega}$的传递比，而每一列代表相应的关节速度$\dot{\boldsymbol{q}}$对机器人末端操作器线速度和角速度的传递比。这样，可把雅可比矩阵$\boldsymbol{J}(\boldsymbol{q})$分块为

$$\begin{bmatrix}\boldsymbol{v}\\\boldsymbol{\omega}\end{bmatrix}=\begin{bmatrix}J_{l1} & J_{l2} & \cdots & J_{ln}\\J_{a1} & J_{a2} & \cdots & J_{an}\end{bmatrix}\begin{bmatrix}\dot{q}_1\\\dot{q}_2\\\vdots\\\dot{q}_n\end{bmatrix} \tag{4-24}$$

式中：J_{li}和J_{ai}——关节i的单位关节运动引起的夹手的线速度和角速度。

因此，可把夹手的线速度$\boldsymbol{v}$和角速度$\boldsymbol{\omega}$表示为各关节速度$\dot{\boldsymbol{q}}$的线性函数：

$$\begin{cases}\boldsymbol{v}=J_{l1}\dot{q}_1+J_{l2}\dot{q}_2+\cdots+J_{ln}\dot{q}_n\\\boldsymbol{\omega}=J_{a1}\dot{q}_1+J_{a2}\dot{q}_2+\cdots+J_{an}\dot{q}_n\end{cases} \tag{4-25}$$

【例4.2】 二自由度平面关节型机器人(2R机器人)如图4-1所示，求其雅可比矩阵。

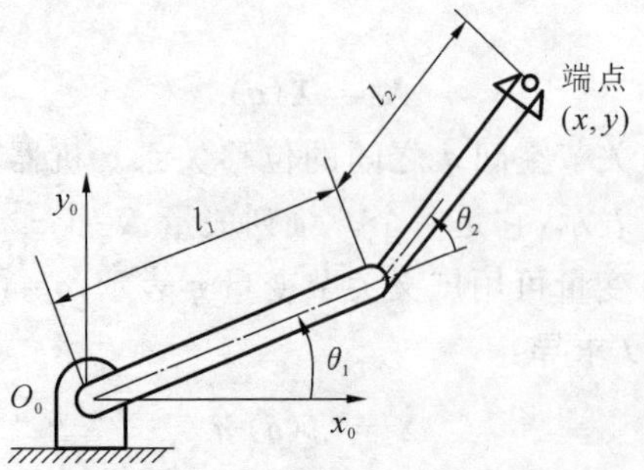

图4-1 二自由度平面关节型机器人

解 根据第3章建立运动学方程方法或者几何法，很容易求出手部端点位置(x,y)与旋

转关节变量 θ_1，θ_2 的关系为

$$\begin{cases} x = l_1\cos\theta_1 + l_2\cos(\theta_1 + \theta_2) \\ y = l_1\sin\theta_1 + l_2\sin(\theta_1 + \theta_2) \end{cases}$$

即

$$\begin{cases} x = x(\theta_1, \theta_2) \\ y = y(\theta_1, \theta_2) \end{cases}$$

将其微分，得

$$\begin{cases} \mathrm{d}x = \dfrac{\partial x}{\partial \theta_1}\mathrm{d}\theta_1 + \dfrac{\partial x}{\partial \theta_2}\mathrm{d}\theta_2 \\ \mathrm{d}y = \dfrac{\partial y}{\partial \theta_1}\mathrm{d}\theta_1 + \dfrac{\partial y}{\partial \theta_2}\mathrm{d}\theta_2 \end{cases}$$

写成矩阵形式为

$$\begin{bmatrix} \mathrm{d}x \\ \mathrm{d}y \end{bmatrix} = \begin{bmatrix} \dfrac{\partial x}{\partial \theta_1} & \dfrac{\partial x}{\partial \theta_2} \\ \dfrac{\partial y}{\partial \theta_1} & \dfrac{\partial y}{\partial \theta_2} \end{bmatrix} \begin{bmatrix} \mathrm{d}\theta_1 \\ \mathrm{d}\theta_2 \end{bmatrix}$$

令 $\mathrm{d}\boldsymbol{X} = \boldsymbol{J}\mathrm{d}\boldsymbol{\theta}$，可得

$$\boldsymbol{J} = \begin{bmatrix} \dfrac{\partial x}{\partial \theta_1} & \dfrac{\partial x}{\partial \theta_2} \\ \dfrac{\partial y}{\partial \theta_1} & \dfrac{\partial y}{\partial \theta_2} \end{bmatrix}$$

则 $\boldsymbol{J}$ 为 2R 机器人速度雅可比矩阵，它反映了关节空间微小运动 $\mathrm{d}\boldsymbol{\theta}$ 与手部工作空间微小位移 $\mathrm{d}\boldsymbol{X}$ 之间的关系。

$$\boldsymbol{J} = \begin{bmatrix} -l_1 s_1 - l_2 s_{12} & -l_2 s_{12} \\ l_1 c_1 + l_2 c_{12} & l_2 c_{12} \end{bmatrix} \tag{4-26}$$

式中：$s_1 = \sin\theta_1$；$c_1 = \cos\theta_1$；$s_{12} = \sin(\theta_1 + \theta_2)$；$c_{12} = \cos(\theta_1 + \theta_2)$。

4.1.3　关节速度的传递

根据前述讨论有

$$\mathrm{d}\boldsymbol{X} = \boldsymbol{J}(\boldsymbol{q})\mathrm{d}\boldsymbol{q} \tag{4-27}$$

$\mathrm{d}\boldsymbol{X}$（$\mathrm{d}\boldsymbol{X} = [\mathrm{d}x \quad \mathrm{d}y \quad \mathrm{d}z \quad \mathrm{d}\varphi_x \quad \mathrm{d}\varphi_y \quad \mathrm{d}\varphi_z]^{\mathrm{T}}$）反映了操作空间的微小运动，它由机器人末端微小线位移（$\mathrm{d}x$，$\mathrm{d}y$，$\mathrm{d}z$）和微小转动（$\mathrm{d}\varphi_x \quad \mathrm{d}\varphi_y \quad \mathrm{d}\varphi_z$）组成。

式(4-27)可变化为

$$\frac{\mathrm{d}\boldsymbol{X}}{\mathrm{d}t} = \boldsymbol{J}(\boldsymbol{q})\frac{\mathrm{d}\boldsymbol{q}}{\mathrm{d}t} \tag{4-28}$$

即

$$\boldsymbol{V} = \dot{\boldsymbol{X}} = \boldsymbol{J}(\boldsymbol{q})\dot{\boldsymbol{q}} \tag{4-29}$$

式中：$\boldsymbol{V}$——机器人末端在操作空间中的广义速度；

$\dot{\boldsymbol{q}}$——机器人关节在关节空间中的关节速度；

$\boldsymbol{J}(\boldsymbol{q})$——确定关节空间速度 $\dot{\boldsymbol{q}}$ 与操作空间速度 $\boldsymbol{V}$ 之间关系的雅可比矩阵。

因此，例 4.2 中二自由度机器人手部速度为

$$\boldsymbol{V}=\begin{bmatrix}v_x\\v_y\end{bmatrix}=\begin{bmatrix}-l_1\mathrm{s}_1-l_2\mathrm{s}_{12} & -l_2\mathrm{s}_{12}\\ l_1\mathrm{c}_1+l_2\mathrm{c}_{12} & l_2\mathrm{c}_{12}\end{bmatrix}\begin{bmatrix}\dot\theta_1\\ \dot\theta_2\end{bmatrix}$$

$$=\begin{bmatrix}-(l_1\mathrm{s}_1+l_2\mathrm{s}_{12})\dot\theta_1-l_2\mathrm{s}_{12}\dot\theta_2\\ (l_1\mathrm{c}_1+l_2\mathrm{c}_{12})\dot\theta_1+l_2\mathrm{c}_{12}\dot\theta_2\end{bmatrix}\tag{4-30}$$

假如已知关节上$\dot\theta_1$和$\dot\theta_2$是时间的函数，即$\dot\theta_1=f_1(t)$，$\dot\theta_2=f_2(t)$，则可求出该机器人手部在某一时刻的速度$V=f(t)$，即手部瞬时速度。

反之，假如给定机器人手部速度，则可由式(4-29)解出相应的关节速度，即

$$\dot{\boldsymbol{q}}=\boldsymbol{J}^{-1}\boldsymbol{V}\tag{4-31}$$

式中：$\boldsymbol{J}^{-1}$——机器人逆速度雅可比矩阵。

$$\boldsymbol{J}^{-1}=\frac{1}{l_1l_2\mathrm{s}_2}\begin{bmatrix}l_2\mathrm{c}_{12} & l_2\mathrm{s}_{12}\\ -l_1\mathrm{c}_1-l_2\mathrm{c}_{12} & -l_1\mathrm{s}_1-l_2\mathrm{s}_{12}\end{bmatrix}\tag{4-32}$$

【例 4.3】 某二自由度平面关节型机器人(见图 4-2)，其手部沿固定坐标系的 x_0 轴正向以 1 m/s的速度移动，杆长 $l_1=l_2=0.5$ m。设在某瞬时 $\theta_1=30°$，$\theta_2=-60°$，求相应瞬时的关节速度。

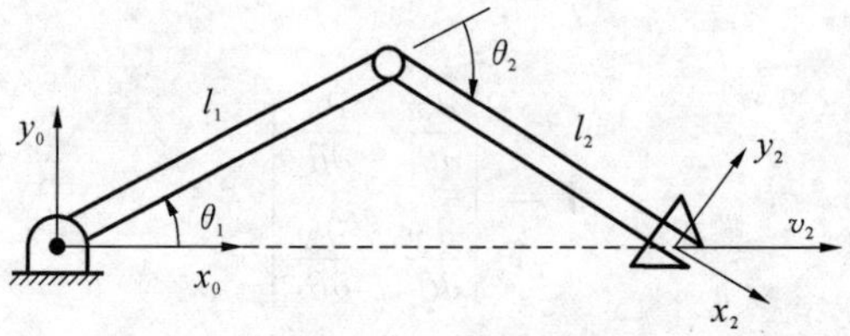

图 4-2 二自由度平面关节型机器人的速度传递

解 由式(4-26)可知，二自由度机械手速度雅可比矩阵为

$$\boldsymbol{J}=\begin{bmatrix}-l_1\mathrm{s}_1-l_2\mathrm{s}_{12} & -l_2\mathrm{s}_{12}\\ l_1\mathrm{c}_1+l_2\mathrm{c}_{12} & l_2\mathrm{c}_{12}\end{bmatrix}$$

则其逆速度雅可比矩阵为

$$\boldsymbol{J}^{-1}=\frac{1}{l_1l_2\mathrm{s}_2}\begin{bmatrix}l_2\mathrm{c}_{12} & l_2\mathrm{s}_{12}\\ -l_1\mathrm{c}_1-l_2\mathrm{c}_{12} & -l_1\mathrm{s}_1-l_2\mathrm{s}_{12}\end{bmatrix}$$

根据式(4-31)，有$\dot{\boldsymbol{\theta}}=\boldsymbol{J}^{-1}\boldsymbol{V}$。因为 $v_x=1$ m/s，$v_y=0$，故

$$\dot\theta_1=\frac{\mathrm{c}_{12}}{l_1\mathrm{s}_2}=-\frac{1}{0.5}\mathrm{rad/s}=-2\ \mathrm{rad/s}$$

$$\dot\theta_2=-\frac{\mathrm{c}_1}{l_2\mathrm{s}_2}-\frac{\mathrm{c}_{12}}{l_1\mathrm{s}_2}=4\ \mathrm{rad/s}$$

因此在该瞬时，两关节的位置和速度分别为 $\theta_1=30°$，$\theta_2=60°$，$\dot\theta_1=-2$ rad/s，$\dot\theta_2=4$ rad/s，手部瞬时速度为 1 m/s。

这里，分析一下例 4.3 的一种特殊情况。式(4-32)中，当 $l_1l_2\mathrm{s}_2=0$ 时，J^{-1}无解。当 $l_1\neq0$，$l_2\neq0$，即 $\theta_2=0$ 或 $\theta_2=180°$时，二自由度机器人逆速度雅可比矩阵 $\boldsymbol{J}^{-1}$奇异。这时，该机器人的两臂完全伸直或完全折回，机器人处于奇异形位。在这种奇异形位下，手部正好处在工作空间的边界上，手部只能沿着一个方向(即与臂垂直的方向)运动，不能沿其他方向运动，退化了一个自由度。

4.2 机器人的静力学特性

机器人作业时与外界环境的接触会在机器人与环境之间引起相互的作用力和力矩。机器人各关节的驱动装置提供关节力和力矩，通过连杆传递到末端操作器，克服外界作用力和力矩。各关节的驱动力矩（或力）与末端操作器施加的力（广义力，包括力和力矩）之间的关系，是机器人操作臂力控制的基础。本节讨论操作臂在静止状态下力的平衡关系，求解在已知驱动力矩作用下手部的输出力就是对机器人操作臂的静力的计算。

4.2.1 静力的传递

如图 4-3 所示，杆 i 通过关节 i 和 $i+1$ 分别与杆 $i-1$ 和 $i+1$ 相连接，建立两个坐标系 $\{O_{i-1}\}$ 和 $\{O_i\}$。

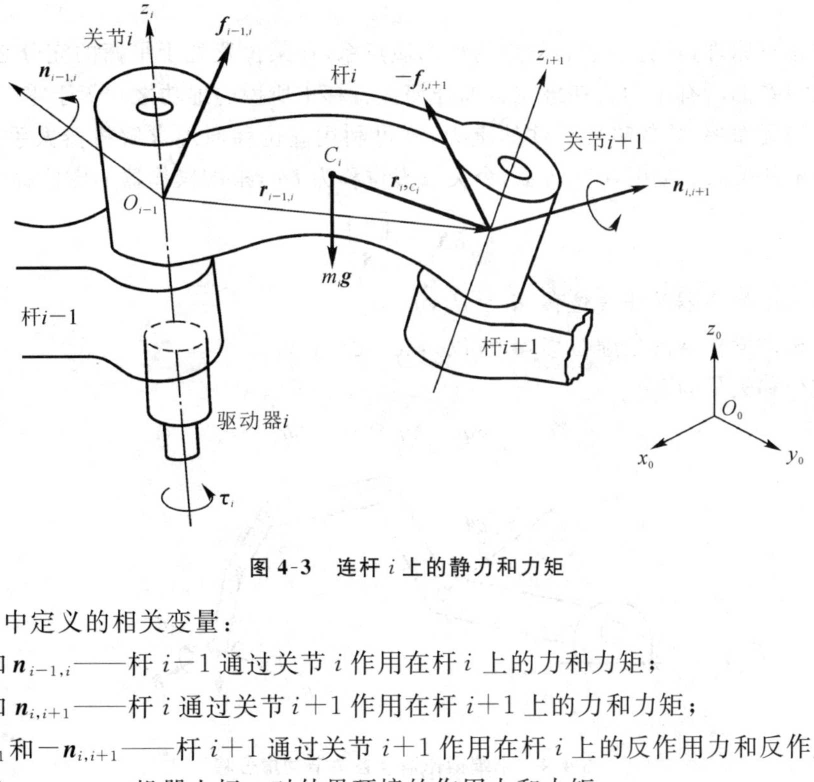

图 4-3 连杆 i 上的静力和力矩

图 4-3 中定义的相关变量：

$\boldsymbol{f}_{i-1,i}$ 和 $\boldsymbol{n}_{i-1,i}$——杆 $i-1$ 通过关节 i 作用在杆 i 上的力和力矩；

$\boldsymbol{f}_{i,i+1}$ 和 $\boldsymbol{n}_{i,i+1}$——杆 i 通过关节 $i+1$ 作用在杆 $i+1$ 上的力和力矩；

$-\boldsymbol{f}_{i,i+1}$ 和 $-\boldsymbol{n}_{i,i+1}$——杆 $i+1$ 通过关节 $i+1$ 作用在杆 i 上的反作用力和反作用力矩；

$\boldsymbol{f}_{n,n+1}$ 和 $\boldsymbol{n}_{i,i+1}$——机器人杆 n 对外界环境的作用力和力矩；

$-\boldsymbol{f}_{n,n+1}$ 和 $-\boldsymbol{n}_{i,i+1}$——外界环境对机器人杆 n 的作用力和力矩；

$\boldsymbol{f}_{0,1}$ 和 $\boldsymbol{n}_{0,1}$——机器人机座对杆 1 的作用力和力矩；

$m_i g$——杆 i 的重量，作用在重心 C_i 上。

在静力平衡条件下，连杆上所受的合力和合力矩为零，因此力和力矩平衡方程分别为

$$\boldsymbol{f}_{i-1,i}+(-\boldsymbol{f}_{i,i+1})+m_i\boldsymbol{g}=\boldsymbol{0} \tag{4-33}$$

$$\boldsymbol{n}_{i-1,i}+(-\boldsymbol{n}_{i,i+1})+(\boldsymbol{r}_{i-1,i}+\boldsymbol{r}_{i,C_i})\times\boldsymbol{f}_{i-1,i}+\boldsymbol{r}_{i,C_i}\times(-\boldsymbol{f}_{i,i+1})=\boldsymbol{0} \tag{4-34}$$

式中：$\boldsymbol{r}_{i-1,i}$——坐标系 $\{O_i\}$ 的原点相对于坐标系 $\{O_{i-1}\}$ 的位置矢量；

$\boldsymbol{r}_{i,C_i}$——重心相对于坐标系 $\{O_i\}$ 的位置矢量。

假如已知外界环境对机器人最后一根连杆的作用力和力矩，那么由最后一根连杆向机座依次递推，从而计算出每根连杆的受力情况。

4.2.2 机器人力雅可比矩阵

机器人与外界环境相互作用时，在接触的地方要产生力和力矩，统称为末端广义（操作）力矢量。这是一个 6 维矢量，记为

$$\boldsymbol{F}=\begin{bmatrix}\boldsymbol{f}_{n,n+1}\\ \boldsymbol{n}_{n,n+1}\end{bmatrix} \tag{4-35}$$

n 个关节的驱动力（或力矩）组成的 n 维矢量称为关节力矢量，记为

$$\boldsymbol{\tau}=\begin{bmatrix}\boldsymbol{\tau}_1\\ \boldsymbol{\tau}_2\\ \vdots\\ \boldsymbol{\tau}_n\end{bmatrix} \tag{4-36}$$

根据虚位移原理，具有稳定的理想约束的质点系，在某位置处于平衡的充分必要条件是：作用在此质点系的所有主动力在该位置的任何虚位移中所做的虚功之和等于零。

假定关节无摩擦，并忽略各杆件的重力，则可利用虚位移原理求解机器人手部端点力 $\boldsymbol{F}$ 与关节力矩 $\boldsymbol{\tau}$ 的关系。如图 4-4 所示，令关节虚位移为 $\delta\boldsymbol{q}_i$，末端操作器的虚位移为 $\delta\boldsymbol{X}$，则

$$\delta\boldsymbol{X}=\begin{bmatrix}\boldsymbol{d}\\ \boldsymbol{\delta}\end{bmatrix} \tag{4-37}$$

式中：$\boldsymbol{d}$——末端操作器的线虚位移，$\boldsymbol{d}=[d_x, d_y, d_z]^{\mathrm{T}}$；

$\boldsymbol{\delta}$——末端操作器的角虚位移，$\boldsymbol{\delta}=[\delta\varphi_x, \delta\varphi_y, \delta\varphi_z]^{\mathrm{T}}$。

关节虚位移矢量为

$$\delta\boldsymbol{q}=[\delta q_1 \quad \delta q_2 \quad \cdots \quad \delta q_n]^{\mathrm{T}} \tag{4-38}$$

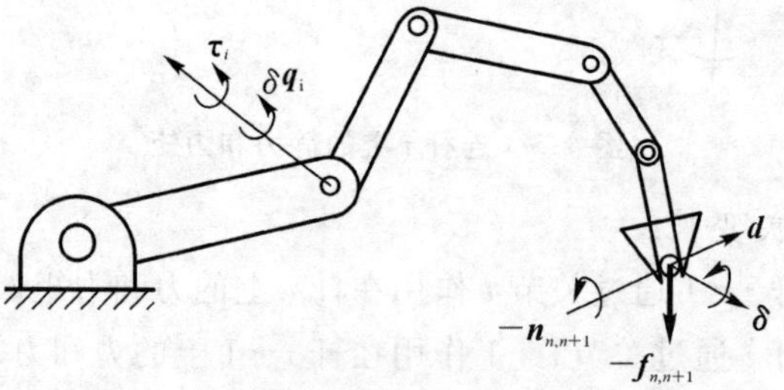

图 4-4 末端操作器及各关节的虚位移

假设发生上述虚位移时，各关节力矩为 $\boldsymbol{\tau}_i(i=1,2,\cdots,n)$，环境作用在机器人手部端点上的力和力矩分别为 $-\boldsymbol{f}_{n,n+1}$，$-\boldsymbol{n}_{n,n+1}$，由上述力和力矩所做的虚功可以由式(4-39)求出：

$$\delta\boldsymbol{W}=\boldsymbol{\tau}_1\delta\boldsymbol{q}_1+\boldsymbol{\tau}_2\delta\boldsymbol{q}_2+\cdots+\boldsymbol{\tau}_n\delta\boldsymbol{q}_n-\boldsymbol{f}_{n,n+1}\boldsymbol{d}-\boldsymbol{n}_{n,n+1}\boldsymbol{\delta} \tag{4-39}$$

或写成

$$\delta\boldsymbol{W}=\boldsymbol{\tau}^{\mathrm{T}}\delta\boldsymbol{q}-\boldsymbol{F}^{\mathrm{T}}\delta\boldsymbol{X} \tag{4-40}$$

利用式

$$\delta\boldsymbol{X}=\boldsymbol{J}(\boldsymbol{q})\delta\boldsymbol{q}$$

则式(4-40)可写成

$$\delta W = \boldsymbol{\tau}^{\mathrm{T}}\delta \boldsymbol{q} - \boldsymbol{F}^{\mathrm{T}}\boldsymbol{J}\delta \boldsymbol{q} = (\boldsymbol{\tau} - \boldsymbol{J}^{\mathrm{T}}\boldsymbol{F})^{\mathrm{T}}\delta \boldsymbol{q} \tag{4-41}$$

欲使 $\delta \boldsymbol{W} = \mathbf{0}$ 成立，必有

$$\boldsymbol{\tau} = \boldsymbol{J}^{\mathrm{T}}\boldsymbol{F} \tag{4-42}$$

式(4-42)表示了在静平衡状态下，手部端点力 $\boldsymbol{F}$ 和广义关节力矩 $\boldsymbol{\tau}$ 之间的线性映射关系。$\boldsymbol{J}^{\mathrm{T}}$ 与力 $\boldsymbol{F}$ 和力矩 $\boldsymbol{\tau}$ 之间的力传递有关，称为机器人力雅可比矩阵。显然，机器人力雅可比矩阵 $\boldsymbol{J}^{\mathrm{T}}$ 是速度雅可比矩阵 $\boldsymbol{J}$ 的转置矩阵。

4.2.3　关节力矩的计算

机器人操作臂静力计算问题可分为两类。

(1) 已知外界环境对机器人手部的作用力 $\boldsymbol{F}'$（即手部端点力 $\boldsymbol{F} = -\boldsymbol{F}'$），利用式(4-42)求相应的满足静力平衡条件的关节驱动力矩 $\boldsymbol{\tau}$。实际控制中应用。

(2) 已知关节驱动力矩 $\boldsymbol{\tau}$，确定机器人手部对外界环境的作用力 $\boldsymbol{F}$ 或负载的质量。

第二类问题是第一类问题的逆解。逆解的关系式为

$$\boldsymbol{F} = (\boldsymbol{J}^{\mathrm{T}})^{-1}\boldsymbol{\tau} \tag{4-43}$$

【例4.4】 图4-5所示为一个二自由度平面关节机器人，已知手部端点力 $\boldsymbol{F} = [F_x \quad F_y]^{\mathrm{T}} = [5 \quad 0]^{\mathrm{T}}$，忽略摩擦，求 $\theta_1 = 0°$、$\theta_2 = 90°$ 时的瞬时关节力矩。

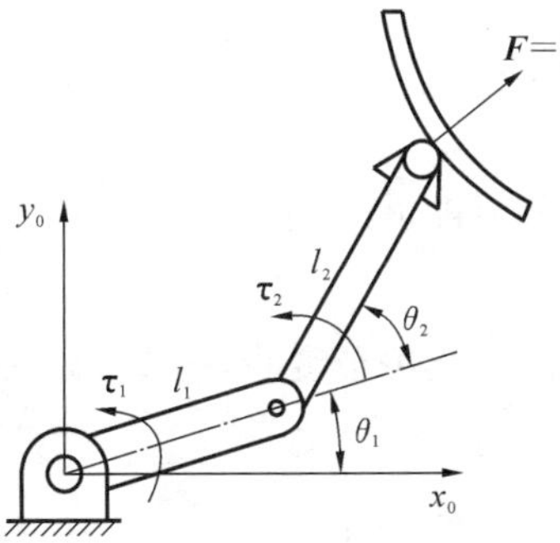

图4-5　二自由度平面关节机器人结构简图

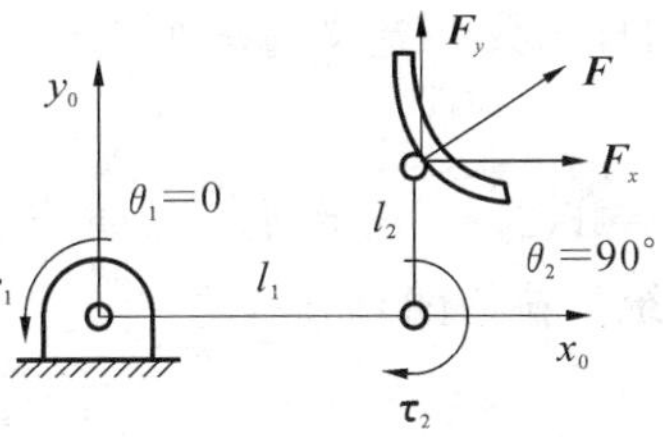

图4-6　机器人受力图

解　已知该机器人的速度雅可比矩阵为

$$\boldsymbol{J} = \begin{bmatrix} -l_1 s_1 - l_2 s_{12} & -l_2 s_{12} \\ l_1 c_1 + l_2 c_{12} & l_2 c_{12} \end{bmatrix}$$

则该机械手的力雅可比矩阵为

$$\boldsymbol{J}^{\mathrm{T}} = \begin{bmatrix} -l_1 s_1 - l_2 s_{12} & l_1 c_1 + l_2 c_{12} \\ -l_2 s_{12} & l_2 c_{12} \end{bmatrix}$$

根据式(4-42)，得

$$\boldsymbol{\tau} = \begin{bmatrix} \tau_1 \\ \tau_2 \end{bmatrix} = \begin{bmatrix} -l_1 s_1 - l_2 s_{12} & l_1 c_1 + l_2 c_{12} \\ -l_2 s_{12} & l_2 c_{12} \end{bmatrix} \begin{bmatrix} F_x \\ F_y \end{bmatrix}$$

$$\tau_1 = -(l_1 s_1 + l_2 s_{12})F_x + (l_1 c_1 + l_2 c_{12})F_y$$

$$\tau_2 = -l_2 s_{12} F_x + l_2 c_{12} F_y$$

在 $\theta_1 = 0$，$\theta_2 = 90°$ 瞬时（见图4-6），将手部端点力 $\boldsymbol{F} = [F_x \quad F_y]^{\mathrm{T}} = [5 \quad 0]^{\mathrm{T}}$，$\theta_1 = 0$，$\theta_2 = 90°$ 代入，即可得两关节的瞬时关节力矩为

$$\tau_1 = -5l_2, \tau_2 = -5l_2$$

4.3 机器人动力学方程

机器人的动态实时控制是机器人发展的必然要求，因此需要对机器人的动力学特性进行研究。动力学研究物体的运动和作用力之间的关系。机器人动力学问题有两类。

(1)给出已知的轨迹点上的机器人关节位置、速度和加速度，求相应的关节力矩向量 $\boldsymbol{T}$。这对实现机器人动态控制是相当有用的。

(2)已知关节驱动力矩，求机器人系统相应的各瞬时的运动。也就是说，给出关节力矩向量 $\boldsymbol{\tau}$，求机器人所产生的运动，即机器人关节位置、速度和加速度。这对模拟机器人的运动是非常有用的。

机器人是一个非线性的复杂的动力学系统，动力学问题的求解比较困难，而且需要较长的运算时间。因此，必须简化求解的过程，最大限度地减少工业机器人动力学在线计算的时间。

分析研究机器人动力学特性的方法很多，有拉格朗日(Lagrange)方法、牛顿-欧拉(Newton-Euler)方法、高斯(Gauss)方法、凯恩(Kane)方法等。拉格朗日方法不仅能以最简单的形式求得非常复杂的系统动力学方程，而且所求得的方程具有显式结构，物理意义比较明确，对理解机器人动力学比较方便。

4.3.1 拉格朗日方程

拉格朗日函数 L 定义为一个机械系统的动能 E_k 和势能 E_p 之差，即

$$L = E_\mathrm{k} - E_\mathrm{p} \tag{4-44}$$

令 $q_i(i=1,2,\cdots,n)$是使系统具有完全确定位置的广义关节变量，$\dot{q}_i$ 是相应的广义关节速度，则系统的拉格朗日方程为

$$F_i = \frac{\mathrm{d}}{\mathrm{d}t}\left(\frac{\partial L}{\partial \dot{q}_i}\right) - \frac{\partial L}{\partial q_i} \tag{4-45}$$

式中：F_i称为关节广义驱动力。如果是移动关节，则 F_i 为驱动力；如果是转动关节，则 F_i 为驱动力矩。

4.3.2 机器人动力学方程的建立步骤

一般用齐次变换的方法，用拉格朗日方法建立机器人动力学方程，可分为以下四个步骤：

(1) 选取坐标系，选定完全而且独立的广义关节变量 q_i，$i=1,2,\cdots,n$；

(2) 选定相应的关节上的广义力 F_i，当 q_i是位移变量时，则 F_i 为力；当 q_i 是角度变量时，则 F_i为力矩；

(3) 求出机器人各构件的动能和势能，构造拉格朗日函数；

(4) 代入拉格朗日方程，求得机器人系统的动力学方程。

4.3.3 二连杆机器人动力学方程

以下以二自由度平面机器人为例，说明机器人动力学方程的推导步骤。二自由度平面机器人相关参数如图 4-7 所示。

步骤 1：选定广义关节变量及广义力。

杆 1 质心 k_1 的位置坐标为

$$x_1 = p_1 s_1$$
$$y_1 = -p_1 c_1$$

杆 1 质心 k_1 的速度平方为

$$\dot{x}_1^2 + \dot{y}_1^2 = (p_1 \dot{\theta}_1)^2$$

杆 2 质心 k_2 的位置坐标为

$$x_2 = l_1 s_1 + p_2 s_{12}$$
$$y_2 = -l_1 c_1 - p_2 c_{12}$$

故

$$\dot{x}_2 = l_1 c_1 \dot{\theta}_1 + p_2 c_{12} (\dot{\theta}_1 + \dot{\theta}_2)$$
$$\dot{y}_2 = l_1 s_1 \dot{\theta}_1 + p_2 s_{12} (\dot{\theta}_1 + \dot{\theta}_2)$$

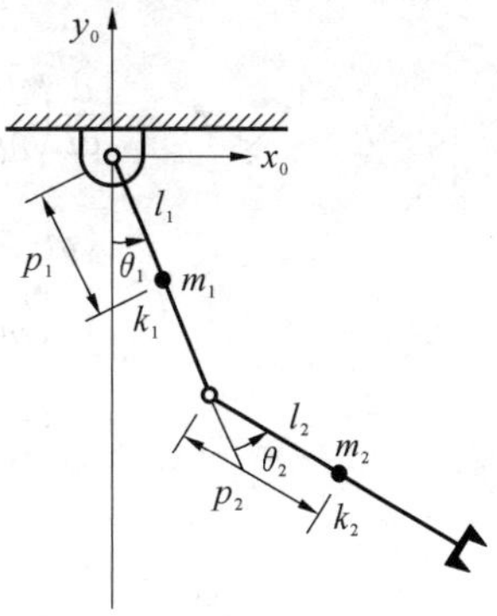

图 4-7　二自由度平面机器人动力学方程的建立

杆 2 质心 k_2 的速度平方为

$$\dot{x}_2^2 + \dot{y}_2^2 = l_1^2 \dot{\theta}_1^2 + p_2^2 (\dot{\theta}_1 + \dot{\theta}_2)^2 + 2 l_1 p_2 (\dot{\theta}_1^2 + \dot{\theta}_1 \dot{\theta}_2) c_2$$

步骤 2:求系统动能。

$$E_k = \sum E_{ki}, i = 1,2$$
$$E_{k1} = \frac{1}{2} m_1 p_1^2 \dot{\theta}_1^2$$
$$E_{k2} = \frac{1}{2} m_2 l_1^2 \dot{\theta}_1^2 + \frac{1}{2} m_2 p_2^2 (\dot{\theta}_1 + \dot{\theta}_2)^2 + m_2 l_1 p_2 (\dot{\theta}_1^2 + \dot{\theta}_1 \dot{\theta}_2) c_2$$

步骤 3:求系统势能。

$$E_p = \sum E_{pi}, i = 1,2$$
$$E_{p1} = m_1 g p_1 (1 - c_1)$$
$$E_{p2} = m_2 g l_1 (1 - c_1) + m_2 g p_2 (1 - c_{12})$$

步骤 4:写出拉格朗日函数。

$$\begin{aligned} L &= E_k - E_p \\ &= \frac{1}{2}(m_1 p_1^2 + m_2 l_1^2) \dot{\theta}_1^2 + m_2 l_1 p_2 (\dot{\theta}_1^2 + \dot{\theta}_1 \dot{\theta}_2) c_2 \\ &\quad + \frac{1}{2} m_2 p_2^2 (\dot{\theta}_1 + \dot{\theta}_2)^2 - (m_1 p_1 + m_2 l_1) g (1 - c_1) \\ &\quad - m_2 g p_2 (1 - c_{12}) \end{aligned}$$

步骤 5:求系统动力学方程。

根据拉格朗日方程:

$$F_i = \frac{\mathrm{d}}{\mathrm{d}t}\left(\frac{\partial L}{\partial \dot{q}_i}\right) - \frac{\partial L}{\partial q_i}, \quad i = 1,2,\cdots,n$$

计算各关节上的力矩,求出系统动力学方程。

(1) 计算关节 1 上的力矩 τ_1。

$$\frac{\partial L}{\partial \dot{\theta}_1} = (m_1 p_1^2 + m_2 l_1^2) \dot{\theta}_1 + m_2 l_1 p_2 (2\dot{\theta}_1 + \dot{\theta}_2) c_2 + m_2 p_2^2 (\dot{\theta}_1 + \dot{\theta}_2)$$
$$\frac{\partial L}{\partial \theta_1} = -(m_1 p_1 + m_2 l_1) g s_1 - m_2 g p_2 s_{12}$$

故

$$\tau_1 = \frac{\mathrm{d}}{\mathrm{d}t}\left(\frac{\partial L}{\partial \dot{\theta}_1}\right) - \frac{\partial L}{\partial \theta_1}$$

$$= (m_1 p_1^2 + m_2 p_2^2 + m_2 l_1^2 + 2m_2 l_1 p_2 \mathrm{c}_2)\ddot{\theta}_1$$

$$+ (m_2 p_2^2 + m_2 l_1 p_2 \mathrm{c}_2)\ddot{\theta}_2 + (-2m_2 l_1 p_2 \mathrm{s}_2)\dot{\theta}_1\dot{\theta}_2$$

$$+ (-m_2 l_1 p_2 \mathrm{s}_2)\dot{\theta}_2^2 + (m_1 p_1 + m_2 l_1) g \mathrm{s}_1 + m_2 p_2 g \mathrm{s}_{12}$$

简写为

$$\tau_1 = D_{11}\ddot{\theta}_1 + D_{12}\ddot{\theta}_2 + D_{112}\dot{\theta}_1\dot{\theta}_2 + D_{122}\dot{\theta}_2^2 + D_1 \tag{4-46}$$

式中：

$$\begin{cases} D_{11} = m_1 p_1^2 + m_2 p_2^2 + m_2 l_1^2 + 2m_2 l_1 p_2 \mathrm{c}_2 \\ D_{12} = m_2 p_2^2 + m_2 l_1 p_2 \mathrm{c}_2 \\ D_{112} = -2m_2 l_1 p_2 \mathrm{s}_2 \\ D_{122} = -m_2 l_1 p_2 \mathrm{s}_2 \\ D_1 = (m_1 p_1 + m_2 l_1) g \mathrm{s}_1 + m_2 p_2 g \mathrm{s}_{12} \end{cases}$$

（2）计算关节 2 上的力矩 τ_2。

$$\frac{\partial L}{\partial \dot{\theta}_2} = m_2 p_2^2(\dot{\theta}_1 + \dot{\theta}_2) + m_2 l_1 p_2 \dot{\theta}_1 \mathrm{c}_2$$

$$\frac{\partial L}{\partial \theta_2} = -m_2 l_1 p_2 (\dot{\theta}_1^2 + \dot{\theta}_1\dot{\theta}_2)\mathrm{s}_2 - m_2 g p_2 \mathrm{s}_{12}$$

故

$$\tau_2 = \frac{d}{\mathrm{d}t}\left(\frac{\partial L}{\partial \dot{\theta}_2}\right) - \frac{\partial L}{\partial \theta_2}$$

$$= (m_2 p_2^2 + m_2 l_1 p_2 \mathrm{c}_2)\ddot{\theta}_1 + m_2 p_2^2 \ddot{\theta}_2$$

$$+ (-m_2 l_1 p_2 \mathrm{s}_2 + m_2 l_1 p_2 \mathrm{s}_2)\dot{\theta}_1\dot{\theta}_2$$

$$+ (m_2 l_1 p_2 \mathrm{s}_2)\dot{\theta}_1^2 + m_2 g p_2 \mathrm{s}_{12}$$

简写为

$$\tau_2 = D_{21}\ddot{\theta}_1 + D_{22}\ddot{\theta}_2 + D_{212}\dot{\theta}_1\dot{\theta}_2 + D_{211}\dot{\theta}_1^2 + D_2 \tag{4-47}$$

式中：

$$\begin{cases} D_{21} = m_2 p_2^2 + m_2 l_1 p_2 \mathrm{c}_2 \\ D_{22} = m_2 p_2^2 \\ D_{212} = -m_2 l_1 p_2 \mathrm{s}_2 + m_2 l_1 p_2 \mathrm{s}_2 = 0 \\ D_{211} = m_2 l_1 p_2 \mathrm{s}_2 \\ D_2 = m_2 g p_2 \mathrm{s}_{12} \end{cases} \tag{4-48}$$

写成矩阵有

$$\begin{bmatrix} \tau_1 \\ \tau_2 \end{bmatrix} = \begin{bmatrix} D_{11} & D_{12} \\ D_{21} & D_{22} \end{bmatrix} \begin{bmatrix} \ddot{\theta}_1 \\ \ddot{\theta}_2 \end{bmatrix} + \begin{bmatrix} D_{111} & D_{122} \\ D_{211} & D_{222} \end{bmatrix} \begin{bmatrix} \dot{\theta}_1^2 \\ \dot{\theta}_2^2 \end{bmatrix} + \begin{bmatrix} D_{112} & D_{121} \\ D_{212} & D_{221} \end{bmatrix} \begin{bmatrix} \dot{\theta}_1\dot{\theta}_2 \\ \dot{\theta}_2\dot{\theta}_1 \end{bmatrix} + \begin{bmatrix} D_1 \\ D_2 \end{bmatrix}$$

惯性力　　　　向心力　　　　科里奥利力　　　　重力

式(4-46)至式(4-48)分别表示了关节驱动力矩与关节位移、速度、加速度之间的关系，即力和运动之间的关系，它们就是二自由度机器人的运动学方程。

对这些运动学方程进行分析可知以下几点。

(1) 含有 $\ddot{\theta}_1$ 或 $\ddot{\theta}_2$ 的项表示由加速度引起的关节力矩项，其中：

含有 D_{11} 和 D_{22} 的项分别表示由关节 1 加速度和关节 2 加速度引起的惯性力矩项；

含有 D_{12} 的项表示关节 2 的加速度对关节 1 的耦合惯性力矩项；

含有 D_{21} 的项表示关节 1 的加速度对关节 2 的耦合惯性力矩项。

(2) 含有 $\dot{\theta}_1^2$ 和 θ_1^2 的项表示由向心力引起的关节力矩项，其中：

含有 D_{122} 的项表示关节 2 的速度引起的向心力对关节 1 的耦合力矩项；

含有 D_{211} 的项表示关节 1 的速度引起的向心力对关节 2 的耦合力矩项。

(3) 含有 $\dot{\theta}_1\dot{\theta}_2$ 的项表示由科里奥利(Coriolis)力(简称科氏力)引起的关节力矩项，其中：

含有 D_{112} 的项表示科氏力对关节 1 的耦合力矩项；

含有 D_{212} 的项表示科氏力对关节 2 的耦合力矩项。

(4) 只含关节变量 θ_1,θ_2 的项表示重力引起的关节力矩项，其中：

含有 D_1 的项表示连杆 1、连杆 2 对关节 1 引起的重力矩项；

含有 D_2 的项表示连杆 2 对关节 2 引起的重力矩项。

通常有以下几种简化问题的方法：

(1) 当杆件质量不是很大、相对而言较小时，动力学方程中的重力矩项可以省略；

(2) 当关节速度不很大、机器人不是高速机器人时，含有 $\dot{\theta}_1^2$,$\dot{\theta}_2^2$,$\dot{\theta}_1$,$\dot{\theta}_2$ 等的项可以省略；

(3) 当关节加速度不很大，也就是关节电动机的升、降速不是很突然时，那么含 $\ddot{\theta}_1$,$\ddot{\theta}_2$ 的项可省略。当然，关节加速度减小，会引起速度升降的时间增加，从而延长机器人作业循环的时间。

4.4　本章小结

本章首先讨论了机器人的微分运动，得到机器人杆件在作微小运动时的位姿变化特点，并基于此引出雅可比矩阵，建立关节速度与末端执行器线速度之间的关系。然后讨论了在不考虑运动惯性力的条件下，机器人的力雅可比矩阵，建立了机器人的关节空间与工作空间之间受力的映射关系，求解了二自由度平面机器人在已知驱动力矩作用下手部的输出力。最后在拉格朗日方程的基础上，以二自由度平面机器人为例建立动力学方程，得到关节驱动力矩与关节位移、速度、加速度之间的关系。

习　　题

4.1　机器人的力雅可比矩阵和速度雅可比矩阵有什么关系？

4.2　关节空间与工作空间之间的位移、速度、受力分别是什么样的映射关系？

4.3　对于图 4-8 中二自由度平面机械手，已知手部沿固定坐标系的 y 轴正向以 1 m/s 的速度移动，杆长 $l_1=l_2=0.5$ m。设在某瞬时 $\theta_1=30°$,$\theta_2=90°$，求相应瞬时的关节速度。

4.4　二自由度平面关节机械手，已知手部端点力 $\boldsymbol{F}=[F_x \quad F_y]^{\mathrm{T}}$，忽略摩擦，求 $\theta_1=45°$、

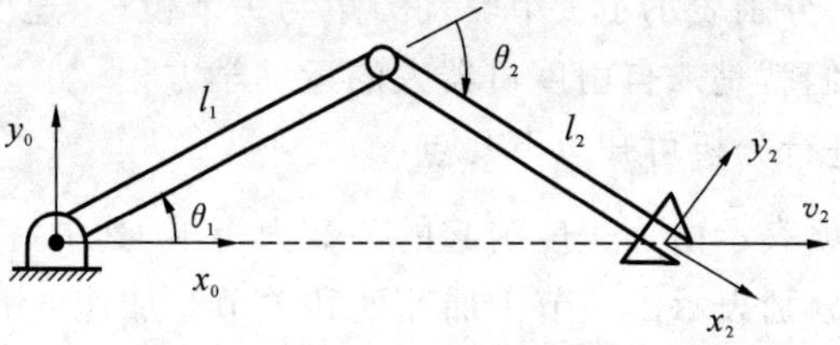

图 4-8　二自由度平面机械手

$\theta_2=45°$时的瞬时关节力矩。

4.5　二自由度平面机械手动力学方程主要包含哪些项？试说明这些项对应的物理意义。

4.6　求三自由度平面关节机械手的速度雅可比矩阵、力雅可比矩阵。

第5章 工业机器人传感器

研究机器人，首先从模仿人开始。通过考察发现，人是通过五官（视觉、听觉、嗅觉、味觉、触觉）接收外界信息的。这些信息通过神经传递给大脑，大脑对这些分散的信息进行加工、综合后发出行为指令，调动肌体（如手、足等）执行某些动作。而机器人的计算机相当于人类大脑，执行机构相当于人类四肢，传感器相当于人类五官。其中，传感器处于连接外界环境与机器人本体的接口位置，是机器人获取信息的窗口。

5.1 机器人的传感与感知

机器人之所以不同于机器，正是由于它的类人性，而它的类人性又通过它的感知系统表现出来。机器人的感知系统一般包括一些传感器的集合，该集合由一个或多个传感器组成。如何采用适当的方法，将多个传感器获取的环境信息加以综合处理，控制机器人进行智能作业，更是机器人智能化的重要体现。所以，传感器与信息处理系统相辅相成，共同构成了机器人的智能部分，为机器人智能作业提供了基础。

5.1.1 机器人传感器的定义和组成

传感器是一种检测装置，能感受到被测量的信息，并能将感受到的信息按一定规律变换成电信号或其他所需形式的信号输出，以满足信息的传输、处理、存储、显示、记录和控制等要求。它是实现自动检测和自动控制的首要环节。

机器人传感器可狭义地定义为：将外界的输入信号变换为电信号的一类元件。

传感器是一种机电元件，它将被测物理量变换为电信号（一般为模拟量），这种电信号经由模数电路（相当于机器人的传入神经）转换为数字信号后，可由计算机或电子计算器件识别和处理。

传感器通常由敏感元件、转换元件和基本转换电路三部分组成，其基本结构和工作原理如图5-1所示。

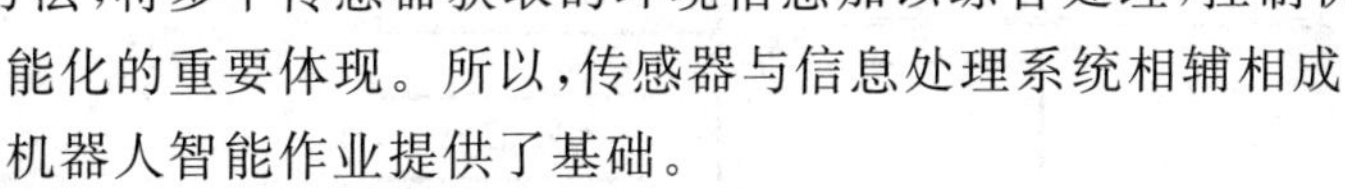

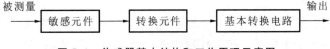

图5-1 传感器基本结构和工作原理示意图

敏感元件：直接感受被测量，并输出与被测量成确定关系的某一物理量的元件。

转换元件：以敏感元件的输出为输入，并把该输入转换成电路参数的元件。

基本转换电路：将敏感元件产生的不易测量的小信号进行变换，使传感器的信号输出符合具体工业系统的要求。

5.1.2 机器人传感器的分类

传感器的主要作用是给机器人提供必要的信息。例如，测量角度和位移的传感器，对机器人掌握手和腿的速度、移动的方向，以及被抓持物体的形状和大小都是不可缺少的。

传感器件品种繁多，分类方法也很多。本章将介绍两种分类方式：一种是按检测状态来分类，可以分为内部传感器和外部传感器两种；另一种是按其工作原理来分类，不同的原理有不同的名字，如相对应的电阻应变片和旋转变压器。

1. 按检测状态分类

根据输入信息源是位于机器人的内部还是外部，传感器可分为内部传感器和外部传感器两大类。如图 5-2 所示，一类是为了感知机器人内部的状况或状态的内部测量传感器（内部传感器），包括位置、速度、加速度等传感器，用来检测机器人操作机内部状态，其输出信号反馈给伺服控制系统。在机器人组装的过程中，通常将内部传感器安装在操作机上作为机器人本体的一部分。另一类是为了感知外部环境的状况或状态的外部测量传感器（外部传感器），如视觉、触觉、力觉、距离等传感器，是为了检测作业对象及环境与机器人的联系。它是机器人适应外部环境所必需的传感器，通常根据机器人作业内容的不同，将其安装在机器人的某些特定部位，如头部、足部、腕部等。

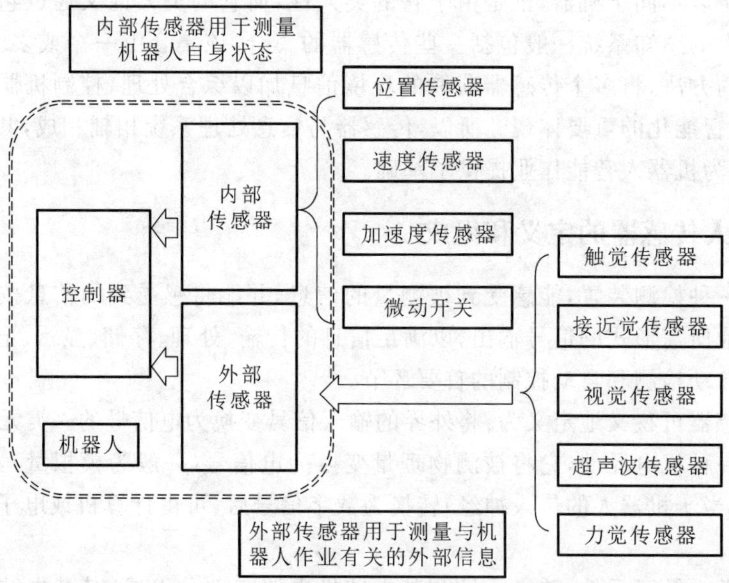

图 5-2 传感器按检测状态分类示意图

2. 按工作原理分类

这种分类方法是以检测器件的工作原理命名的，如应变式、压电式、压阻式、热点式检测器件等，具体分类如表 5-1 所示。按工作原理对传感器进行分类，有利于检测器件专业工作者从原理、设计及应用上做归纳性的分析研究，也便于检测器件使用者学习和研究。

表 5-1 检测器件按工作原理分类

类型		工作原理	典型应用
电阻式	电阻应变片	利用应变片的电阻值发生变化	测力、压力、加速度、力矩、位移、载重
	固体压阻式	利用半导体的压阻效应	测压力、加速度
	电位器式	移动电位器触点改变电阻值	测位移、力、压力

续表

类型		工作原理	典型应用
电感式	自感式	改变磁阻	测力、压力、振动、液位、厚度、位移、角位移
	互感式	改变互感(互感变压器、旋转变压器)	
	电涡流式	利用电涡流现象改变线圈自感或阻抗	测位移、厚度、探伤
	压磁式	利用导磁体的压磁效应	测力、压力
	感应同步器	两个平面绕组的互感随位置不同而变化	测速度、转速
磁电式	磁电感应式	利用半导体和磁场相对运动的感应变化	测速度、转速、转矩
	霍尔式	利用霍尔效应	测位移、力、压力、振动情况
	磁栅式	利用磁头读取不同位置磁栅上磁信号	测长度、线位移、角位移
压电式	正压电式	利用压电元件的正压电效应	测力、压力、加速度、粗糙度
	声表面波式		测力、压力、角加速度、位移
电容式	一般形式	改变电容	测位移、加速度、力、压力、液位、含水量、厚度
	容栅式	改变电容或加激励以产生感应电动势	测位移
光电式	一般形式	改变光路的光通量	测位移、温度、转速、浑浊度
	光栅式	利用光栅副形成的莫尔条纹变化	测位移、长度、角度、角位移
	光纤式	利用光导纤维的传输特性或材料的效应	测位移、加速度、速度、水声、温度、压力
	光学编码器	利用光线衍射、反射、透射引起的变化	测线位移、角位移、转速
	固体图像式	利用半导体集成器件阵列	测图像、文字、符号、尺寸
	激光式	利用激光干涉、多普勒效应、衍射	测长度、位移、速度、尺寸
	红外式	利用红外辐射的热效应或光电效应	测温度、探伤情况、气体分析
热电式	热电偶	利用热电效应	测温度
	热电阻	利用金属的热电阻效应	测温度
	热敏电阻	利用半导体的热电阻效应	测温度

上述传感器分类都是最基本的,如果考虑特殊用途,还有用于人机接口的语音传感器,以及测量硬度、振动情况、表面粗糙度、颜色、厚度、伤痕情况、湿度、烟雾浓度、味觉等的特殊传感器。因此,随着科技的发展及应用情况的不同,机器人传感器的分类方法势必改进。

5.1.3 传感器的性能指标

为评价或选择传感器,通常需要确定传感器的性能指标。传感器一般有以下几个性能指标。

1. 灵敏度

灵敏度是指传感器的输出信号达到稳定时,输出信号变化与输入信号变化的比值。假如传感器的输出和输入呈线性关系,则其灵敏度可表示为

$$s = \frac{\Delta y}{\Delta x} \tag{5-1}$$

式中:s——传感器的灵敏度;

Δy——传感器输出信号的增量;

Δx——传感器输入信号的增量。

假设传感器的输出与输入成非线性关系，其灵敏度就是两者关系曲线的导数。传感器输出量的量纲和输入量的量纲不一定相同。若输出和输入具有相同的量纲，则传感器的灵敏度也称为放大倍数。一般来说，传感器的灵敏度越大越好，这样可以使传感器的输出信号精确度更高、线性程度更好。但是过高的灵敏度有时会导致传感器的输出稳定性下降，所以应该根据机器人的要求选择大小适中的传感器灵敏度。

2. 线性度

线性度是指传感器输出信号与输入信号之间的线性程度。假设传感器的输出信号为 y，输入信号为 x，则 y 与 x 的关系可表示为

$$y = bx \tag{5-2}$$

若 b 为常数，或者近似为常数，则传感器的线性度较高；如果 b 是一个变化较大的量，则传感器的线性度较低。机器人控制系统应该选用线性度较高的传感器。

3. 测量范围

测量范围是指被测量的最大允许值和最小允许值之差。一般要求传感器的测量范围必须覆盖机器人有关被测量的工作空间。如果无法达到这一要求，可以设法选用某种转换装置，但这样会引入某种误差，使传感器的测量精度受到一定的影响。

4. 精度

精度是指传感器的测量输出值与实际被测量值之间的误差。在机器人系统设计中，应该根据系统的工作精度要求选择合适的传感器精度。应该注意传感器精度的使用条件和测量方法。使用条件应包括机器人所有可能的工作条件，如不同的温度、湿度、运动速度、加速度，以及在可能范围内的各种负载作用等。用于检测传感器精度的测量仪器必须具有比传感器高一级的精度，进行精度测试时也需要考虑最坏的工作条件。

5. 重复性

重复性是指传感器在对输入信号按同一方式进行全量程连续多次测量时，相应测试结果的变化程度。测试结果的变化越小，传感器的测量误差就越小，重复性越好。对于多数传感器来说，重复性指标都优于精度指标，这些传感器的精度不一定很高，但只要温度、湿度、受力条件和其他参数不变，传感器的测量结果就不会有较大变化。同样，对于传感器的重复性，也应考虑使用条件和测试方法的问题。对于示教再现型机器人，传感器的重复性至关重要，它直接关系到机器人能否准确地再现示教轨迹。

6. 分辨率

分辨率是指传感器在整个测量范围内所能辨别的被测量的最小变化量，或者所能辨别的不同被测量的个数。它辨别的被测量最小变化量越小，或被测量个数越多，则分辨率越高；反之，则分辨率越低。无论是示教再现型机器人，还是可编程型机器人，都对传感器的分辨率有一定的要求。传感器的分辨率直接影响机器人的可控程度和控制品质。一般需要根据机器人的工作任务规定传感器分辨率的最低限度要求。

7. 响应时间

响应时间是传感器的动态特性指标，是指传感器的输入信号变化后，其输出信号随之变化并达到一个稳定值所需要的时间。在某些传感器中，输出信号在达到某一稳定值前会发生短时间的振荡。传感器输出信号的振荡对于机器人控制系统来说非常不利，它有时可能会造成一个虚设位置，影响机器人的控制精度和工作精度，所以传感器的响应时间越短越好。响

应时间的计算应当以输入信号起始变化的时刻为始点，以输出信号达到稳定值的时刻为终点。实际上，还需要规定一个稳定值范围，只要输出信号的变化不再超出此范围，即可认定它已经达到了稳定值。在具体系统的设计中，还应规定响应时间容许上限。

8. 抗干扰能力

机器人的工作环境是多种多样的，在有些情况下可能相当恶劣，因此对于机器人用传感器必须考虑其抗干扰能力。由于传感器输出信号的稳定是控制系统稳定工作的前提，为防止机器人做出意外动作或发生故障，设计传感器系统时必须采用可靠性设计技术。通常抗干扰能力是通过单位时间内发生故障的概率来定义的，因此它是一个统计指标。

在选择工业机器人传感器时，需要根据实际工况、检测精度、控制精度等具体要求来确定所用传感器的各项性能指标，同时还需要考虑机器人工作的一些特殊要求，比如重复性、稳定性、可靠性、抗干扰性要求等，最终选择出性价比较高的传感器。

工业机器人传感器的一般要求有精度高、重复性好、稳定性和可靠性好、抗干扰能力强、质量小、体积小、安装方便，其特定要求有：适应加工任务要求、满足机器人控制的要求、满足安全性要求，以及满足其他辅助工作的要求。

5.1.4 传感器的发展动向

机器人自问世以来，其技术的发展大致经历了以下三个时期。

(1) 第一代：示教再现型机器人。

它不配备任何传感器，一般采用简单的开关控制、示教再现控制和可编程序控制。机器人的作业路径或运动参数都需要示教或编程给定，在工作过程中，它无法感知环境的改变而改善自身的性能、品质。

(2) 第二代：感觉型机器人。

这种机器人配备了简单的内外部传感器，能感知自身运行的速度、位置、姿态等物理量，并以这些信息的反馈构成闭环控制，如配备简易的视觉传感器、力觉传感器等简单的外部传感器，因而具有部分适应外部环境的能力。

(3) 第三代：智能型机器人。

智能型机器人目前尚处于研究和发展之中，它具有由多种外部传感器组成的感觉系统，可通过对外部环境信息的获取、处理，确切地描述外部环境，自主地完成某项任务。一般地，它拥有自主知识库、多信息处理系统，可在结构或半结构化的环境中工作，能根据环境的变化做出对应的决策。但是，我们不得不承认，即使是目前世界上智能程度最高的机器人，它对外部环境变化的适应能力也非常有限，还远远没有达到人们预想的程度。为了解决这一问题，机器人研究领域的学者们，一方面研究开发机器人的各种外部传感器，研究多信息处理系统，使其具有更高的性能指标和更宽的应用范围；另一方面研究如何将多个传感器得到的信息综合利用，发展多信息处理技术，使机器人能更准确、全面、低成本地获取所处环境的信息。由此，形成了机器人智能技术中两个最为重要的相关领域：机器人的多感觉系统和多传感信息的集成与融合。

总的来说，传感器有如下几个发展趋势。

(1) 研发新型传感器。

新型传感器主要包括：①采用新原理；②填补传感器空白；③仿生传感器等方面。

(2) 开发新材料。

传感器材料是传感器技术的重要基础，由于材料科学的进步，人们在制造时，可任意控制它们的成分，从而设计制造出用于各种传感器的功能材料。用复杂材料来制造性能更加良好的传感器是其今后的发展方向之一。

新型传感器材料有：①半导体敏感材料；②陶瓷材料；③磁性材料；④智能材料等。

(3) 采用新工艺。

在发展新型传感器的过程中，离不开新工艺的采用。新工艺的含义范围很广，这里主要指与发展新型传感器联系特别密切的微细加工技术。该技术又称微机械加工技术(MEMS)，是近年来随着集成电路工艺发展起来的，涉及离子束加工、电子束加工、分子束加工、激光束加工和化学刻蚀等用于微电子加工的技术，目前已越来越多地用于传感器领域。

(4) 面向集成化、多功能化。

为同时测量几种不同被测参数，可将几种不同的传感器元件复合在一起，做成集成块。把多个功能不同的传感元件集成在一起，除可同时进行多种参数的测量外，还可对这些参数的测量结果进行综合处理和评价，可反映出被测系统的整体状态。

(5) 面向智能化发展。

智能传感器是传感器技术与大规模集成电路技术相结合的产物，它的实现取决于传感器技术与半导体集成化工艺水平的提高与发展。这类传感器具有功能多、性能高、体积小、适宜大批量生产和使用方便等优点，是传感器重要的发展方向之一。

5.2 内部传感器

所谓内部传感器，就是实现内部测量功能的元器件，主要用来确定工业机器人在其自身坐标系内的位姿，具体检测对象包括关节的位移和转角等几何量，角速度和角加速度等运动量，以及倾斜角、方位角、振动角等物理量，如位移(位置)传感器、速度传感器、加速度传感器等，是当今机器人反馈控制中不可缺少的元件。对这类传感器的要求是精度高、响应速度快、测量范围宽。

5.2.1 位置(位移)传感器

机器人位置(位移)传感器有两类：一类是检测某规定位置(如检测机器人运动的起始位置、终止位置或某个确定的位置)的传感器，常见的有微型开关、光电开关等；另一类是测量可变位置和角度的，如测量机器人关节线位移和角位移的传感器等，常见的有电位器、旋转变压器、编码器等。

1. 位置传感器

位置传感器是能准确地检测到被测物体的位置并将位置信息转换成对应的可用输出信号的传感器，用来测量机器人自身的位置。位置传感器可分为直线位置传感器和角位置传感器，用来检测机器人运动的起始位置、终止位置或者确定具体位置。

位置传感器反映某种状态的开、关，有接触式和接近式。接触式传感器的触头由两个物体接触挤压而动作，其输出为 0 或 1 的高低电平变化。常见的接触式传感器有微型行程开关、接近开关、二维矩阵式位置传感器等。

1) 行程开关

行程开关是根据运动部件的行程位置进行电路切换的电气装置，也称限位开关，起到控制机械装备的行程和限位保护作用。行程开关结构简单、动作可靠、价格低廉。当物体移动部件在运动过程中碰到行程开关时，其内部触头会动作，实现电路的切换，从而完成控制。行程开关一般安装在壳体内，壳体对外力、水、尘埃等起到阻挡作用。例如，在加工中心的 x、y、z 轴方向两端分别装有行程开关，可控制运动部件的移动范围，进行终端限位保护。行程开关一般要承受多次撞击、振动，故装置的可靠性要高，噪声要低。

2）接近开关

接近开关是指当物体与其接近到设定距离时就可以发出“动作”信号的开关，利用其对接近物体的敏感特性达到控制相关动作通或断的目的，无须和物体直接接触，又称无触点行程开关，也可完成行程控制和限位保护。接近开关种类很多，主要有电磁式、光电式、差动变压器式、电涡流式、电容式、霍尔式等。当有物体移向接近开关，并接近到一定距离时，位移传感器才有“感知”，开关才会动作，通常把这个距离称为检出距离。不同的接近开关检出距离也不同；不同的接近开关，对检测对象的响应能力也是不同的，这种响应特性的度量被称为响应频率。

3）二维矩阵式位置传感器

为了提高识别的可靠性，多种接近开关往往复合使用。平面型位置开关是指将多个开关传感器组合成二维平面矩阵形式，它可以在进行面接触时监控接触位置的变化。二维矩阵式位置传感器安装于机械手掌内侧，用于检测自身与某个物体的接触位置，即通过矩阵面上不同接触点的变化来监控位置变化，实质上是多个开关的组合运用。

2. 位移传感器

能够对机器人运动过程中的不间断的位置进行测量的传感器，称为位移传感器。测量直线位移的主要有直线型电位器式传感器和可调变压器两种。测量角度的角位移传感器有旋转型电位器式传感器、可调变压器（旋转变压器）及光电编码器三种，其中光电编码器有增量式编码器和绝对式编码器。

1）电阻式电位器

测量位移的最简单电位器式传感器是电阻式电位器，通常由环状或棒状的电阻丝和可移动的电刷组成，当电刷沿电阻体移动时，电刷的触头接触电阻丝，电刷与驱动器连成一体，将直线位移或转角位移转换成电阻的变化，在电路中以电流或电压的方式输出。电位器分为接触式和非接触式两大类。

电阻式电位器有绕线型和薄膜型两种。绕线型电位器的测量与电位器绕线的匝数有关，输出是步进式；薄膜型电位器的表面喷涂了阻性材料的薄膜，输出是连续的，噪声也小。

直线型电位器式位移传感器的工作原理如图 5-3 所示，传感器的可动电刷与被测物体相连，物体的位移引起电位器移动端的电阻变化，阻值的变化量反映了位移的量值，阻值是增加还是减小则表明了位移的方向。

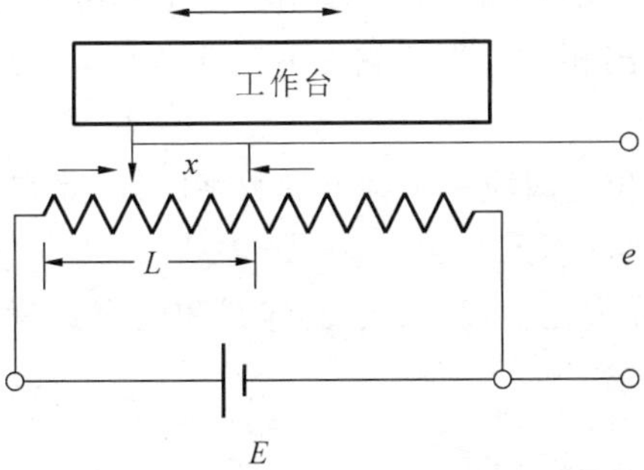

图 5-3　直线型电位器式位移传感器工作原理示意图

直线型电位器式位移传感器中位移和电压关系为

$$x=\frac{L(2e-E)}{E} \tag{5-3}$$

式中：E——输入电压；

L——触头最大移动距离；

x——位移；

e——电阻右侧的输出电压。

如图 5-4 所示，把电阻元件弯成圆弧形，可动触头的另一端固定在圆的中心，并像时针那样回转时，由于电阻值随相应的回转角而变化，因此基于上述同样的理论可构成测量角度的旋转型电位器式角位移传感器。

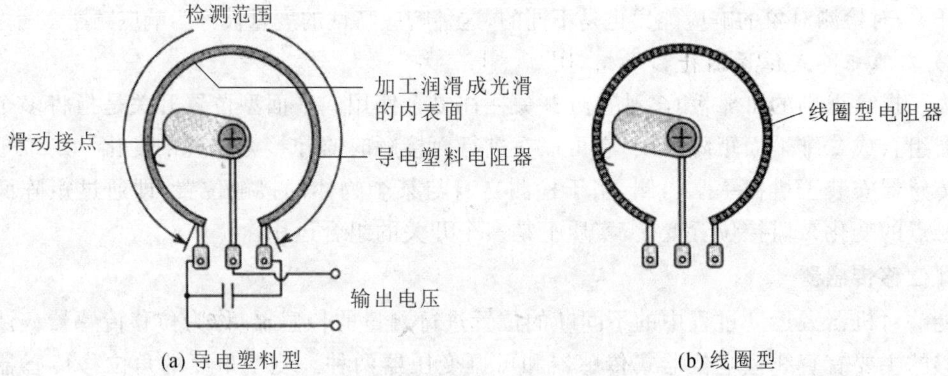

图 5-4 电阻式角位移传感器结构示意图

电位器式位移传感器结构简单，性能稳定可靠，精度高，可较方便地选择其输出信号范围。但由于滑动触头与电阻元件是通过物理接触来实现位移的测量，因此接触点的磨损、接触不良，以及外部环境变化都会对传感器的测量精度造成影响。

此外，也有利用电容制成的电容式电位器，其灵敏度高，但测量范围小。

2）编码器

编码器是将信号(如比特流)或数据进行编制、转换为可用以通信、传输和存储的信号形式的设备。编码器把角度或直线位移转换成电信号，前者称为码盘，后者称为码尺。编码器测量的位移量，可以是相对量，也可以是绝对量，因此，编码器有两种基本形式：增量式编码器和绝对式编码器。

增量式编码器是将位移转换成周期性的电信号，再把这个电信号转变成计数脉冲，用脉冲的个数表示位移的大小。增量式编码器一般用于零位不确定的位置伺服控制，在获取编码器初始位置的情况下可以给出相对位置。它在开始工作时，一般要进行复位，然后可以确定任意时刻的位移。

绝对式编码器的每一个位置对应一个确定的数字码，因此它的示值只与测量的起始和终止位置有关，而与测量的中间过程无关。

根据检测原理，编码器分为光学式、磁式、感应式和电容式等。机器人中用得比较多的是光电编码器和磁式编码器。

(1) 光电编码器。

光电编码器是一种数字光学器件，可将运动量转变为数字脉冲序列，计算脉冲的个数，或对一组脉冲进行编码,就可以获得运动的位移量。测量线位移的编码器叫直线编码器,测量角位移的编码器叫旋转编码器。

光电编码器由光栅盘和光电检测装置(发光元件和光敏元件)组成,检测物体的有无和物体表面状态的变化,通过光强度的变化转换为电信号的变化来实现。如图 5-5 所示,在明暗方格的码盘两侧,安放发光元件和光敏元件,随着码盘(光栅)的运转,光敏元件接收的光通量随方格的间距而同步变化,通过光电转换,将输出的机械几何位移量转换成脉冲数字量。

光电编码器具有检测距离长、对检测的物体限制少、响应时间短、分辨率高、可实现非接触检测、工作可靠、应用广泛等优点,一般装在机器人各关节的转轴上,用来测量各关节转轴转过的角度。

① 绝对直线编码器。绝对直线编码器直接用数字代码表示,光栅由透光区及不透光区组成,通过对直线位置进行编码,每一个直线位置被赋予了一个绝对值。如图 5-5 所示,5 条刻线的光栅最多可以编码为 32 个不同位置。

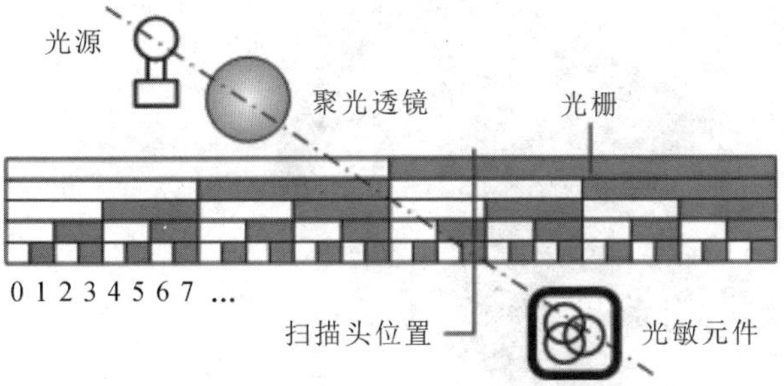

编码	值
1	16
0	0
0	0
1	2
1	1

图 5-5　绝对直线编码器

② 绝对旋转编码器。绝对旋转编码器既可求得当前角度也可求得角速度。若能记录单位时间前的角度值,并利用当前的角度值,即可求得单位时间内的角速度。

图 5-6 所示为一光学式绝对旋转编码器,在输入轴上的旋转透光圆盘上,设置数条同心圆状的环带,并将不透明条纹印刷到环带上。将圆盘置于光线的照射下,透过圆盘的光由 n 个光传感器进行判读,得到二进制编码。二进制编码有不同的种类,但是只有格雷码(见图 5-6(b))能把误读控制在一个数的范围之内,所以它获得了广泛的应用。编码器的分辨率由比特数(环带数)决定,例如 12 bit,对应的编码器的分辨率为 $2^{-12}=1/4096$,所以能以 1/4096 的分辨率,对 1 转 360°进行检测。

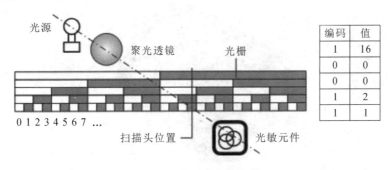

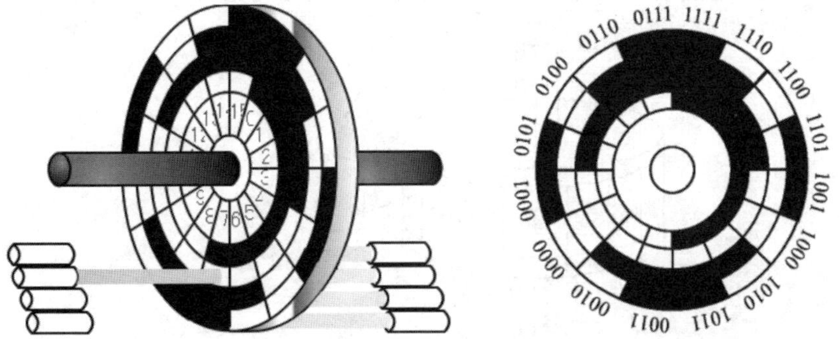

(a) 结构　　(b) 格雷码码盘

图 5-6　光学式绝对旋转编码器

绝对旋转编码器码盘直接安装在电动机的旋转轴上，以测出轴的旋转角度位置和速度变化，其输出电信号为电脉冲，优点是精度高、反应快、工作可靠。绝对旋转编码器码盘是由多圈弧段组成，每圈互不相同，沿径向各弧段的透光和不透光部分组成唯一的编码，指示精确位置。多圈弧段数目越大，绝对旋转编码器的分辨率就越高。

③ 增量式编码器。增量式编码器主要由光源、码盘、检测光栅、光电检测器件和转换电路组成，如图 5-7 所示。增量式编码器有一个计数系统和变向系统，旋转的码盘通过光敏元件给出一系列脉冲，在计数中对每个基数进行加或减，从而记录了旋转方向和角位移。每产生一个输出脉冲信号就对应于一个增量位移。它能够产生与位移增量等值的脉冲信号，即增量式编码器能检测出电动机轴相对于某个基准点的相对位置增量，不能直接检测出轴的绝对位置信息。

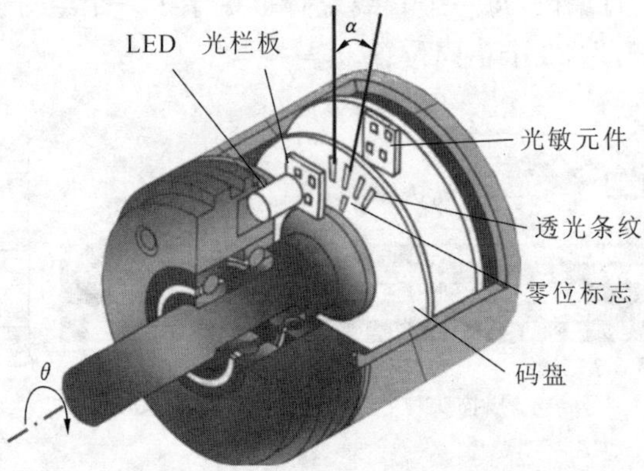

图 5-7 增量式编码器结构示意图

此外，包含绝对值型和增量型这两种类型的混合编码器，也已经开发出来了。使用这种编码器的过程中，在决定初始位置时，用绝对值型来进行，在决定由初始位置开始的变动角的精确位置时，则可以用增量型。

(2) 磁式编码器。

磁性旋转编码器是一种电磁式编码器，磁鼓周围有周期性分布的磁场，通过在强磁性材料表面上等间隔地记录磁化刻度标尺，在标尺旁边放置磁阻元件或霍尔元件，检测出磁通的变化，从而对与编码器相固定的转轴的角位移进行判定。

如图 5-8 所示，当磁鼓旋转时，测磁头可检测出周期性变化的信号。

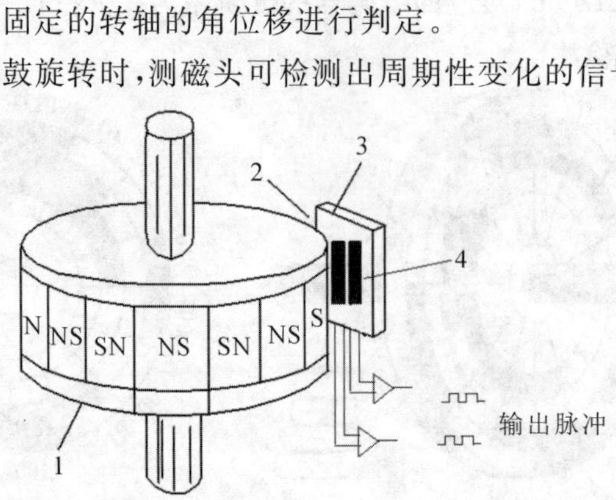

图 5-8 磁性旋转编码器结构示意图

1—磁鼓；2—间隙；3—磁敏传感部件；4—磁敏电阻

如果需要使用该磁式编码器来测量直线位移，则需要通过变换，将直线位移变成编码器磁鼓的旋转量，获得与直线位移相对应的脉冲信号。

（3）可调变压器。

可调变压器可以测量直线位移和角位移。

线性可变差接变压器可以输出模拟信号，能够检测精确位置信息。固定于圆棒上的磁芯随圆棒在线圈中作直线运动，使得线圈绕组之间的耦合发生变化，输出电压随之变化，磁芯的位置与输出电压呈线性关系，通过检测输出电压，可以确定与圆棒相连的外部物体的直线位移。

旋转变压器是由铁芯、定子线圈、转子线圈组成，用来测量旋转角度的传感器。旋转变压器是一种输出电压随转子转角变化的信号元件。旋转变压器的工作原理是它的原、副绕组之间相对位置因旋转而改变，其耦合情况随角度而变化。在励磁绕组（即原绕组）以一定频率的交流电压励磁时，输出绕组（即副绕组）的输出电压可与转子角度成正弦、余弦函数关系，或在一定转角范围内呈线性关系。输出电压与转角成正弦或余弦函数关系的称为正弦或余弦旋转变压器，输出电压与转角呈线性关系的称为线性旋转变压器。

旋转变压器的工作原理与普通变压器相似，不过能改变其相当于变压器原、副绕组的励磁绕组和输出绕组之间的相对位置，以改变两个绕组之间的互感，使输出电压与转子转角成某种函数关系。

5.2.2　速度和加速度传感器

速度是位移对时间的导数，加速度是速度对时间的导数，因此，速度和加速度传感器的基本原理与位移传感器的类似。

1. 速度传感器

速度传感器是机器人中较重要的内部传感器之一。机器人中需测量机器人关节的运行速度。目前广泛使用的角速度传感器有测速发电机和增量式光电编码器。

1）测速发电机

测速发电机是一种用于检测机械转速的电磁装置，它能把机械转速转换成电压信号，其输出电压与输入的转速成正比。测速发电机按输出信号的形式，可分为交流测速发电机和直流测速发电机两大类。在机器人中，多数情况下使用的是直流测速发电机。

直流测速发电机实际上是一种微型直流发电机，它的绕组和磁路经精确设计而成，结构如图 5-9 所示。直流测速发电机的工作原理基于法拉第电磁感应定律，当通过线圈的磁通量恒定时，位于磁场中的线圈旋转，使线圈两端产生的电压（感应电动势）与线圈（转子）的转速成正比。

$$U = kn \tag{5-4}$$

式中：U——测速发电机的输出电压（V）；

n——测速发电机的转速（r/min）；

k——比例系数（V/(r/min)）。

改变旋转方向时，输出电动势的极性相对应改变。机器人的关节伺服电动机轴与测速发电机同轴连接，只要检测直流测速发电机的输出电动势和极性，就能获得机器人的关节转速。

2）增量式光电编码器

位移传感器中所介绍的光电编码器在机器人中也常作为速度传感器来测量关节速度。

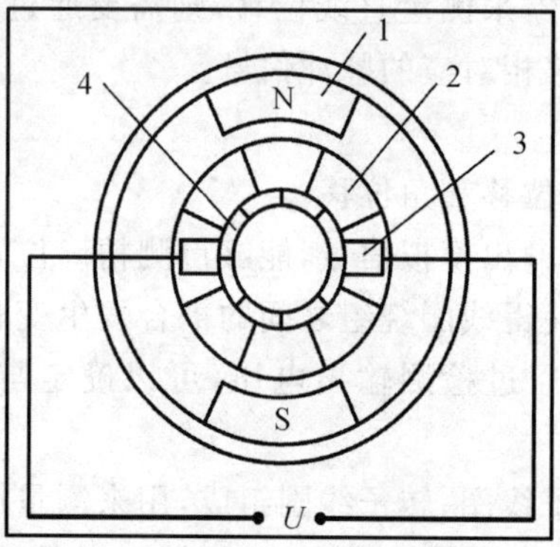

图 5-9 直流测速发电机的结构

1—永久磁铁；2—转子线圈；3—电刷；4—整流子

以下介绍数字式测速法。

由于角速度是转角对时间的一阶导数，因此只要测得单位时间 Δt 内编码器转过的角度 $\Delta\theta$，则编码器在该时间内的平均转速为

$$\omega = \frac{\Delta\theta}{\Delta t} \tag{5-5}$$

单位时间值取得越小，则所求得的转速越接近瞬时转速；然而时间太短，编码器通过的脉冲数太少，又会导致所得到的速度分辨率下降。通常采用时间增量测量电路来解决这一问题。

编码器的码盘线数决定了每转输出脉冲数。设某编码器的分辨率为 1000 脉冲每转，则编码器连续输出两个脉冲时转过的角度为

$$\Delta\theta = \frac{2}{1000} \times 2\pi(\mathrm{rad}) \tag{5-6}$$

而转过该角度的时间增量可用图 5-10 所示的测量电路测得。

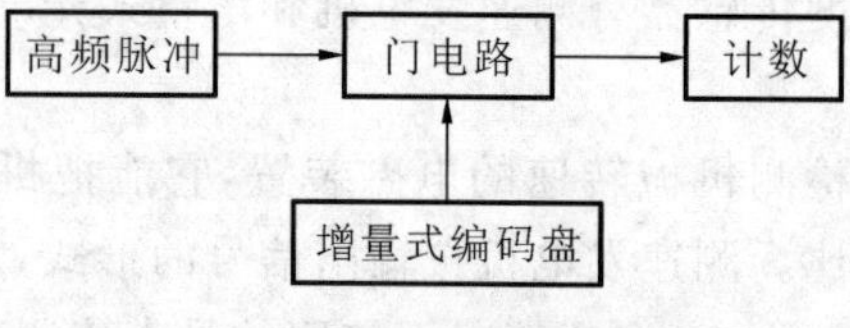

图 5-10 时间增量测量电路

时间增量测量电路中，高频脉冲源发出连续不断的脉冲，门电路在编码器发出第一个脉冲时开启、发出第二个脉冲时关闭，这样计数器就能计量编码器的两个脉冲间隔时间段内高频脉冲源发出的脉冲数。例如：假定高频脉冲的周期为 0.1 ms，计数器计数值为 100，则时间增量为

$$\Delta t = 0.1 \times 100\ \mathrm{ms} = 10\ \mathrm{ms}$$

故角速度为

$$\omega = \frac{\Delta\theta}{\Delta t} = \frac{(2/1000) \times 2\pi}{10 \times 10^{-3}}\ \mathrm{rad/s} = 1.256\ \mathrm{rad/s}$$

2. 加速度传感器

实际上，所有的位置传感器和速度传感器都可以用作加速度传感器，对加速度（角加速度）进行测量（计算）。由位移换算速度，或由速度换算加速度，需要一阶微分运算；由位移换

算加速度，需要二阶微分运算。

微分运算倾向于放大噪声。以 10 ms 采样间隔为例，由位移换算加速度，位移噪声将被放大 10000 倍，因此，为了获得精确的加速度测量值，我们需要直接测量加速度的物理(硬)传感器。

压电加速度传感器是一种基于力传感器测量原理的加速度传感器，这里所说的力传感器，就是基于压电效应的压电触觉传感器。某些电介质，如石英晶体(SiO_2)，当其在力的作用下发生形变时，内部就出现极化现象，即两个表面产生符号相反的电荷，而外力消失后又能恢复其不带电的状态，这就是压电效应。压电晶体在外力作用下所形成的电荷的极性与作用力 F_T 的方向相关，而形成的电荷的量 q_T 与作用力 F_T 的大小成正比，即

$$q_T = K_I F_T \tag{5-7}$$

式中：K_I——比例系数。

利用压电效应，就能把力 F_T 变换为电信号 V_{OUT}，有了代表力 F_T 的电压值 V_{OUT}，根据牛顿第二定律，即可换算出施加力的物质(m)的加速度：

$$a = \frac{F_T}{m} \tag{5-8}$$

5.2.3　姿态传感器

姿态传感器是能够检测重力方向或姿态角变化(角速度)的传感器，可用于检测转轴不固定或无固定转轴的物体的角位移或角速度，常用于飞行器和机器人的姿态检测。常见的姿态传感器有陀螺仪、电子罗盘等。

1. 陀螺仪

绕一个支点高速转动的刚体称为陀螺。在一定的初始条件和一定的外在力矩作用下，陀螺会在不停自转的同时，环绕着另一个固定的转轴不停地旋转，这就是陀螺的旋进。人们利用陀螺的力学性质制成的具有各种功能的陀螺装置称为陀螺仪。

陀螺仪是一种机械装置，如图 5-11 所示，其结构及运动特点是：一个转子可绕旋转轴以极高角速度旋转；转子旋转轴(转子轴)上安装一个内环架，那么陀螺仪就可环绕平面两轴自由运动；然后，在内环架外加上一外环架，这个陀螺仪就有两个平衡环，可以环绕平面三轴自由运动，也就是一个完整的太空陀螺仪。

陀螺仪的基本原理是：高速旋转的物体具有轴向不变的特性，即一个旋转物体的旋转轴所指的方向，在不受外力影响时，是不会改变的。陀螺仪中的转子具有轴向稳定性(轴向不变性)，陀螺仪安装在被测物体(飞机、导弹或机器人)上，当被测物的姿态发生变化时，陀螺仪外环架必定与转子的旋转轴形成角度差(角位移)，这样我们就能观察到(检测到)被测物体的姿态变化。

图 5-11　陀螺仪

利用陀螺仪的动力学特性制成的各种仪表或装置主要有以下几种。

(1) 陀螺方向仪。

陀螺方向仪是能对飞行物体转弯角度和航向给出指示的陀螺装置。它是三自由度均衡陀螺仪，其底座固连在飞机上，转子轴提供惯性空间的给定方向。若开始时转子轴水平放置并指向仪表的零方位，则当飞机绕铅直轴转弯时，仪表

就相对转子轴转动，从而能给出转弯的角度和航向的指示。由于摩擦及其他干扰，转子轴会逐渐偏离原始方向，因此每隔一段时间(如15 min)需对照精密罗盘作一次人工调整。

(2) 陀螺罗盘。

供航行和飞行物体作方向基准用的、寻找并跟踪地理子午面的三自由度陀螺仪，称为陀螺罗盘。其外环轴铅直，转子轴水平置于子午面内，正端指北；其重心沿铅直轴向下或向上偏离支承中心。转子轴偏离子午面的同时偏离水平面而产生重转矩使陀螺旋进到子午面，这种利用重转矩的陀螺罗盘称为摆式罗盘。在 21 世纪，传统陀螺罗盘已发展为利用自动控制系统代替重力摆的电控陀螺罗盘，并且，能同时指示水平面和子午面的平台罗盘得以发明。

(3) 陀螺垂直仪。

陀螺垂直仪是利用摆式敏感元件对三自由度陀螺仪施加修正转矩以指示地垂线的仪表。该陀螺仪的壳体利用随动系统跟踪转子轴位置，当转子轴偏离地垂线时，固定在壳体上的摆式敏感元件输出信号使转矩器产生修正转矩，转子轴在转矩作用下旋进，回到地垂线位置。陀螺垂直仪常常应用于航空和航海导航系统的地垂线指示或仪表量测。

(4) 陀螺稳定器。

陀螺稳定器是用来稳定船体的陀螺装置。在 20 世纪初使用的施利克被动式稳定器实质上是一个装在船上的大型二自由度重力陀螺仪，其转子轴铅直放置，框架轴平行于船的横轴。当船体侧摇时，陀螺转矩迫使框架携带转子一起相对于船体旋进。这种摇摆式旋进引起另一个陀螺转矩，并对船体产生稳定作用。斯佩里主动式稳定器是在上述装置的基础上增加一个小型操纵陀螺仪得到的，其转子沿船的横轴放置。一旦船体侧倾，小陀螺沿其铅直轴旋进，从而使主陀螺仪框架轴上的控制电动机及时启动，在该轴上施加与原陀螺转矩方向相同的主动转矩，以加强框架的旋进和由此旋进产生的对船体的稳定作用。

(5) 速率陀螺仪。

用以直接测定运载器角速率的二自由度陀螺装置叫速率陀螺仪。把陀螺仪的外环架固定在运载器上并令内环架的轴垂直于要测量角速率的轴。当运载器连同外环架以角速度绕测量轴旋进时，陀螺转矩将迫使内环架连同转子一起相对运载器旋进。陀螺仪中有弹簧限制这个相对旋进，而内环架的旋进角正比于弹簧的变形量。由平衡时的内环架旋进角即可求得陀螺转矩和运载器的角速率。

积分陀螺仪与速率陀螺仪的不同之处在于它用线性阻尼器代替弹簧。当运载器作任意变速转动时，积分陀螺仪的输出量是绕测量轴的转角(即角速度的积分)。

速率陀螺仪和积分陀螺仪这两种陀螺仪在远距离测量系统或自动控制、惯性导航平台中使用较多。

(6) 陀螺稳定平台。

陀螺稳定平台是以陀螺仪为核心元件，使被稳定对象相对于惯性空间的给定姿态保持稳定的装置。根据对象能保持稳定的转轴数目，陀螺稳定平台分为单轴、双轴和三轴陀螺稳定平台。它可用来稳定那些需要精确定向的仪表和设备，如测量仪器、天线等，因此已广泛用于航空和航海的导航系统，并作为火控雷达的万向支架支承。

(7) 光纤陀螺仪。

光纤陀螺仪是以光导纤维线圈为基础的敏感元件，由激光二极管发射出的光线朝两个方向沿光导纤维传播。光传播路径的变化决定了敏感元件的角位移。光纤陀螺仪与传统的机械陀螺仪相比，其优点是：全固态，没有旋转部件和摩擦部件，寿命长，动态范围大，瞬时启动，结构简单，尺寸小，质量小。与激光陀螺仪相比，光纤陀螺仪没有闭锁问题，也不需要在石英块上精密加工出光路，具有成本低的优势。

（8）激光陀螺仪。

激光陀螺仪的原理是利用光程差来测量旋转角速度。在闭合光路中，同一光源发出沿顺时针方向和逆时针方向传输的两束相干光，检测相位差或干涉条纹的变化，就可测出闭合光路旋转角速度。

（9）MEMS（micro-electromechanical system，微机电系统）陀螺仪。

基于 MEMS 原理的陀螺仪价格相比光纤陀螺仪或者激光陀螺仪低很多，但它的使用精度低，需要使用参考传感器进行补偿。VMSENS 公司设计的 AHRS（航向姿态参考系统）正是通过这种方式，对低成本的 MEMS 陀螺仪进行辅助补偿来实现的。此外，大众较熟知的低成本 MEMS 陀螺仪制造商还有 ADI。基于 MEMS 技术的陀螺仪成本低，能批量生产，已经广泛应用于汽车牵引控制系统、医用设备、军事设备等低成本需求中。

2. 电子罗盘

电子罗盘，又称数字罗盘，如图 5-12 所示。电子罗盘作为导航仪器或姿态传感器已被广泛应用。电子罗盘与传统指针式或平衡架结构罗盘相比能耗低、体积小、质量小、精度高、可微型化，其输出信号通过处理可实现数码显示，不仅可以用来指向，还可直接送到自动舵，控制船舶的操纵。目前，广泛使用的是三维捷联磁阻式数字磁罗盘，这种罗盘具有抗震性、航向精度较高、对干扰场有电子补偿、可集成到控制回路中进行数据链接等优点，因而广泛应用于航空、航天、机器人、航海、车辆自主导航等领域。

图 5-12 电子罗盘

电子罗盘可以分为平面电子罗盘和三维电子罗盘。平面电子罗盘要求用户在使用时必须保持罗盘的水平，否则当罗盘发生倾斜时，也会给出航向的变化而实际上航向并没有变化。虽然平面电子罗盘对使用的要求很高，但如果能保证罗盘所附载体始终水平，则平面电子罗盘是一种性价比很好的选择。三维电子罗盘克服了平面电子罗盘在使用中的严格限制，因为三维电子罗盘在其内部加入了倾角传感器，在电子罗盘发生倾斜时可以对罗盘进行倾斜补偿，这样即使罗盘发生倾斜，航向数据依然准确无误。有时为了克服温度漂移，罗盘也可内置温度补偿装置，最大限度地减少倾斜角和指向角的温度漂移。

三维电子罗盘由三维磁阻传感器、双轴倾角传感器和 MCU（multipoint control unit，多点控制器）构成。三维磁阻传感器用来测量地球磁场；双轴倾角传感器是在磁阻传感器处于非水平状态时进行补偿；MCU 处理磁阻传感器和倾角传感器的信号，并进行数据输出和地磁场畸变补偿。该电子罗盘采用三个互相垂直的磁阻传感器，每个轴向上的传感器检测在该方向上的地磁场强度（H_x，H_y，H_z。见图 5-13）。每个方向的传感器的灵敏度都已根据该方向上地磁场的分矢量调整到最佳值，并具有非常低的横轴灵敏度。传感器产生的模拟输出信号进行放大后送入 MCU 进行处理。磁场测量范围为±2 G。通过采用 12 位 A/D 转换器，磁阻传感器能够分辨出小于 1 mG 的磁场变化量，用户便可通过该高分辨率来准确测量出 200～300 mG的 x 和 y 方向的磁场强度。不论是在赤道上的向上变化还是在南北极的更低值位置，仅用地磁场在 x 和 y 的两个分矢量值便可确定方位角：

$$\text{Azimuth} = \arctan(y/x) \tag{5-9}$$

该关系式在检测仪器与地表面平行时才成立。当仪器发生倾斜时，方位角的准确性将要受到很大的影响，该误差的大小取决于仪器所处的位置和倾斜角的大小。为减小该误差的影响，采用双轴倾角传感器来测量俯仰角和侧倾角，这个俯仰角被定义为由前向后的角度变化；而侧倾角则为由左到右方向的角度变化。电子罗盘将俯仰角和侧倾角的数据进行转换计算，将磁阻传感器在三个轴向上的矢量由原来的位置"拉"回到水平的位置。

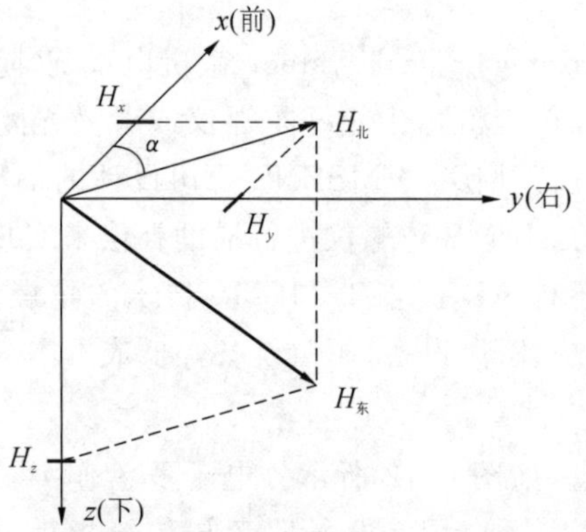

α为方位角(Azimuth)或航向角(Heading)

图 5-13　三维电子罗盘原理示意图

标准的转换计算式：

$$x_r = x_{\cos\alpha} + y_{\sin\alpha\sin\beta} - z_{\cos\beta\sin\alpha} \tag{5-10}$$

$$y_r = y_{\cos\beta} + z_{\sin\beta} \tag{5-11}$$

式中：x_r，y_r——要转换到水平位置的值；

α——俯仰角；

β——侧倾角。

从式(5-9)至式(5-11)这三个计算公式可以看出，在整个补偿技术中 z 轴向的矢量扮演一个非常重要的角色。要正确运用这些值，俯仰角和侧倾角必须时时更新。

电子罗盘可应用于水平孔和垂直孔测量、水下勘探、飞行器导航、科学研究、教育培训、建筑物定位、设备维护、测速、GPS(global positioning system，全球定位系统)备份、汽车指南针装置及虚拟现实研究等。

5.3　外部传感器

工业机器人外部传感器的作用是检测作业对象及环境，或机器人与它们之间的关系。在机器人上安装触觉传感器、视觉传感器、接近觉传感器、超声波传感器和听觉传感器等，大大改善了机器人的工作状况，使其能够更充分地完成复杂的工作。

5.3.1　触觉传感器

触觉是仅次于视觉的一种重要感知形式，是接触、冲击、压迫等机械刺激感觉的综合。触觉能保证机器人可靠地抓握各种物体，也能使机器人获取环境信息，感知物体的形状、软硬等物理性质，确定物体空间位置和姿态参数。

一般把检测、感知或直接接触外部环境而产生接触觉、接近觉、压觉、滑觉和力觉等信息的传感器称为机器人触觉传感器，如图 5-14 所示。

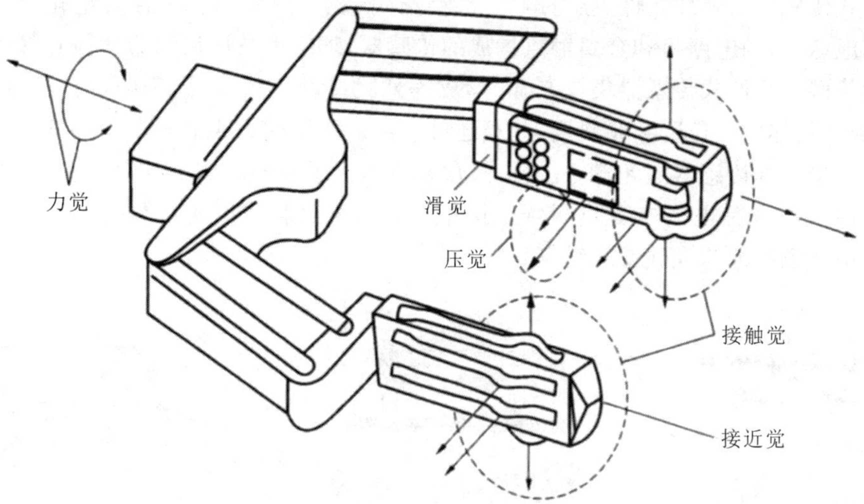

图 5-14　机器人触觉传感器

机器人依靠接近觉来感知对象物体是否在附近，判断后手臂减速慢慢接近物体；依靠接触觉可知已接触到物体，控制手臂让物体位于手指中间，合上手指握住物体；用压觉控制握力；如果物体较重，则靠滑觉来检测滑动与否，修正设定的握力来防止物体滑动；利用力觉控制与被测物体自重和转矩相应的力，或举起、移动物体。另外，力觉传感器在旋紧螺母、轴与孔的嵌入等装配工作中也有广泛的应用。

1. 机器人接触觉传感器

接触觉传感器检测机器人是否接触目标或环境，用于寻找物体或感知碰撞，例如感受是否抓住零件、是否接触地面等。

1）接触觉传感器的分类及工作原理

接触觉传感器主要有机械式、弹性式和光纤式三种。

(1) 机械式传感器。

机械式传感器主要利用触点的接触与断开获取信息，通常采用微动开关来识别物体的二维轮廓。由于结构关系，机械式传感器感知元件无法形成高密度阵列。

图 5-15 所示的接触觉传感器由微动开关组成，其中图(a)所示为点式开关，图(b)所示为棒式开关，图(c)所示为缓冲器式开关，图(d)所示为平板式开关，图(e)所示为环式开关。用途不同，其配置也不同，一般用于探测物体的位置、探索路径和提供安全保护。这类结构属于分散装置结构，单个传感器安装在机械手的敏感位置上。

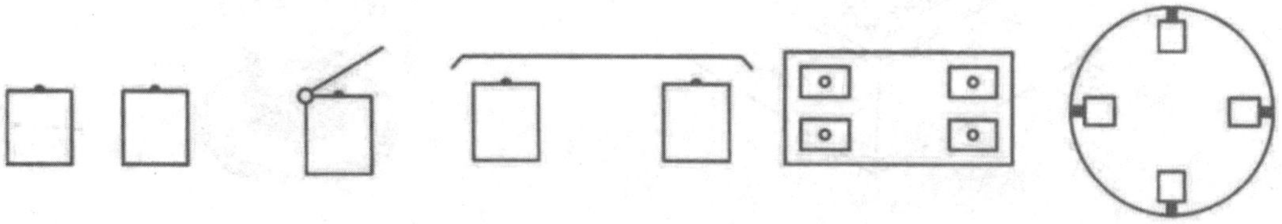

(a)　(b)　(c)　(d)　(e)

图 5-15　接触觉传感器

（2）弹性式传感器。

弹性式传感器由弹性元件、导电触点和绝缘体构成。如采用导电性石墨化碳纤维、氨基甲酸乙酯泡沫、印制电路板和金属触点构成的传感器，碳纤维被压后与金属触点接触，开关导通。一般将多个弹性式传感器集成制作，形成阵列式接触传感器，用于测定自身与物体的接触位置、被握物体中心位置和倾斜度，甚至还可以识别物体的大小和形状。图 5-16 所示为一种二维阵列接触觉传感器的配置方法，一般放在机器人手掌的内侧。其中：1 是柔软的电极；2 是柔软的绝缘体；3 是电极；4 是电极板。图中柔软电极材料可以使用导电橡胶、浸含导电涂料的氨基甲酸乙酯泡沫或碳素纤维等材料。

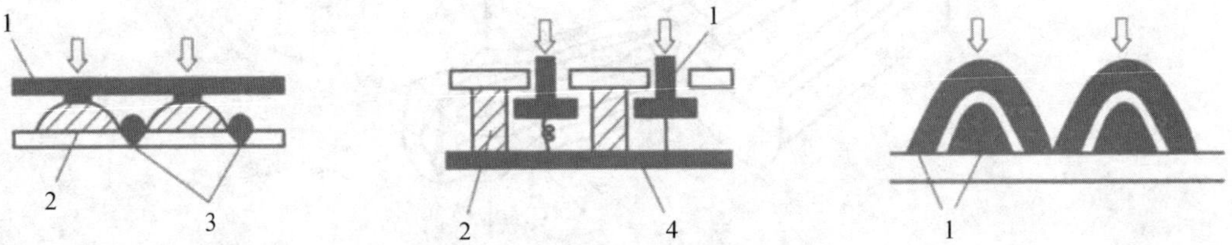

图 5-16　二维阵列接触觉传感器

如图 5-17 所示为一种 PVF2（聚偏二氟乙烯）阵列式接触觉传感器。PVF2 薄膜是一种新型压电材料，具有压电效应。被识别物体与薄膜接触的区域，产生对应的电荷，根据电荷的二维分布即可获得被测物的二维轮廓形状。

（3）光纤式传感器。

光纤式传感器包括一根由光纤构成的光缆和一个可变形的反射表面。光通过光纤束投射到可变形的反射材料上，反射光按相反方向通过光纤束返回。如果反射表面是平的，则通过每条光纤所返回的光的强度是相同的；如果反射表面已变形，则不同光纤反射的光强度不同。用高速光扫描技术进行处理，即可得到反射表面的受力情况。图 5-18 所示为触须式光纤接触觉传感器装置。

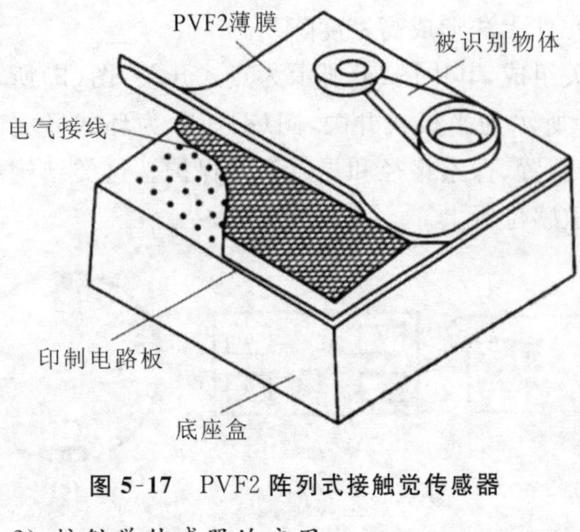

图 5-17　PVF2 阵列式接触觉传感器

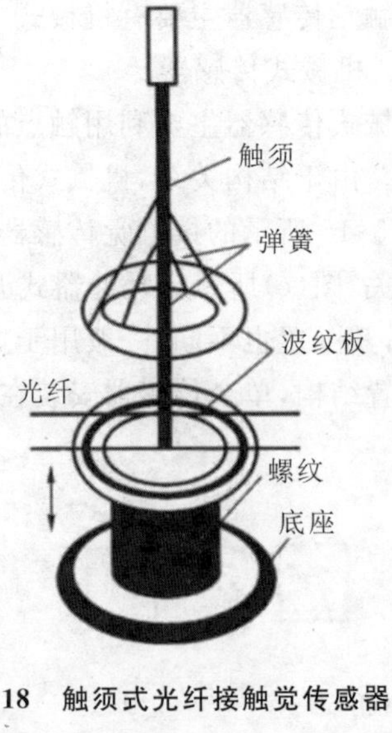

图 5-18　触须式光纤接触觉传感器装置

2）接触觉传感器的应用

图 5-19 所示为一个具有接触搜索识别功能的机器人。图 5-19(a)所示为具有 4 个自由

度(2 个移动和 2 个转动)的机器人,由一台计算机控制,各轴运动是由直流电动机闭环驱动的。手部装有压电橡胶接触觉传感器,识别软件具有搜索和识别的功能。

(1) 搜索过程。

机器人有一扇形截面柱状操作空间,手爪在高度方向进行分层搜索,对每一层可根据预先给定的程序沿一定轨迹进行搜索。如图 5-19(b)所示,搜索过程中,假定在位置①遇到障碍,则手爪上的接触觉传感器就会发出停止前进的指令,使手臂向后缩回一段距离到达位置②。如果已经避开了障碍物,则再前进至位置③,又伸出到位置④处,再运动到位置⑤处与障碍物再次相碰。根据①⑤的位置计算机就能判断被搜索物体的位置。再按位置⑥、位置⑦的顺序接近就能对搜索的目标物进行抓取。

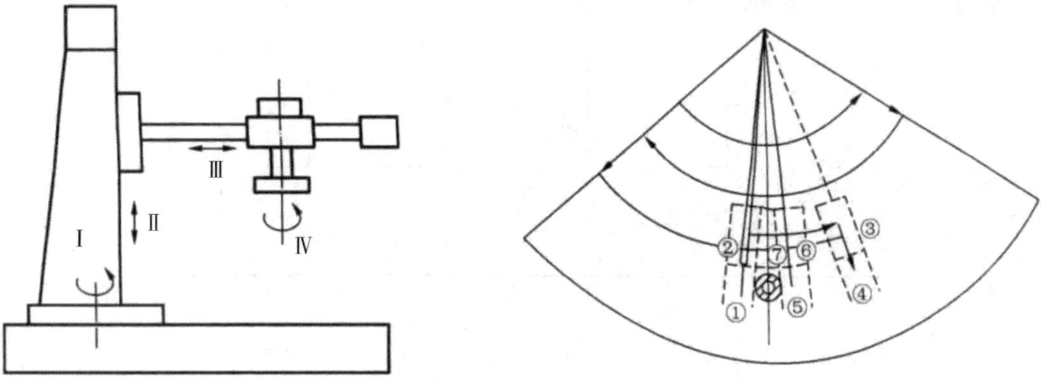

(a) 结构　　(b) 搜索过程

图 5-19　具有接触搜索识别功能的机器人

(2) 识别过程。

图 5-20 所示为用一个配置在机械手上的由 3×4 个触觉元件组成的表面阵列触觉传感器引导随机搜索的示意图,识别对象为一长方体。假定机械手与搜索对象的已知接触目标模式为 X^*,机械手的每一步搜索得到的接触信息构成了接触模式 X_i,机器人根据每一步搜索,对接触模式 X_1,X_2……不断计算、估计,调整手的位姿,直到目标模式与接触模式相符合为止。

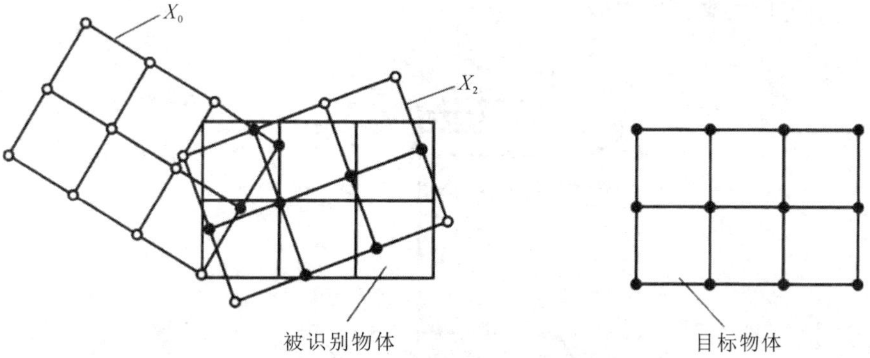

○未受压感的点;●受压感的点

图 5-20　用表面阵列触觉传感器引导随机搜索的示意图

每一步搜索过程由三部分组成:

① 接触觉信息的获取、量化和对象表面形心位置的估算；

② 对象边缘特征的提取和姿势估算；

③ 运动计算及执行运动。

要判断搜索结果是否满足形心对中、姿势符合的要求，则还可设置一个目标函数，要求目标函数在某一尺度下最优，用这样的方法可判断对象的存在与否和位姿情况。

2. 机器人接近觉传感器

接近觉传感器一般用来感知物体的靠近。接近觉一般用非接触式测量元件，如霍尔效应传感器、电磁式接近开关、光学接近传感器或超声波传感器作为感知元件。

目前广泛使用的接近觉传感器可分为 5 种：电磁式（感应电流式）、光电式（光反射或透射式）、电容式、气压式和超声波式，如图 5-21 所示。

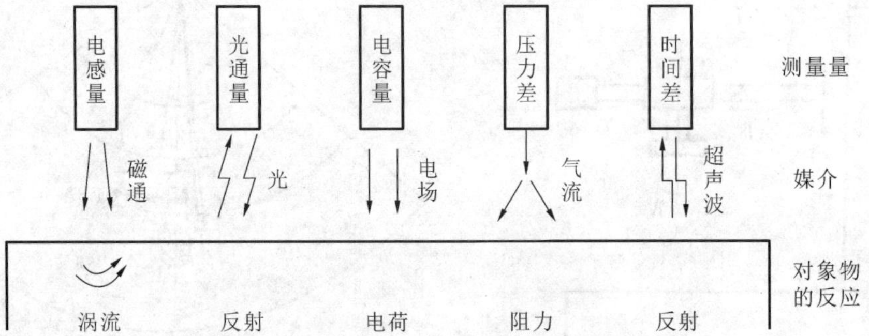

图 5-21 接近觉传感器分类

1）电磁式接近觉传感器

在一个线圈中通入高频电流，就会产生磁场，这个磁场接近金属物时，会在金属物中产生感应电流，也就是涡流，该线圈因此称为激励线圈。涡流大小随对象物体表面与激励线圈的距离而变化，这个变化反过来又影响激励线圈内磁场强度。磁场强度可用另一组检测线圈检测出来，也可以根据激励线圈本身电感的变化或激励电流的变化来检测。图 5-22 所示为电磁式接近觉传感器的工作原理。这种传感器的精度比较高，而且可以在高温下使用。由于工业机器人的工作对象大多是金属部件，因此电磁式接近觉传感器应用较广，在焊接机器人中可用它来探测焊缝。

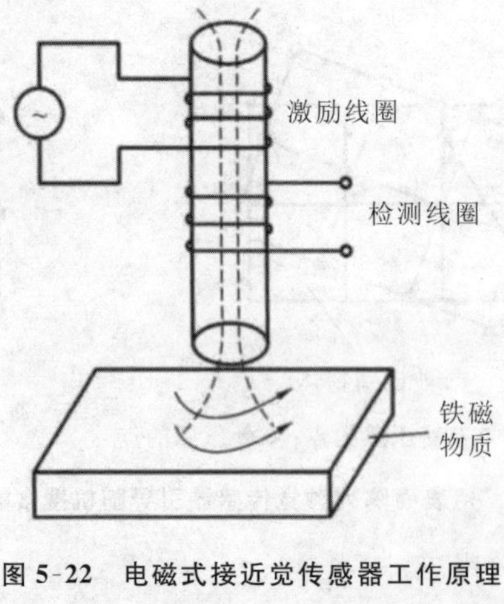

图 5-22 电磁式接近觉传感器工作原理

2）光电式(光反射或透射式)接近觉传感器

光电式接近觉传感器一般指光反射式，其原理(见图5-23)是：光源发出的光经发射透镜射到物体，经物体反射并由接收透镜会聚到光电器件上；若物体不在感知范围内，则光电器件无输出。光电式接近觉传感器的应答性好，维修方便，测量精度高，目前应用较多，但其信号处理较复杂，使用中可能受到环境光的干扰。

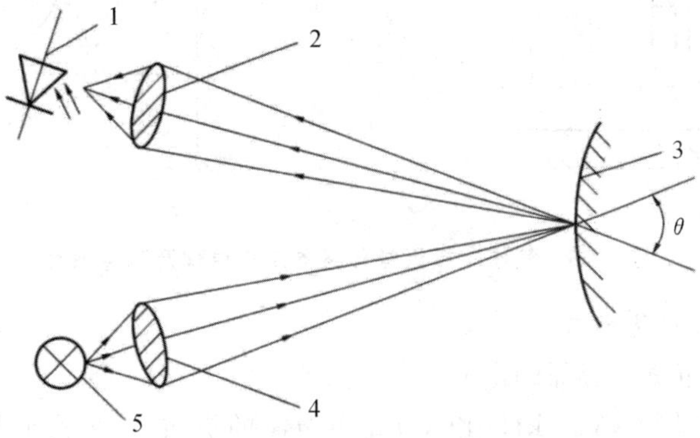

图5-23　光电式接近觉传感器工作原理

1—光电器件；2—接收透镜；3—物体；4—发射透镜；5—光源

3）电容式接近觉传感器

电容式接近觉传感器可以检测任何固体和液体材料，外界物体靠近这种传感器会引起其电容量变化，由此反映距离信息。检测电容量变化的方案很多，最简单的方法是，将电容作为振荡电路的一部分，只有在传感器的电容值超过某一阈值时振荡电路才起振，将起振信号转换成电压信号输出，即可反映是否接近外界物体，这种方案可以提供二值化的距离信息。另一种方法是，将电容作为受基准正弦波驱动电路的一部分，电容量的变化会使正弦波发生相移，且二者成正比关系，由此可以检测出传感器与物体之间的距离。

图5-24所示为极板电容式接近觉传感器工作原理。

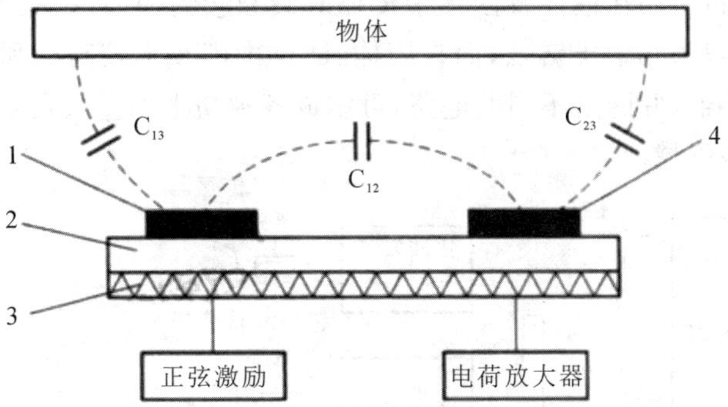

图5-24　极板电容式接近觉传感器工作原理

1—极板①；2—绝缘板；3—接地屏蔽板；4—极板②

4）气压式接近觉传感器

气压式接近觉传感器由一根细的喷嘴喷出气流，如果喷嘴靠近物体，则内部压力会发生变化，这一变化可用压力计测量出来。图5-25(a)所示为其工作原理，图5-25(b)所示曲线表明了被测气压与距离 d 之间的关系。它可用于检测非金属物体，尤其适用于测量微小间隙。

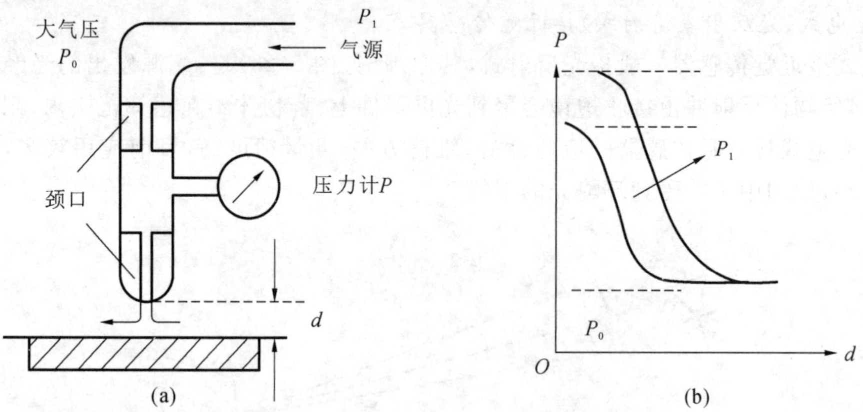

图 5-25 气压式接近觉传感器工作原理及测量曲线

5）超声波式接近觉传感器

(1) 超声波式接近觉传感器的定义。

超声波是一种振动频率(20 kHz 以上)高于声波的机械波，由换能晶片在电压的激励下发生振动产生。超声波具有频率高、波长短、绕射现象小、方向性好，能够成为射线而定向传播等特点。超声波对液体、固体的穿透性强，尤其是在不透明的固体中，它可穿透几十米的深度。超声波碰到杂质或分界面会产生显著反射进而形成反射回波，当碰到活动物体时发生多普勒效应。基于超声波特性研制的传感器称为超声波式接近觉传感器(简称超声波传感器)，可以利用发射脉冲和接收脉冲的时间间隔推算出距离。超声波传感器广泛应用在工业、国防、生物医学等方面。

(2) 超声波传感器的工作原理。

超声波传感器工作原理如图 5-26 所示。超声波在弹性介质中的机械振荡有两种形式：横向振荡(横波)及纵向振荡(纵波)。在工业应用中主要采用纵向振荡。超声波可以在气体、液体及固体中传播，但传播速度不同。另外，它也有折射和反射现象，并且在传播过程中衰减。在空气中衰减较快，而在液体及固体中传播时衰减较慢，且传播较远。超声波在空气中传播时频率较低，一般为几十千赫兹，而在固体、液体中则频率较高。利用超声波的特性，可做成各种超声波传感器，并配上不同的电路，可制成各种超声测量仪器及装置，它们广泛应用在通信、医疗、家电等领域。

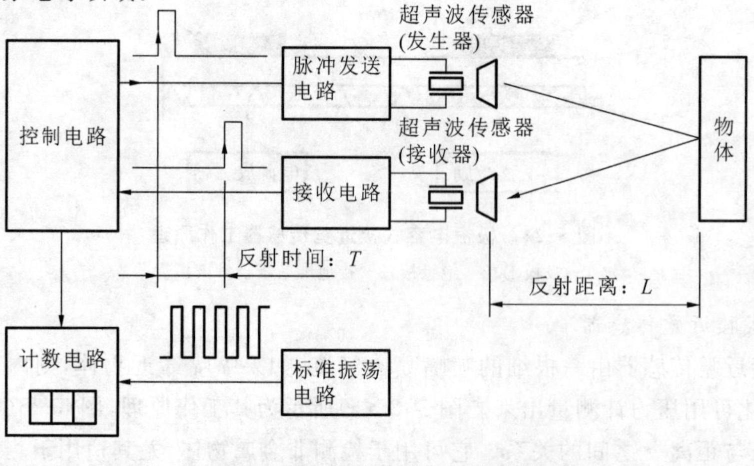

图 5-26 超声波传感器工作原理

超声波传感器(见图 5-27)的主要材料有压电晶体(电致伸缩)及镍铁铝合金(磁致伸缩)两类。压电晶体组成的超声波传感器是一种可逆传感器,它可以将电能转变成机械振荡而产生超声波,同时它接收到超声波时,也能将机械振荡转变成电能,所以它可分成发送器和接收器。有的超声波传感器既能作发送器,也能作接收器。

图 5-27 超声波传感器

超声波传感器由超声波发送器、超声波接收器、控制电路与电源部分组成。超声波发送器由激励电路和压电陶瓷换能器组成,换能器能够产生超声波,并定向发射。超声波接收器由压电陶瓷换能器与放大电路组成,压电陶瓷换能器接收到超声波后,产生机械振动,将其变换成电能,从而实现对发送的超声波的检测。实际使用中,用作超声波发送器的压电陶瓷器与超声波接收器压电陶瓷器的性能一样。控制电路部分主要对超声波发送器发出的脉冲频率、占空比、频率调制和计数,以及探测距离等进行控制。

(3) 超声波传感器的应用。

超声波传感器常用于移动机器人,比如服务机器人、巡逻机器人、物流机器人等,用来进行环境感知、测距、避障等。在无人机上使用超声波传感器,可测距、辅助悬停和着陆。图 5-28 所示是一款安装了超声波传感器的移动机器人,该超声波传感器用于测距和避障。

图 5-28 安装了超声波传感器的移动机器人

3. 机器人压觉传感器

压觉传感器实际是接触觉传感器的延伸,用来检测机器人手指握持面上承受的压力大小及分布情况。目前压觉传感器的研究重点在阵列型压觉传感器的制备和输出信号处理上。压觉传感器根据工作原理来分,有压阻型、光电型、压电型、压敏型等。

1) 压阻型压觉传感器

利用某些材料的内阻随压力变化而变化的压阻效应制成压阻器件，将其密集配置成阵列，即可检测压力的分布，如压敏导电橡胶和导电塑料等。图 5-29 所示为压阻型压觉传感器的基本结构。

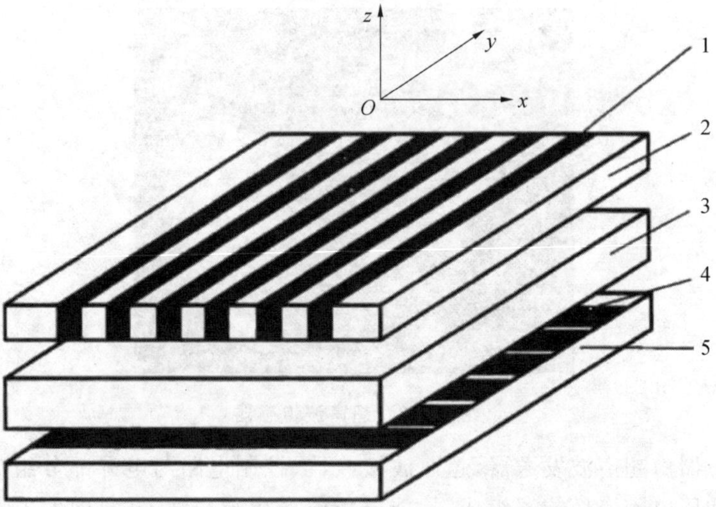

图 5-29 压阻型压觉传感器的基本结构

1—导电橡胶；2—硅橡胶；3—感压膜；4—条形电极；5—印制电路板

2) 光电型压觉传感器

图 5-30 所示为光电型阵列压觉传感器的结构示意图。当弹性触头受压时，触杆下伸，发光二极管射向光敏二极管的部分光线被遮挡，于是光敏二极管输出随压力变化而变化的电信号。通过多路模拟开关依次选通阵列中的感知单元，并经 A/D 转换器(analog to digital converter，模数转换器)转换为数字信号，即可感知物体的形状。

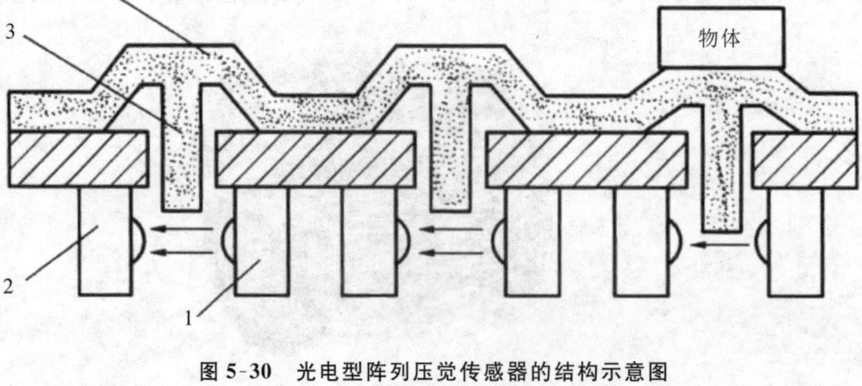

图 5-30 光电型阵列压觉传感器的结构示意图

1—发光二极管；2—光敏二极管；3—触杆；4—弹性触头

3) 压电型压觉传感器

利用压电晶体等压电效应器件，可制成类似于人类皮肤的压电薄膜来感知外界压力。其优点是耐腐蚀、频带宽和灵敏度高等，缺点是无直流响应、不能直接检测静态信号。

4) 压敏型压觉传感器

利用半导体力敏器件与信号调理电路可集成压敏型压觉传感器。其优点是体积小、成本低、便于与计算机连接，缺点是耐压负载差、不柔软。

4. 机器人滑觉传感器

机器人在抓取不知属性的物体时，其自身应能确定最佳握力的给定值。当握力不够时，要能检测被握紧物体的滑动，利用该检测信号，在不损坏物体的前提下，考虑最可靠的夹持方法，实现此功能的传感器称为滑觉传感器。滑觉传感器可以检测垂直于握持方向物体的位移、旋转、由重力引起的变形等，以便修正握力，防止抓取物的滑动。滑觉传感器主要用于检测物体接触面之间相对运动的大小和方向，判断是否握住物体，以及应该用多大的握力等。当机器人的手指夹住物体时，物体在垂直于握力方向的平面内移动，需要进行的操作有：抓住物体并将其举起；夹住物体并将其交给对方；手臂移动时加速或减速。

机器人的握力应满足物体既不产生滑动而握力又为最小临界握力。如果能在刚开始滑动便立即检测出物体和手指间产生的相对位移，且增加握力就能使滑动迅速停止，那么该物体就可用最小的临界握力抓住。

检测滑动的方法有以下几种：

① 根据滑动时产生的振动检测，如图 5-31(a)所示；

② 把滑动的位移变成转动，检测其角位移，如图 5-31(b)所示；

③ 根据滑动时手指与对象物体间动、静摩擦力来检测，如图 5-31(c)所示；

④ 根据手指压力分布的改变来检测，如图 5-31(d)所示。

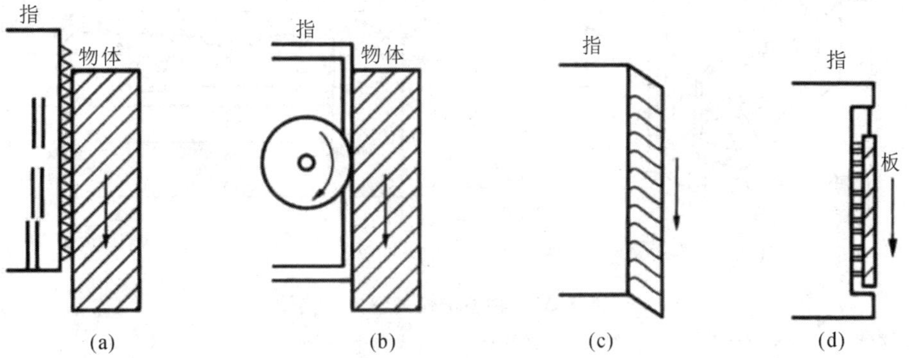

图 5-31　检测滑动的方法

1）测振式滑觉传感器

图 5-32 所示是一种测振式滑觉传感器。传感器尖端是一个直径为 0.05 mm 的钢球，测量时钢球与被测物体接触，被测物体的振动通过钢球、经过杆件传递给磁铁；磁铁振动会导致线圈中产生交变电流，即可获得与被测物体振动相应特点的测试信号。在传感器中设有阻尼橡胶圈和油阻尼器，以避免两次测量之间的干扰。

2）柱型滚轮式滑觉传感器

图 5-33 所示为一种柱型滚轮式滑觉传感器。滑轮安装在机器人手指上(见图 5-33(a))，其表面稍突出手指表面。滑轮表面贴有高摩擦系数的弹性物质，比如橡胶薄膜。用弹簧将滑轮固定，确保滑轮与物体紧密接触，并使滑轮不产生纵向位移。滑轮内部安装了圆盘光栅、发光二极管、光电三极管(见图 5-33(b))，当滚球转动时，圆盘光栅随之转动，光电三极管即可获得滚球的转动信号。

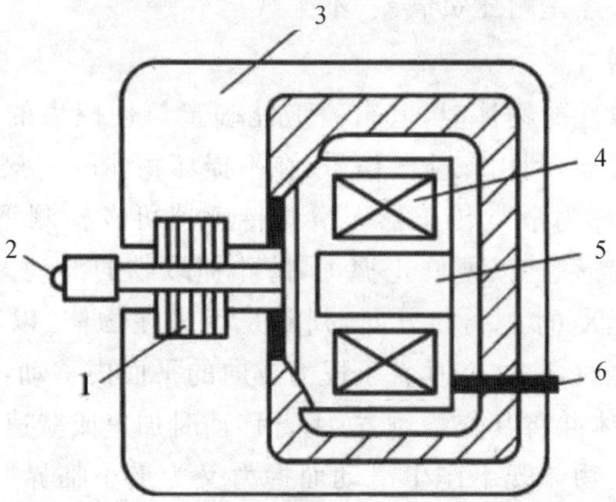

图 5-32 测振式滑觉传感器

1—阻尼橡胶圈；2—钢球；3—油阻尼器；4—线圈；5—磁铁；6—输出信号线

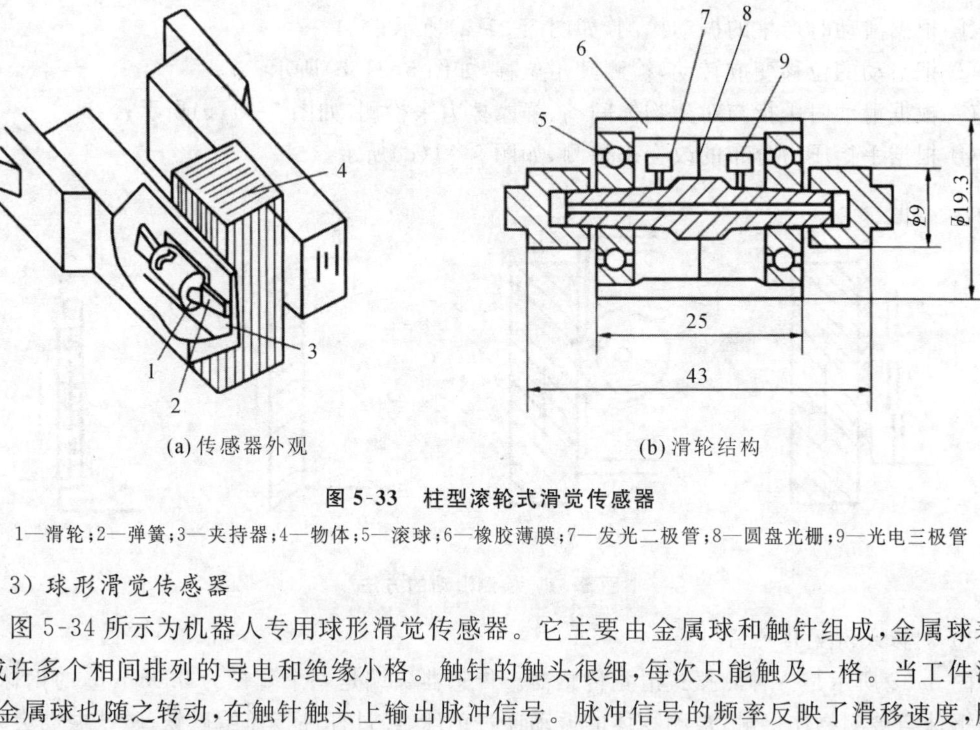

图 5-33 柱型滚轮式滑觉传感器

1—滑轮；2—弹簧；3—夹持器；4—物体；5—滚球；6—橡胶薄膜；7—发光二极管；8—圆盘光栅；9—光电三极管

3）球形滑觉传感器

图 5-34 所示为机器人专用球形滑觉传感器。它主要由金属球和触针组成，金属球表面分成许多个相间排列的导电和绝缘小格。触针的触头很细，每次只能触及一格。当工件滑动时，金属球也随之转动，在触针触头上输出脉冲信号。脉冲信号的频率反映了滑移速度，脉冲信号的个数对应滑移的距离。球面上的导电和绝缘小格的面积往往控制得很小，以提高检测分辨力。球与被握物体相接触，无论滑动方向如何，只要球一转动，传感器就会产生脉冲输出。该球体在冲击力作用下不转动，因此抗干扰能力强。

4）振动式滑觉传感器

滚轮式滑觉传感器只能检测一个方向的滑动；球形滑觉传感器用球代替滚轮，可以检测各个方向的滑动；振动式滑觉传感器和滚轮式滑觉传感器一样，也只能检测一个方向的滑动。振动式滑觉传感器工作原理为：表面伸出的触针能和物体接触，物体滚动时，触针与物体接触而产生振动，这个振动由压电传感器或磁场线圈结构的微小位移计检测。磁通量振动式滑觉传感器和光学振动式滑觉传感器的工作原理分别如图 5-35(a)、(b)所示。

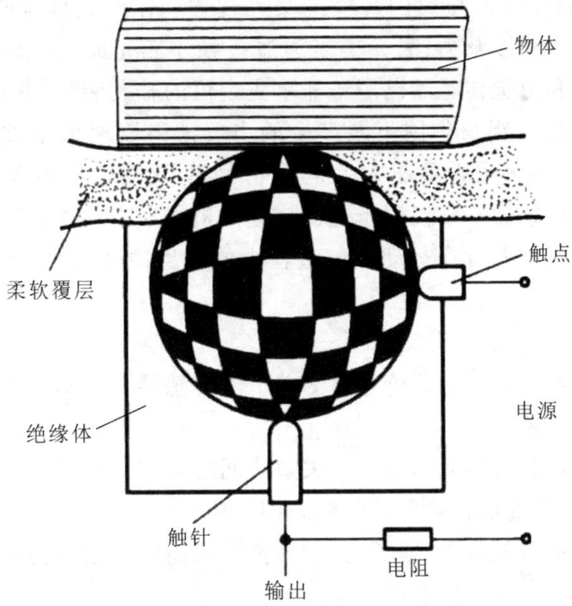

图 5-34　球形滑觉传感器

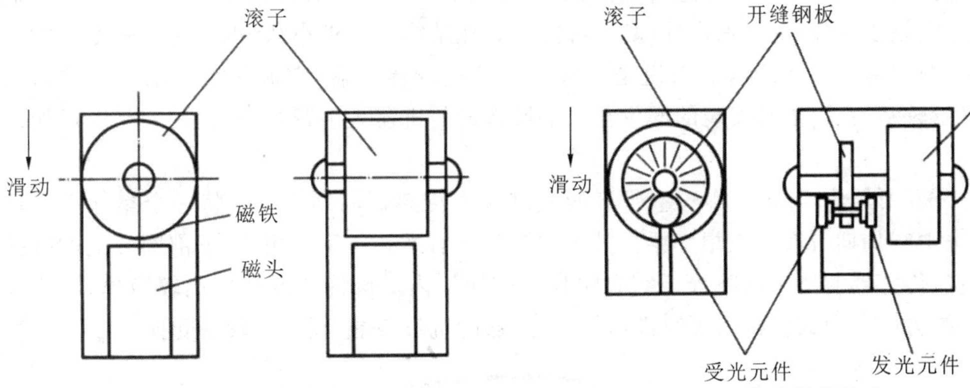

(a) 磁通量振动式　(b) 光学振动式

图 5-35　振动式滑觉传感器工作原理

从机器人对物体施加力的大小看，握持方式可分为以下三类。

(1) 刚力握持。机器人手指用一个固定的力，通常是用最大可能的力握持物体。

(2) 柔力握持。根据物体和工作目的不同，使用适当的力握持物体。握力可变或可自适应控制。

(3) 零力握持。可握住物体，但不用力，即只感觉到物体的存在。这种握持方式主要用于探测物体、探索路径、识别物体的形状等。

5. 机器人的力觉传感器

力觉是指对机器人的指、肢和关节等运动中所受力或力矩的感知。主要包括：腕力觉、关节力觉和支座力觉等，根据被测对象的负载，可以把力觉传感器分为测力传感器（单轴力传感器）、力矩表（单轴力矩传感器）、手指传感器（检测机器人手指作用力的超小型单轴力传感器）和六轴力觉传感器。

机器人作业是一个机器人与周围环境的交互过程。作业过程有两类:一类是非接触式的,如弧焊、喷漆等,基本不涉及力;另一类是通过接触才能完成的,如拧螺钉、点焊、装配、抛光、加工等。目前视觉和力觉传感器已用于非事先定位的轴孔装配,其中,视觉传感器完成大致的定位,装配过程靠孔的倒角作用不断产生的力反馈得以顺利完成。又如高楼清洁机器人,它在擦干净玻璃时,显然用力不能太大也不能太小,这要求机器人作业时具有力控制功能。当然,机器人力觉传感器不仅仅用于上面描述的机器人末端执行器与环境作用过程中发生的力测量,还可用于机器人自身运动控制过程中的力反馈测量、机器人手爪抓握物体时的握力测量等。

通常将机器人的力觉传感器分为以下三类。

(1)装在关节驱动器上的力觉传感器称为关节力传感器。它测量驱动器本身的输出力和力矩,用于控制中的力反馈。

(2)装在末端执行器和机器人最后一个关节之间的力觉传感器称为腕力传感器。腕力传感器能直接测出作用在末端执行器上的各向力和力矩。

(3)装在机器人手爪指关节上(或指上)的力觉传感器称为指力传感器。它用来测量夹持物体时的受力情况。

机器人的这三种力觉传感器依其不同的用途有不同的特点。关节力传感器用来测量关节的受力情况,信息量单一,传感器结构也较简单,是一种专用的力觉传感器。指力传感器一般测量范围较小,同时受手爪尺寸和质量的限制,在结构上要求小巧,也是一种较专用的力觉传感器。腕力传感器从结构上来说是一种相对复杂的传感器,它能获得手爪三个方向的受力,信息量较多,又由于其安装的部位在末端操作器与机器人手臂之间,比较容易形成通用化的产品。

图 5-36 所示为 Draper 实验室研制的六维腕力传感器的结构。它将一个整体金属环周壁铣成按 120°周向分布的三根细梁。其上部圆环上有螺孔与手臂相连,下部圆环上的螺孔与手爪连接,传感器的测量电路置于空心的弹性构架体内。该传感器结构比较简单,灵敏度较高,但六维力(力矩)的获得需要解耦运算,传感器的抗过载能力较差,较易受损。

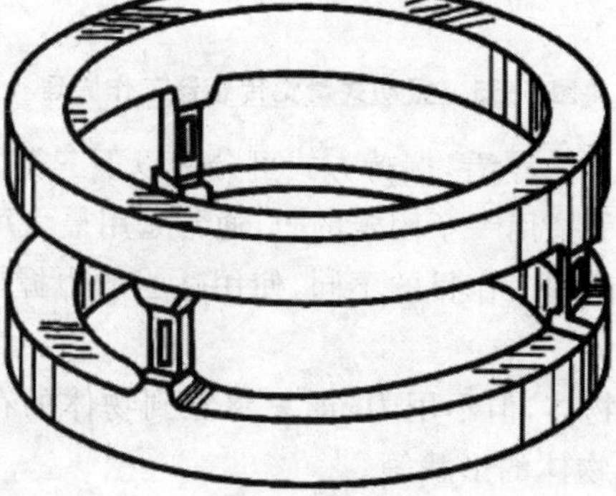

图 5-36 Draper 实验室研制的六维腕力传感器

图 5-37 所示为 SRI(Stanford Research Institute)研制的六维腕力传感器。图 5-37(a)所示是 SRI 腕力传感器结构简图,图 5-37(b)所示是 SRI 腕力传感器应变片连接方式。SRI 腕力传感器由一只直径为 75 mm 的铝管铣削而成,具有八根窄长的弹性梁,每一根梁的颈部开有小槽,使颈部只传递力,扭矩作用很小。

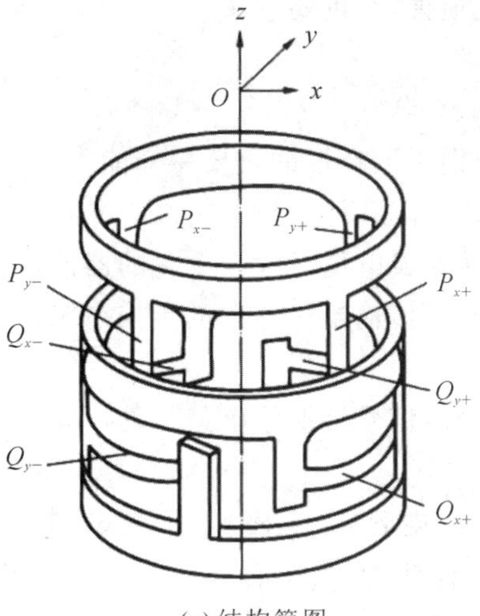

(a) 结构简图

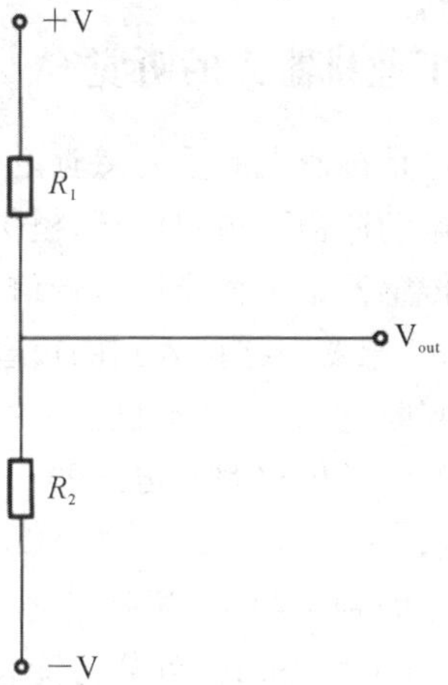

(b) 应变片连接方式

图 5-37　SRI 研制的六维腕力传感器

图 5-38 所示为一种非径向中心对称三梁腕力传感器，传感器的内圈和外圈分别固定于机器人的手臂和手爪上，力沿与内圈相切的三根梁进行传递。每根梁的上下、左右各贴一对应变片，这样，三根梁共粘贴六对应变片，分别组成六组半桥，对这六组电桥信号进行解耦，可得到六维力（力矩）的精确解。这种力觉传感器结构有较大的刚度，最先由卡内基梅隆大学（Carnegie Mellon University，CMU）提出。在我国，华中科技大学也曾对此结构的传感器进行过研究。

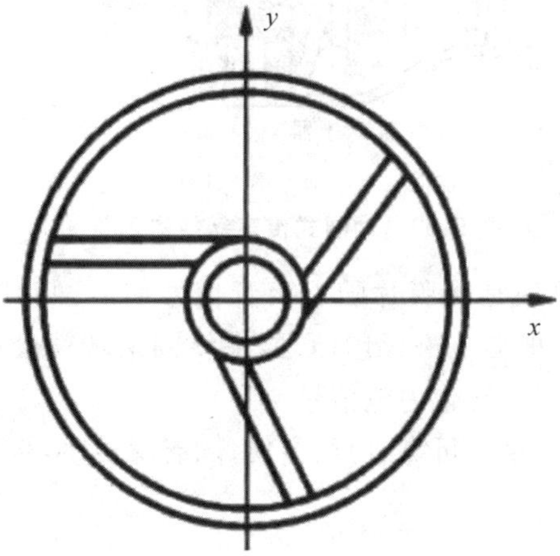

图 5-38　非径向中心对称三梁腕力传感器

力觉传感器根据力的检测方式不同，可以分为：

(1) 检测应变或应力的应变片式，应变片力觉传感器被机器人广泛采用；

(2) 利用压电效应的压电元件式；

(3) 用位移计测量负载产生的位移的差动变压器、电容位移计式。

在选用力觉传感器时，首先要特别注意额定值，其次在机器人通常的力控制中，力的精度意义不大，重要的是分辨率。

在机器人上实际安装使用力觉传感器时，一定要事先检查操作区域，清除障碍物。这对实验者的人身安全、对保证机器人及外围设备不受损害，有重要意义。

5.3.2 工业机器人的听觉

听觉也是机器人的重要感觉之一，是机器人识别周围环境的重要感知能力。听觉是指耳膜受外界振动冲击而感知信息，模仿人听觉的传感器称为听觉器。

听觉传感器是一种能把声音信号的大小变化转换成电信号大小变化的器件，当外部有声音的时候，传感器会把接收到的声音转化为电信号，并传输给机器人的主控系统，主控系统进行识别和判断，然后下令给机器人的操作系统。

常用的听觉传感器是传声器。传声器是一种将声信号转换为电信号的换能器件，俗称话筒、麦克风。

传声器的种类很多，按换能原理可分为动圈式、电容式、电磁式、压电式、半导体式传声器；按接收声波的方向性可分为无指向性和有方向性两种，其中有方向性传声器包括心形指向性、强指向性、双指向性等；按用途可分为立体声、近讲、无线等传声器。

1. 动圈式传声器

动圈式传声器是一种最常用的传声器，主要由振动膜片、音圈、永久磁铁和升压变压器等组成，其结构示意图如图 5-39 所示。在膜片的后面粘贴着一个由漆包线绕成的线圈，也叫音圈。在膜片的后面还安装了一个环形的永久磁铁，并将线圈套在永久磁体的一个极上，线圈的两端用引线引出。

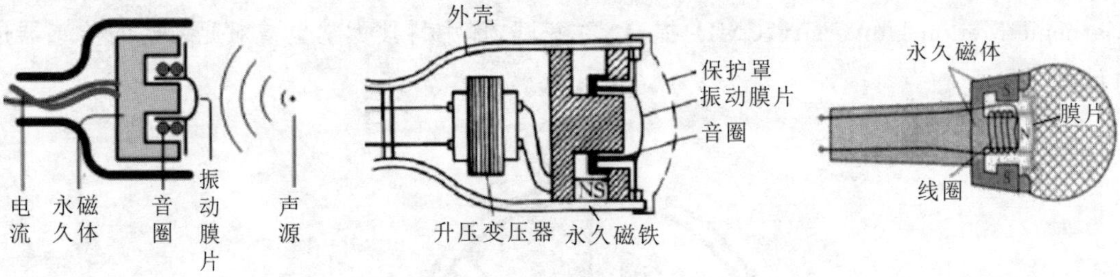

图 5-39 动圈式传声器结构示意图

动圈式传声器的工作原理是当膜片随着声音信号前后颤动时，将带动音圈在磁场中振动，音圈振荡式地切割磁场，根据电磁感应原理，在线圈两端就会产生感应音频电动势，从而完成了声电转换，即将声音信号转化为电信号。

动圈式传声器结构简单、稳定可靠、使用方便、固有噪声小，但其缺点是灵敏度较低、频率范围窄。

2. 电容式传声器

电容式传声器是靠电容量的变化工作的。电容式传声器采用超薄的镀金振动膜作为电容的一个极（薄膜电极），和其相隔零点几毫米，有另外一个固定电极，这样形成一个电容器，薄膜电极跟随声波振动而造成电容的容量变化，利用极间电容的变化，直接将振动膜的声音转换为电信号，其结构原理如图 5-40 所示。

与动圈式传声器相比，电容式传声器具有较高的灵敏度和更好的音质，且体积较小。

3. 声呐

声呐，主要应用于水下机器人，也可用于轮船、潜艇等。图 5-41 所示为一款装备了声呐的水下机器人。该机器人可用于海洋地形地貌的探测，或海底工程设施的观测及检查。

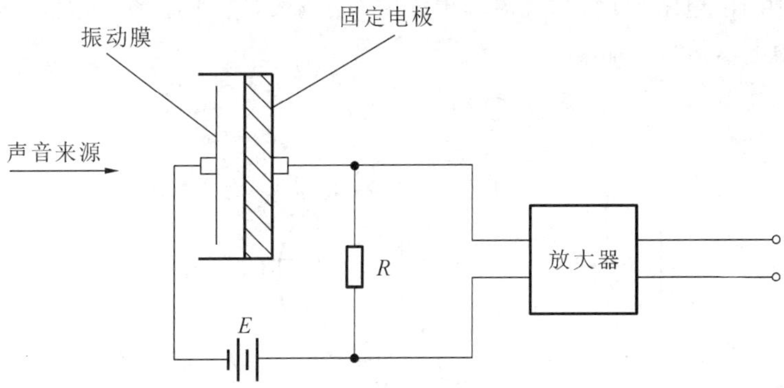

图 5-40　电容式传声器结构原理

图 5-41　装备了声呐的水下机器人

5.3.3　工业机器人的嗅觉

机器人的嗅觉系统在功能和结构上模拟人类和其他哺乳动物的嗅觉系统，用以完成气体或气味的定性、定量识别。机器人的嗅觉来自气敏传感器。气敏传感器也即嗅觉传感器，是能够感知环境中某种气体及其浓度的一种敏感器件，它将气体种类及其浓度有关的信息转换成电信号，机器人根据这些电信号的强弱便可获得与待测气体在环境中存在情况有关的信息。

气敏传感器是机器人的鼻子，能感知各种有毒气体，以及易燃和易爆气体，如：一氧化碳（CO）、汞蒸气、氢气（H_2）、氟利昂气体、液化石油气等。

气敏传感器工作原理可分为基于物理的和基于化学的，主要有半导体气敏传感器、接触燃烧式气敏传感器和电化学气敏传感器等。半导体气敏传感器应用最多，如一氧化碳气体的检测、瓦斯气体的检测、煤气的检测、氟利昂的检测、呼气中乙醇的检测、人体口腔口臭的检测等。

半导体气敏传感器是利用半导体气敏元件同气体接触，造成半导体性质发生变化的原理来检测特定气体的成分或者浓度的，可以分为电阻式和非电阻式。

实验研究发现，某些金属氧化物，如氧化锡（SnO_2）、氧化铁（Fe_2O_3）等，当其处于加热状态时，其电导率会因接触到某些气体分子而变化，或增大，或减小。图 5-42 所示为 SnO_2 气敏传感器的电路原理，其中，SnO_2 相当于气敏电阻 R_S。当 H_2 和 CO 等气体分子与加热的 SnO_2

接触时，气敏电阻 R_S 电阻值增大，气体分子浓度 G_{IN} 越大，电阻值 R_S 越大，于是，气体分子浓度信号可变换为电压信号 V_{OUT}。

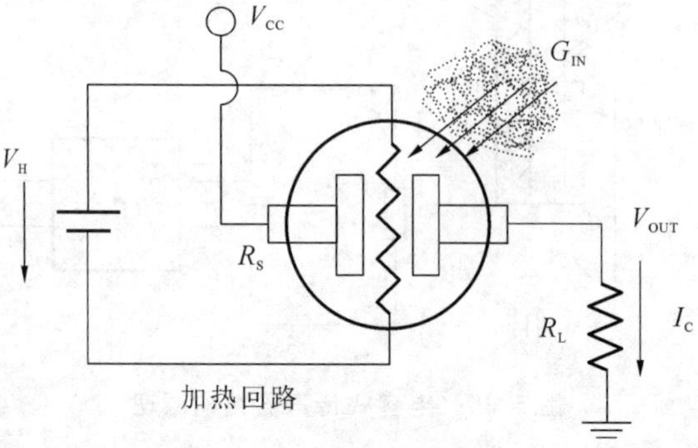

图 5-42 SnO_2 气敏传感器的电路原理

$$V_{OUT} = \frac{V_{CC} \times R_L}{R_S + R_L} \tag{5-12}$$

具有嗅觉的机器人可用于各种危险环境中监测异常情况，感知有害气体，例如：在采煤井下监测瓦斯，特别当煤矿发生瓦斯爆炸时，机器人能深入井下，报告井下瓦斯浓度，辅助搜救工作。

5.3.4 工业机器人的味觉

机器人的味觉来自液敏传感器。液敏传感器也即味觉传感器，是机器人的舌头，不仅能感知液体味道，还能测定液体的成分。

味觉传感器与嗅觉传感器的工作原理类似，均在于测定物质成分及其含量。嗅觉传感器测定气体成分，而味觉传感器测定液体成分。测定液体的成分并不难。然而，欲将液体成分及其含量的信息迅速地，或实时地，转变为电信号，并不是一件容易的事。

生物敏感膜是制造味觉传感器的一种重要材料。

味觉传感器的工作原理如图 5-43 所示：当脂质膜接触特定味道的液体时，高分子芯片就会敏感地快速地产生反应，实时地形成相应的电位差。

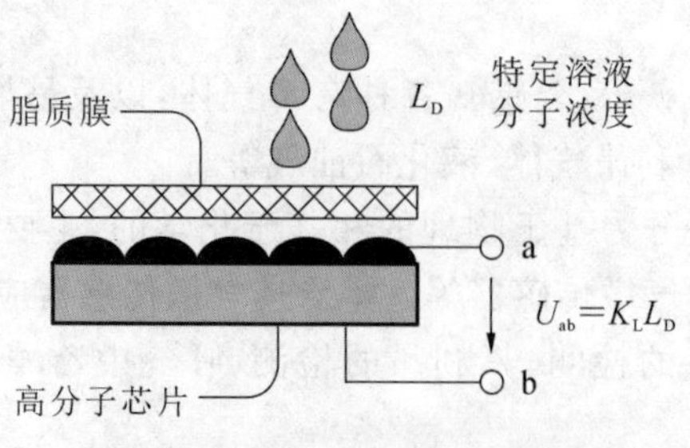

图 5-43 味觉传感器的工作原理

味觉传感器可用于水下机器人，特别是深海探测机器人。具有味觉的机器人，可下潜到深水湖底进行作业，可进入洞穴探测暗河，探测地下水源；也可用于食品工业流程，监控食品生产，测定饮料及其他食品的成分；同样也可用于化学工业过程，监控化工生产过程，测定生产过程中各种化学物质的成分等。

5.4　工业机器人视觉系统

人类从外界获得的信息，大多数都是通过眼睛得到的。有研究表明，视觉获得的感知信息占人对外界感知信息的 80%。人类视觉细胞数量的数量级大约为 10^8，是听觉细胞的 300 多倍，是皮肤感觉细胞的 100 多倍。

从 20 世纪 60 年代开始，人们着手研究机器人视觉系统。一开始，视觉系统只能识别平面上的类似积木的物体。到了 20 世纪 70 年代，视觉系统已经可以认识某些加工部件，也能认识室内的桌子、电话等物品了。当时的研究工作虽然进展很快，却无法用于实际，这是因为视觉系统的信息量极大，处理这些信息的硬件系统十分庞大，花费的时间也很长。

随着大规模、超大规模集成电路技术的发展，计算机内存的体积不断缩小，价格急剧下降，速度不断提高，视觉系统也因此走向了实用化。进入 20 世纪 80 年代后，由于微计算机的飞速发展，实用的视觉系统已经进入各个领域，其中用于机器人视觉系统的数量也很多。

机器人视觉与文字识别或图像识别的区别在于，机器人视觉系统一般需要处理三维图像，不仅需要了解物体的大小、形状，还要知道物体之间的关系，即要掌握机器人能够作业的空间感。为了实现这一目标，要克服很多困难，因为视觉传感器只能得到二维图像，那么从不同角度来看同一物体，就会得到不同的图像。光源的位置和强度不同，得到的图像的明暗程度与分布情况也不同；实际的物体虽然互不重叠，但是从某一个角度看，却能得到重叠的图像。为了解决这个问题，人们采取了很多措施，并在不断地研究新的方法。

视觉传感器具有检验面积大、目标位置准确、方向灵敏度高等特点，因此在工业机器人中应用广泛。表 5-2 所示为工业机器视觉系统的应用领域。

表 5-2　工业机器视觉系统的应用领域

应用领域	功　　能	图　　例
识别	检测一维码和二维码，对光学字符进行识别和确认	
检测	色彩和瑕疵检测、部件有无的检测，以及目标位置和方向的检测	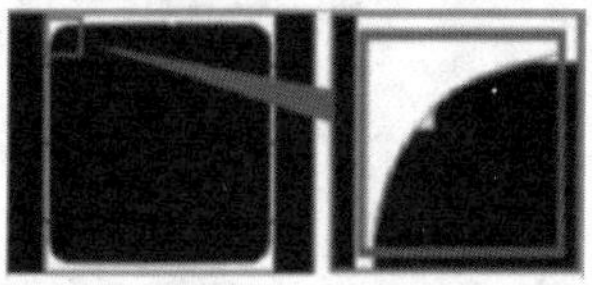
测量	尺寸和容量的测量，预设标记的测量，如：孔到孔位的距离	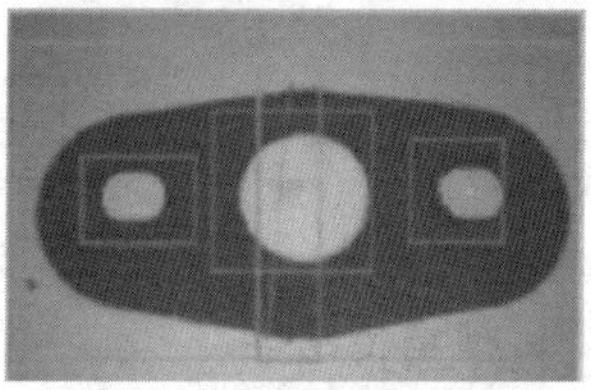

续表

应 用 领 域	功　能	图　例
引导	弧焊跟踪	
三维扫描	辅助 3D 打印	

5.4.1　视觉系统的组成

通常，为了减轻视觉系统的负担，人们总是尽可能地改善外部环境条件，对视角、照明、物体的放置方式作出某种限制，但更重要的还是加强视觉系统本身的功能和使用较好的信息处理方法。

视觉系统可以分为图像输入（获取）、图像处理、图像理解、图像存储和图像输出几个部分，如图 5-44 所示。实际系统可以根据需要选择其中的若干部件。

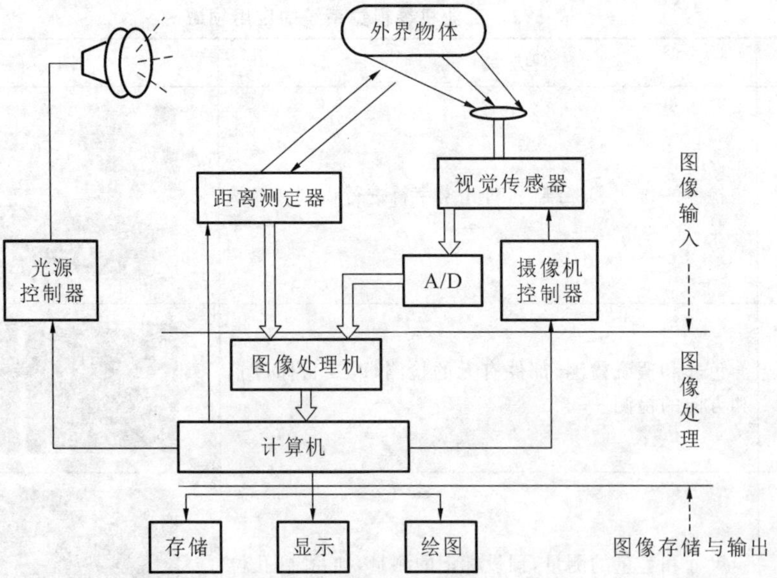

图 5-44　视觉系统的组成

1. 视觉传感器

视觉传感器是将景物的光信号转换成电信号的器件。大多数机器人视觉系统都不必通过胶卷等媒介物，而是直接把景物摄入。过去经常使用光导摄像管、电视摄像机等作为机器人的视觉传感器，近年来开发了 CCD(charge-coupled device，电荷耦合器件）和 MOS(metal-oxidesemiconductor，金属氧化物半导体）器件等组成的固体视觉传感器。固体视觉传感器又可以分为一维线性传感器和二维线性传感器，目前二维线性传感器所捕获图像的分辨率已经可以达到四千个像素以上。由于固体视觉传感器具有体积小、重量轻等优点，因此其应用日趋广泛。

由视觉传感器得到的电信号，经过 A/D 转换成数字信号，称为数字图像。一般地，一个画面可以分成 256 像素×256 像素、512 像素×512 像素或 1024 像素×1024 像素，像素的灰度可以用 4 位或 8 位二进制数来表示。一般情况下，这么大的信息量对机器人系统来说是足够的。要求比较高的场合，还可以通过彩色摄像系统或在黑白摄像管前面加上红、绿、蓝等滤光器得到颜色信息和较好的反差。

如果能在传感器的信息中加入景物各点与摄像管之间的距离信息，显然是很有用的。每个像素都含有距离信息的图像，称之为距离图像。目前，有人正在研究获得距离信息的各种办法，但至今还没有一种简单实用的装置。

2. 摄像机和光源控制

机器人的视觉系统直接把景物转化成图像输入信号，因此取景部分应当能根据具体情况自动调节光圈的焦点，以便得到一张容易处理的图像。为此，系统应能进行以下调整：

① 焦点能自动对准要看的物体；

② 根据光线强弱自动调节光圈；

③ 自动转动摄像机，使被摄物体位于视野中央；

④ 根据目标物体的颜色选择滤光器。

此外，还应能调节光源的方向和强度，使目标物体能够被看得更清楚。

3. 计算机

由视觉传感器得到的图像信息要由计算机存储和处理，然后计算机根据各种目的输出处理后的结果。20 世纪 80 年代以前，由于微计算机的内存量小，内存的价格高，因此往往另加一个图像存储器来储存图像数据。现在，随着技术的进步，除了某些大规模视觉系统之外，一般的视觉系统都使用微计算机或小型机。

除了通过显示器显示图形之外，还可以用打印机或绘图仪输出图像，且使用转换精度为 8 位的 A/D 转换器就可以了。但由于数据量大，要求转换速度快，目前已在使用 100 MB 以上的 8 位 A/D 转换芯片。

4. 图像处理机

一般计算机都是串行运算的，要处理二维图像很费时间。在要求较高的场合，可以设置一种专用的图像处理机，以便缩短计算时间。图像处理机只是对图像数据做了一些简单、重复的预处理，数据进入计算机后，还要进行各种运算。

5.4.2　机器人视觉技术的应用

机器人的视觉技术主要应用在以下三个方面。

（1）检测。

这一方面的应用包括用于提高生产效率，控制生产过程中的产品质量，采集产品数据等。工业机器视觉自动化设备可以代替人工不知疲倦地进行重复性工作。

（2）装配机器人（机械手）的视觉装置。

装配机器人（机械手）的视觉装置要求视觉系统必须能够识别传送带上所要装配的机械零件，确定该零件的空间位置；根据信息控制机械手的动作，实现准确装配；对机械零件进行检查，检查工件的完好性；测量工件的极限尺寸，检查工件的磨损等。此外，机械手还可以根据视觉装置的反馈信息进行自动焊接、喷漆和自动上下料等。

(3) 行走机器的视觉装置。

行走机器的视觉装置要求视觉系统能够识别室内或室外的景物，进行道路跟踪和自主导航，用于危险材料的搬运和野外作业等任务中。

下面以弧焊过程和装配过程为例，具体说明机器人视觉传感技术的应用。

1. 弧焊过程中焊枪对焊缝的自动对中

弧焊过程中，弧焊机器人的焊枪需保持一定的角度并始终指向焊缝，因此采用机器人视觉传感器来定位导引初始焊接位置、跟踪焊缝等，一般也称焊缝的自动对中。图 5-45 所示为具有视觉焊缝对中的弧焊机器人的系统结构。视觉传感器可直接安装在机器人末端执行器上，或通过支架安装在手腕处。焊接过程中，视觉传感器对焊缝进行扫描检测，获得焊前区焊缝的截面参数曲线，计算机根据该截面参数计算出末端执行器相对焊缝中心线的偏移量，然后发出位移修正指令，调整末端执行器直到偏移量为零为止。弧焊机器人装上视觉系统后给编程带来了方便，编程时只需严格按图样进行。在焊接过程中产生的焊缝变形、装卡及传动系统的误差均可由视觉系统自动检测并加以补偿。

图 5-46 所示为用视觉技术实现机器人弧焊工作焊缝的自动跟踪原理。

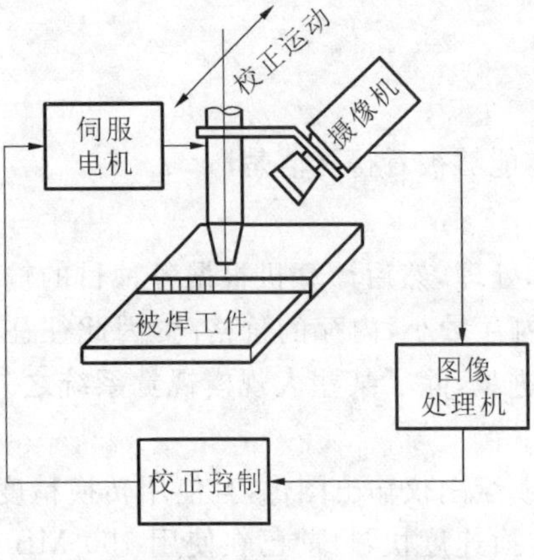

图 5-45 具有视觉焊缝对中的弧焊机器人的系统结构

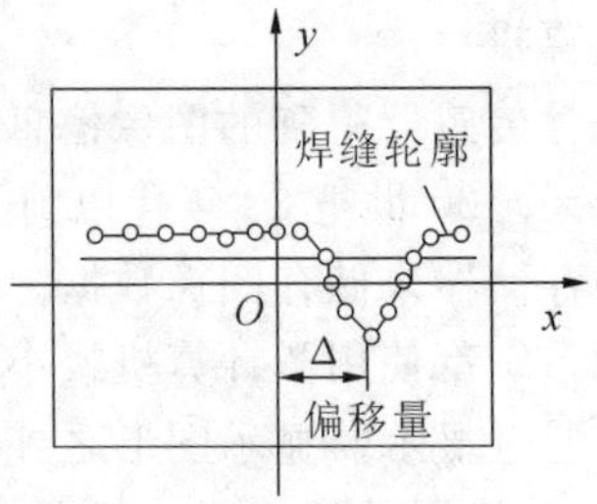

图 5-46 实现机器人弧焊工作焊缝的自动跟踪原理

2. 装配作业中的应用

图 5-47 所示为一个吸尘器自动装配实验系统，它由 2 台关节机器人和 7 台图像传感器组成。组装的吸尘器部件包括底盘、气泵和过滤器等，都自由堆放在右侧备料区，该区上方装设三台图像传感器(α、β、γ)，用以分辨物料的种类和方位。机器人的前部为装配区，这里有 4 台图像传感器 A、B、C 和 D，用来对装配过程进行监控。使用这套系统装配一台吸尘器只需2 min。

3. 机器人非接触式检测

在机器人腕部配置视觉传感器，可用于对异形零件进行非接触式测量，如图 5-48 所示。这种测量方法除了能完成常规的空间几何形状、形体相对位置的检测外，如配上超声、激光、X 射线探测装置，则还可进行零件内部的缺陷探伤、表面涂层厚度测量等作业。

4. 利用视觉的自主机器人系统

日本日立中央研究所研制的具有自主控制功能的智能机器人，可以用来完成按图装配产品的作业，图 5-49 所示为其工作示意图。它的两个视觉传感器作为机器人的眼睛，一个用于观察装配图纸，并通过计算机来理解图中零件的立体形状及装配关系；另一个用于从实际工

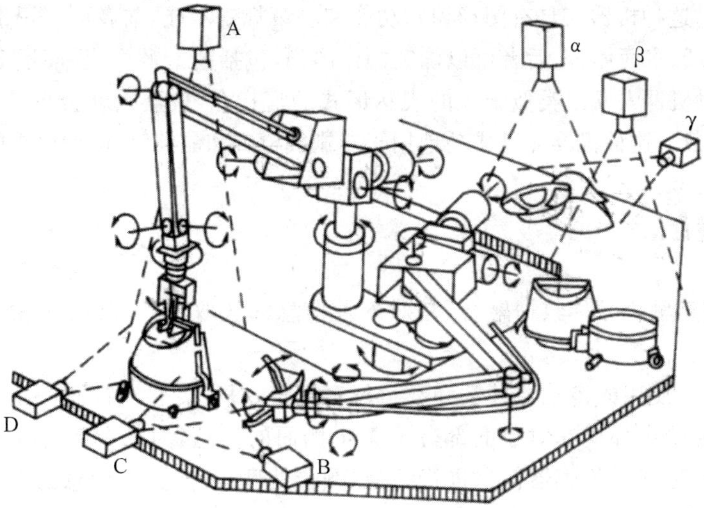

图 5-47　吸尘器自动装配实验系统

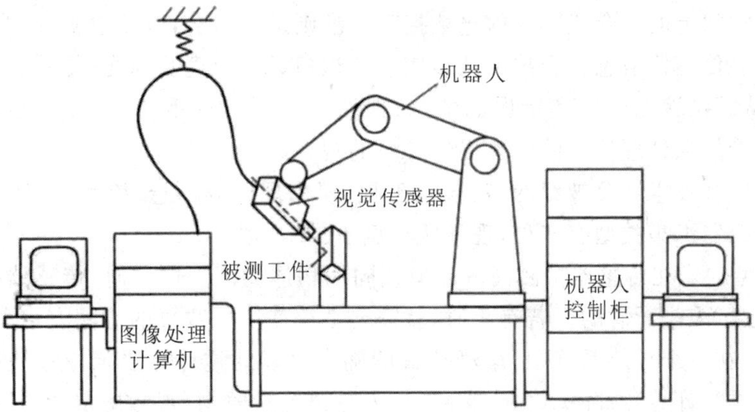

图 5-48　具有视觉系统的机器人进行非接触式测量的应用场景

作环境中识别出装配所需的零件，并对其形状、位置、姿态等进行识别。此外，多关节机器人还带有触觉。利用这些传感器信息，机器人可以确定装配顺序和装配方法，逐步将零件装成与图纸相符的产品。

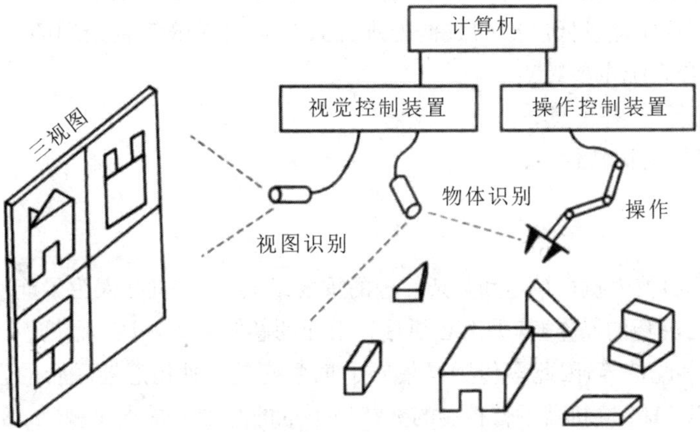

图 5-49　日立具有自主控制功能的智能机器人工作示意图

从功能上看，这种机器人具有图形识别功能和决策规划功能，前者可以识别一定的命令（如宏指令）、装配图纸、多面体等；后者可以确定操作序列，包括装配顺序、手部运动轨迹、抓取位置等。这样，只要对机器人发出类似于人的表达形式的宏指令，机器人就会自动考虑执行这些指令的具体工作细节。这种机器人已成功地用于印刷板检查和晶体管、电动机等的装配工作。

5.5 传感器融合

多传感器信息融合又称数据融合，是对多种信息的获取、表示其内在联系并进行综合处理和优化的技术。

机器人系统中使用的传感器种类和数量越来越多，每种传感器都有一定的使用条件和感知范围，并且又能给出环境或对象的部分或整个侧面的信息，为了有效地利用这些传感器信息，需要采用某种形式对传感器信息进行综合、融合处理，不同类型信息的多种形式的处理系统就是传感器融合。

多传感器信息融合技术是通过对这些传感器及其观测信息的合理支配和使用，把多个传感器在时间和空间上的冗余或互补信息依据某种准则进行组合，以获取被观测对象的一致性解释或描述。多传感器信息融合技术从多信息的视角进行处理及综合，得到各种信息的内在联系和规律，从而剔除无用的和错误的信息，保留正确的和有用的成分，最终实现信息的优化。它也为智能信息处理技术的研究提供了新的观念。

传感器的融合技术涉及神经网络、知识工程、模糊理论等信息、检测、控制领域的新理论和新方法。传感器汇集类型有多种，现举两种例子。

(1) 竞争型的。在传感器检测同一环境或同一物体的同一性质时，传感器提供的数据可能是一致的，也可能是矛盾的。若有矛盾，就需要系统裁决。裁决的方法有多种，如加权平均法、决策法等。在一个导航系统中，车辆位置的确定可以通过计算法定位系统（利用速度、方向等记录数据进行计算）或陆标（如交叉路口、人行道等参照物）观测确定。若陆标观测成功，则用陆标观测的结果，并对计算法的值进行修正，否则利用计算法所得的结果。

(2) 互补型的。传感器提供不同形式的数据。例如，识别三维物体的任务就说明这种类型的融合。利用彩色摄像机和激光测距仪确定一段阶梯道路，彩色摄像机提供图像（如颜色、特征），而激光测距仪提供距离信息，两者融合即可获得三维信息。

多传感与单传感的比较：多传感器数据融合系统可更大程度获取被探测目标和环境的信息量；单传感器信号处理或低层次的数据处理方式只是对人脑信息处理的一种低水平模仿。

多传感器融合系统主要特点：

① 提供了冗余、互补信息；

② 信息分层的结构特性；

③ 实时性；

④ 低代价性。

机器人手爪是机器人执行精巧和复杂任务的重要组成部分，机器人为了能够在存在着不确定因素的环境下进行灵巧的操作，其手爪必须具有很强的感知能力，以实现快速、准确、柔顺地触摸、抓取、操作工件或装配件等，因此多传感器集成手爪系统是一种传感器融合的常见应用。美国的 Luo 和 Lin 在由 PUMA560 机器手臂控制的夹持型手爪的基础上提出了视觉、接近觉、触觉、位置、力/力矩及滑觉等多传感器集成手爪。Luo 和 Lin 开发的多传感器集成手爪系统如图 5-50 所示。

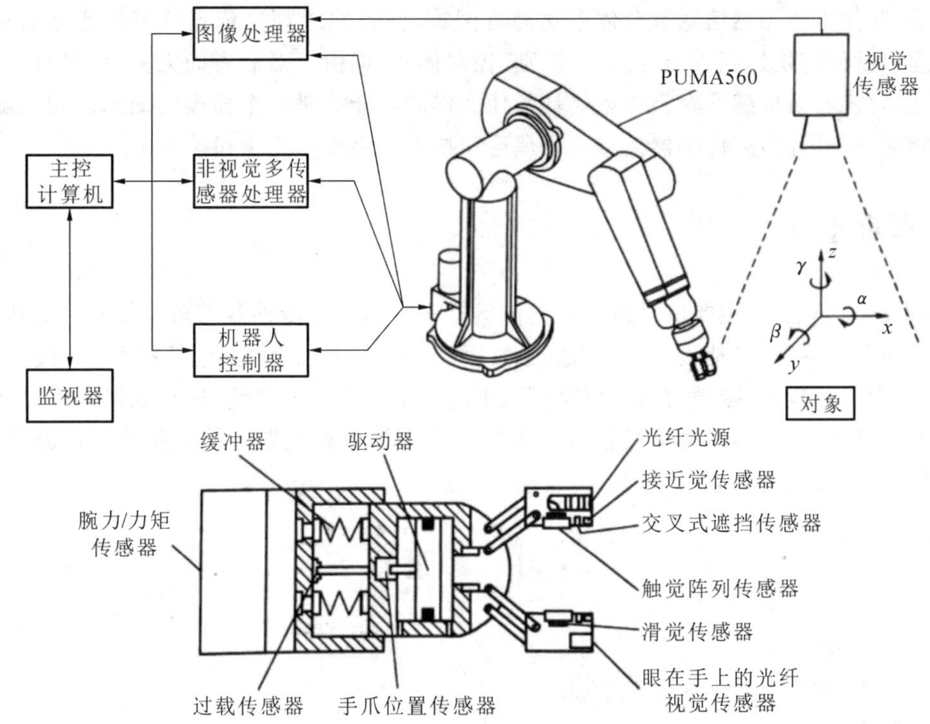

图 5-50　多传感器集成手爪系统

多传感器信息融合装配系统主要由末端执行器(手爪)、CCD 视觉传感器、超声波传感器、柔性腕力传感器及相应的信号处理单元等构成。CCD 视觉传感器安装在末端执行器(手爪)上,构成了手眼视觉;超声波传感器的接收和发送探头固定在机器人末端执行器(手爪)上,由 CCD 视觉传感器获取待识别和抓取物体的二维图像,并引导超声波传感器获取深度信息;柔性腕力传感器安装于机器人的腕部。

多传感器集成手爪信息的数据融合(见图 5-51)步骤包括:①采集多传感器的原始数据,采用 Fisher 模型进行局部估计;②对统一格式的传感器数据进行比较,发现可能存在误差的传感器,进行置信距离测试,建立距离矩阵和相关矩阵,最后得到最接近的一致的传感器数据,并用图形表示;③运用贝叶斯(Bayes)模型进行全局估计(最佳估计),融合多传感器数据,同时对其他不确定的传感器数据进行误差检测,修正传感器的误差。

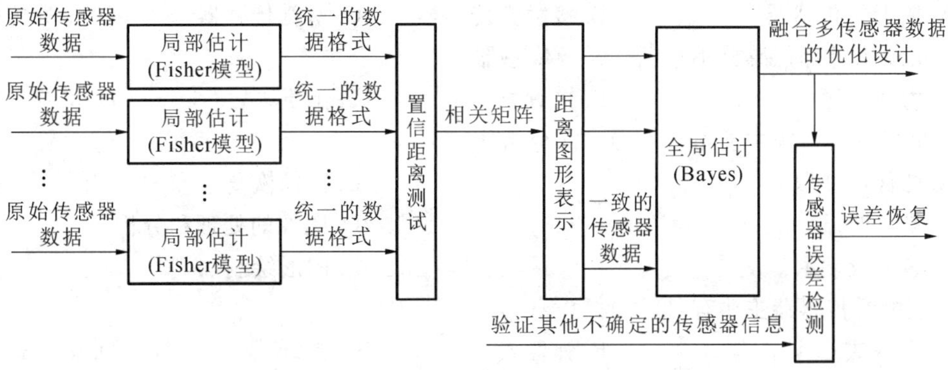

图 5-51　多传感器集成手爪信息的数据融合过程

目前，要使多传感器信息融合体系化尚有困难，而且缺乏理论依据。多传感器信息融合技术的理想目标应是达到人类的感觉、识别、控制体系，但由于对后者尚无一个明确的工程学的阐述，因此机器人传感器融合体系要具备什么样的功能尚是一个模糊的概念。相信随着机器人智能水平的提高，多传感器信息融合理论和技术将会逐步完善和系统化。

5.6 本章小结

机器人的感知能力主要依靠机器人的传感器来实现。内传感器感知机器人自身状况，如关节位置和角位移、关节速度和加速度、姿态；外部传感器，如触觉（包括接触觉、接近觉、压觉、滑觉和力觉）、嗅觉、味觉、视觉等传感器，主要用来感知外界环境，以获取机器人动作所必需的外部信息；GPS 确定机器人的位置。本章要求掌握各种机器人传感器的工作原理、典型应用，以及传感器的创新应用。

习　题

5.1 填空题

1. 机器人传感器主要包括机器人________、________、________、________、________、________等传感器。

2. 工业机器人所要完成的任务不同，配置的传感器类型和规格也不相同，一般分为________、________。

3. 工业机器人的视觉系统可以分为________、________、________、图像存储和________几个部分。

4. 机器人触觉可分成________、________、________、________和力觉五种。

5. 接触觉传感器主要有：________、________和光纤式等。

6. 接近觉传感器可分为 5 种：________、________、________、________和超声波式。

7. 压觉传感器的类型很多，如________、光电型、________、________、压磁型、光纤型等。

8. 机器人的力觉传感器分为________、________、指力传感器三类。

5.2 选择题

1. 用于检测物体接触面之间相对运动大小和方向的传感器是（　　）。

A. 接近觉传感器　　B. 接触觉传感器　　C. 滑觉传感器　　D. 压觉传感器

2. 机器人外部传感器不包括（　　）传感器。

A. 力或力矩　　B. 接近觉　　C. 触觉　　D. 位置

3. 机器视觉系统主要由（　　）三部分组成。

A. 图像的获取　　B. 图像恢复

C. 图像增强　　D. 图像的处理和分析

E. 输出或显示　　F. 图形绘制

4. 接触觉传感器主要有（　　）。

A. 机械式　　B. 弹性式　　C. 光纤式　　D. 感应式

5. 工业机器人的视觉系统可以分为（　　）。

A. 图像输入　　B. 图像处理

C. 图像理解　　D. 图像存储

E. 图像输出

6. 接近觉传感器可分为(　　)。

A. 电磁式　　B. 光电式

C. 静电容式　　D. 气压式

E. 超声波式　　F. 红外线式

5.3　判断题

1. 视觉传感器是将景物的光信号转换成电信号的器件。(　　)

2. 图像输入部分通常由CCD固体摄像机、镜头和胶卷组成。(　　)

3. 摄像机对景物取景时没必要手动调节光圈的焦点。(　　)

4. 位置传感器主要采用测速发电机。(　　)

5. 接近觉传感器是指机器人手接近对象物体的距离几米远时,就能检测出对象物体表面的距离、斜度和表面状态的传感器。(　　)

5.4　简答题

1. 机器人的视觉系统是如何工作的?它都应用在哪些方面?

2. 工业机器人触觉系统在工作中的主要作用是什么?

3. 工业机器人压觉传感器的主要作用是什么?

4. 什么是机器人的力觉?它分为哪几类?

第 6 章　工业机器人的轨迹规划与控制

6.1　轨迹规划

工业机器人轨迹规划属于机器人低层次规划，基本上不涉及人工智能问题，是在机械手运动学和动力学的基础上，讨论在关节空间或笛卡儿空间中工业机器人运动的轨迹规划和轨迹生成方法。轨迹关系到机械手在运动过程中的位移、速度和加速度。而工业机器人的轨迹规划是根据作业任务的要求（作业规划），对机器人末端操作器在工作过程中位姿变化的路径、取向及其变化速度和加速度进行人为设定。首先要对机器人的任务、运动路径和轨迹进行描述。其次，进行编程。轨迹规划器可使编程过程简化，只要求用户输入有关路径和轨迹的若干约束及简单描述，而复杂的细节问题则由规划器解决。例如，用户只需给出手部的目标位置和姿态（简称位姿）即可，规划器会确定到该目标的路径点、持续时间、运动速度等轨迹参数，并在计算机内部描述所要求的轨迹，即选择习惯规定及合理的软件数据结构。最后，对内部描述的轨迹，实时计算机器人运动的位移、速度和加速度，生成运动轨迹。

6.1.1　轨迹规划的概念及目标

通常将机械手的运动看作工具坐标系$\{T\}$相对于工作坐标系$\{S\}$的运动。这种描述方法既适用于各种机械手，也适用于同一机械手上装夹的各种工具。对于移动工作台（例如传送带），这种方法同样适用。这时，工作坐标系$\{S\}$的位姿随时间而变化。

对抓放作业（如用于上、下料）的机器人，需要描述它的起始状态和目标状态，即工具坐标系的起始值 $\boldsymbol{T}_0$ 和目标值 $\boldsymbol{T}_g$，此时机器人的运动称为点到点（point-to point，PTP）运动。在此，用点来表示工具坐标系的位姿，例如起始点和终止点等。

对于另外一些作业，如弧焊和曲面加工等，不仅要规定机械手的起始点和终止点，而且要指明两点之间的若干中间点（称路径点），必须沿特定的路径运动（路径约束）。这类运动称为连续路径（continuous path，CP）运动或轮廓运动。

在规划机器人的运动轨迹时，还需要弄清楚在其路径上是否存在障碍物（障碍约束）。路径约束和障碍约束的组合把机器人的轨迹规划与控制方式划分为四类，如表 6-1 所示。本章主要讨论连续路径的无障碍的轨迹规划方法。

表 6-1　机器人的轨迹规划与控制方式分类

路径约束	障碍约束	
	有	无
有	离线无碰撞路径规划＋在线路径跟踪	位置控制＋在线障碍探测和避障
无	位置控制＋在线障碍探测和避障	位置控制

轨迹规划器可形象地看作一个黑箱(见图 6-1),其输入包括路径的设定和约束,输出的是机械手末端手部的位姿序列,表示手部在各离散时刻的中间形位。

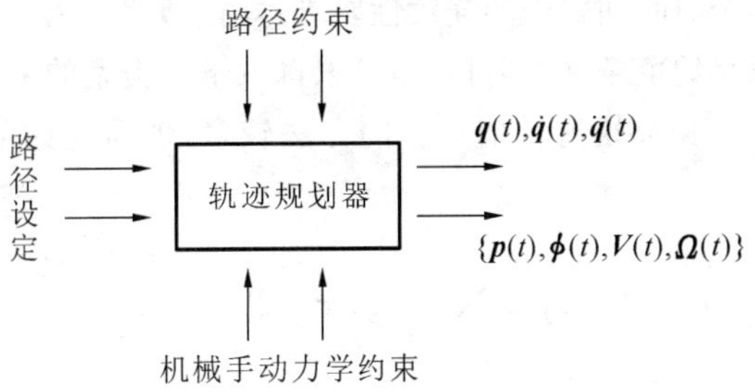

图 6-1　轨迹规划器框图

机械手最常用的轨迹规划方法有两种。第一种方法要求用户对选定的轨迹节点(插值点)上的位姿、速度和加速度给出一组显式约束(例如关于连续性和光滑程度等的约束),轨迹规划器从一类函数(例如 n 次多项式)中选取参数化轨迹,对节点进行插值,并满足约束条件。第二种方法要求用户给出运动路径(如直角坐标空间中的直线路径)的解析式,轨迹规划器在关节空间或直角坐标空间中确定一条轨迹来逼近预定的路径。

在第一种方法中,约束的设定和轨迹规划均在关节空间进行。由于对机械手末端(直角坐标形位)没有施加任何约束,用户很难弄清机械手末端的实际路径,因此可能会发生机械手末端与障碍物相碰的情况。

第二种方法的路径约束是在直角坐标空间中给定的,而关节驱动器是在关节空间中受控的,因此,为了得到与给定路径十分接近的轨迹,首先必须采用以某种函数逼近的方法将直角坐标路径约束转化为关节坐标路径约束,然后确定满足关节路径约束的参数化路径。

轨迹规划既可在关节空间也可在直角坐标空间中进行,但是所规划的轨迹函数都必须连续和平滑,使得操作臂的运动平稳。在关节空间进行规划时,是将关节变量表示成时间的函数,并规划它的一阶和二阶时间导数;在直角坐标空间中进行规划是指将手部位姿、速度和加速度表示为时间的函数,而相应的关节位移、速度和加速度由手部的信息导出。通常通过运动学反解得出关节位移,用逆雅可比矩阵求出关节速度,用逆雅可比矩阵及其导数求解关节加速度。

用户根据作业给出各个路径节点后,规划器的任务包含:解变换方程、进行运动学反解和插值运算等;在关节空间进行规划时,大量工作是对关节变量的插值运算。下面讨论关节轨迹的插值计算。

6.1.2　关节轨迹的插值计算

机械手运动路径点(节点)一般用工具坐标系$\{T\}$相对于工作坐标系$\{S\}$的位姿来表示。为了在关节空间形成所求轨迹,首先用运动学反解方法将路径点转换成关节矢量角度值,然后对每个关节拟合一个光滑函数,使其从起始点开始,依次通过所有路径点,最后到达终止点。对于每一段路径,各个关节运动时间均相同,这样保证所有关节同时到达路径点和终止点,从而得到工具坐标系$\{\boldsymbol{T}\}$应有的位置和姿态。尽管每个关节在同一段路径中的运动时间相同,但各个关节函数之间却是相互独立的。

关节空间法是以关节角度的函数描述机器人轨迹的。关节空间法不必在直角坐标空间中描述两个路径点之间的路径形状,计算简单、容易。此外,由于关节空间与直角坐标空间之间并不是连续的对应关系,因此不会发生机构的奇异性问题。

在关节空间中进行轨迹规划,需要给定机器人在起始点和终止点手部的位形。对关节进行插值时,应满足一系列的约束条件,例如:初始点(抓取物体)、提升点(提升物体)、下放点(放下物体)和停止点等节点上的位姿、速度和加速度的要求;与此相应的各个关节位移、速度、加速度在整个时间间隔内的连续性要求；其极值必须在各个关节变量的容许范围之内的要求；等等。在满足约束条件的前提下，可以选取不同类型的关节插值函数，生成不同的轨迹。

关节轨迹插值计算的方法较多，现简述如下。

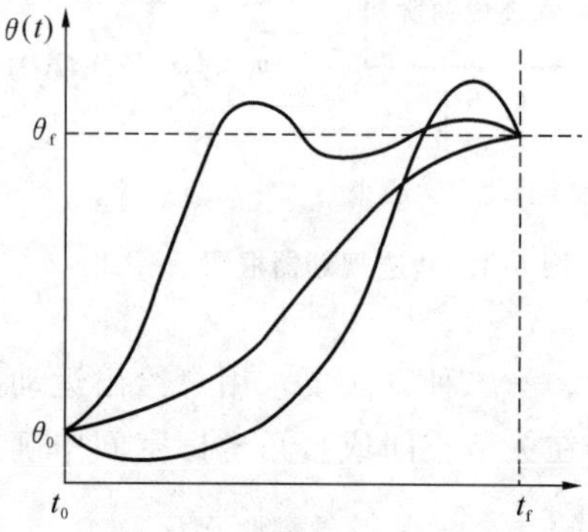

图 6-2　单个关节的不同轨迹曲线

1. 三次多项式插值

在机械手运动过程中，由于相应于起始点的关节角度 θ_0 是已知的，而终止点的关节角 θ_f 可以通过运动学方法反解得到，因此，运动轨迹的描述，可用起始点关节角度与终止点关节角度的一个平滑插值函数 $\theta(t)$ 来表示，在 $t=0$ 时刻的值是起始点关节角度 θ_0，在终端时刻 t_f 的值是终止点关节角度 θ_f。显然，有许多平滑函数可作为关节插值函数，如图 6-2 所示。

为了实现单个关节的平稳运动，轨迹函数 $\theta(t)$ 至少需要满足四个约束条件，其中两个约束条件是对起始点和终止点关节角度的约束：

$$\begin{cases}\theta(0)=\theta_0\\ \theta(t_f)=\theta_f\end{cases} \tag{6-1}$$

为了满足关节运动速度的连续性要求，还有两个约束，即对起始点和终止点关节速度的要求。在当前情况下，规定

$$\begin{cases}\dot{\theta}(0)=\theta_0\\ \dot{\theta}(t_f)=0\end{cases} \tag{6-2}$$

上述四个边界约束条件（式(6-1)和式(6-2)）唯一地确定了一个三次多项式：

$$\theta(t)=a_0+a_1t+a_2t^2+a_3t^3 \tag{6-3}$$

运动轨迹上的关节速度和加速度则为

$$\begin{cases}\dot{\theta}(t)=a_1+2a_2t+3a_3t^2\\ \ddot{\theta}(t)=2a_2+6a_3t\end{cases} \tag{6-4}$$

对于式(6-3)和式(6-4)，代入相应的约束条件得到有关系数 a_0，a_1，a_2 和 a_3 的四个线性方程：

$$\begin{cases}\theta_0=a_0\\ \theta_f=a_0+a_1t_f+a_2t_f^2+a_3t_f^3\\ 0=a_1\\ 0=a_1+2a_2t_f+3a_3t_f^2\end{cases} \tag{6-5}$$

求解此方程组可得

$$\begin{cases}a_0=\theta_0\\ a_1=0\\ a_2=\dfrac{3}{t_f^2}(\theta_f-\theta_0)\\ a_3=-\dfrac{2}{t_f^3}(\theta_f-\theta_0)\end{cases} \tag{6-6}$$

这组解只适用于起始点关节速度和终止点关节速度为零的运动情况。对于其他情况，后

面另行讨论。

2. 过路径点的三次多项式插值

一般情况下，要求规划过路径点的轨迹。如果机械手在路径点停留，则可直接使用前面三次多项式插值的方法；如果只是经过路径点并不停留，则需要推广上述方法。实际上，可以把所有路径点也看作起始点或终止点，用求解逆运动学的方法得到相应的关节矢量值。然后确定所要求的三次多项式插值函数，把路径点平滑地连接起来。但是，这些起始点和终止点的关节运动速度不再是零。

路径点上的关节速度可以根据需要设定，这样一来，确定三次多项式系数的方法与前面所述的完全相同，只是速度约束条件（式(6-2)）变为

$$\begin{cases}\dot{\theta}(0)=\dot{\theta}_0\\ \dot{\theta}(t_f)=\dot{\theta}_f\end{cases}\tag{6-7}$$

确定三次多项式的四个方程为

$$\begin{cases}\theta_0=a_0\\ \theta_f=a_0+a_1t_f+a_2t_f^2+a_3t_f^3\\ \dot{\theta}_0=a_1\\ \dot{\theta}_f=a_1+2a_2t_f+3a_3t_f^2\end{cases}\tag{6-8}$$

求解方程组(6-8)，即可求得三次多项式的系数

$$\begin{cases}a_0=\theta_0\\ a_1=\dot{\theta}_0\\ a_2=\dfrac{3}{t_f^2}(\theta_f-\theta_0)-\dfrac{2}{t_f}\dot{\theta}_0-\dfrac{1}{t_f}\dot{\theta}_f\\ a_3=-\dfrac{2}{t_f^3}(\theta_f-\theta_0)+\dfrac{1}{t_f^2}(\dot{\theta}+\dot{\theta}_f)\end{cases}\tag{6-9}$$

实际上，由式(6-9)确定的三次多项式描述了起始点和终止点具有任意给定位置和速度约束条件的运动轨迹，是式(6-6)的推广。剩下的问题就是如何确定路径点上的关节速度。解决方法有以下三种：

(1) 根据工具坐标系在直角坐标空间中的瞬时线速度和角速度来确定每个路径点的关节速度；

(2) 在直角坐标空间或关节空间中采用适当的启发式方法，由控制系统自动地选择路径点的速度；

(3) 为了保证每个路径点上的加速度连续，由控制系统自动地选择路径点的速度。

3. 高阶多项式插值

如果对运动轨迹的要求更为严格，约束条件增多，那么三次多项式就不能满足需要，必须用更高阶的多项式对运动轨迹的路径段进行插值。例如，对某段路径的起始点和终止点都规定了关节的位置、速度和加速度，则要用一个五次多项式进行插值，即

$$\theta(t)=a_0+a_1t+a_2t^2+a_3t^3+a_4t^4+a_5t^5\tag{6-10}$$

多项式的系数 $a_0,a_1,\cdots,a_5$ 必须满足6个约束条件：

$$\begin{cases}\theta_0 = a_0\\ \theta_f = a_0 + a_1 t_f + a_2 t_f^2 + a_3 t_f^3 + a_4 t_f^4 + a_5 t_f^5\\ \dot{\theta}_0 = a_1\\ \dot{\theta}_f = a_1 + 2a_2 t_f + 3a_3 t_f^2 + 4a_4 t_f^3 + 5a_5 t_f^4\\ \ddot{\theta}_0 = 2a_2\\ \ddot{\theta}_f = 2a_2 + 6a_3 t_f + 12a_4 t_f^2 + 20a_5 t_f^3\end{cases} \tag{6-11}$$

这个线性方程组含有 6 个未知数和 6 个方程，其解为

$$\begin{cases}a_0 = \theta_0\\ a_1 = \dot{\theta}_0\\ a_2 = \dfrac{\ddot{\theta}_0}{2}\\ a_3 = \dfrac{20\theta_f - 20\theta_0 - (8\dot{\theta}_f + 12\dot{\theta}_0)t_f - (3\ddot{\theta}_0 - \ddot{\theta}_f)t_f^2}{2t_f^3}\\ a_4 = \dfrac{30\theta_0 - 20\theta_f - (14\dot{\theta}_f + 16\dot{\theta}_0)t_f + (3\ddot{\theta}_0 - 2\ddot{\theta}_f)t_f^2}{2t_f^3}\\ a_5 = \dfrac{12\theta_f - 12\theta_0 - (6\dot{\theta}_f + 6\dot{\theta}_0)t_f - (\ddot{\theta}_0 - \ddot{\theta}_f)t_f^2}{2t_f^5}\end{cases} \tag{6-12}$$

4. 用抛物线过渡的线性函数插值

对于给定的起始点和终止点的关节角度，也可以选择线性函数插值来表示路径的形状。值得指出的是，这样做，尽管每个关节都作匀速运动，但是手部的运动轨迹一般不是直线。

显然，单纯线性函数插值将导致在节点处关节运动速度不连续，加速度无限大。为了生成一条位移和速度都连续的平滑运动轨迹，在使用线性函数插值时，在每个节点的邻域内增加一段抛物线形缓冲区段。由于抛物线对时间的二阶导数为常数，即相应区段内的加速度恒定不变，这样可保证节点的速度平滑过渡，不致在节点处产生跳跃，从而使整个轨迹上的位移和速度都连续。线性函数与两段抛物线函数平滑地衔接在一起形成的轨迹称为带有抛物线过渡域的线性轨迹，如图 6-3(a)所示。

为了构造这段运动轨迹，假设两端的过渡域（抛物线）具有相同的持续时间，因而在这两个域中采用大小相同而符号相反的恒加速度。正如图 6-3(b)所示，存在多个解，得到的轨迹不是唯一的。但是，每个结果都对称于时间中点 t_h 和位置中点 θ_h。另外，图 6-3 中，θ_f 为终止点的关节角，t_f 为终端时刻，θ_0 为起始关节角，t_b 为过渡域上限。

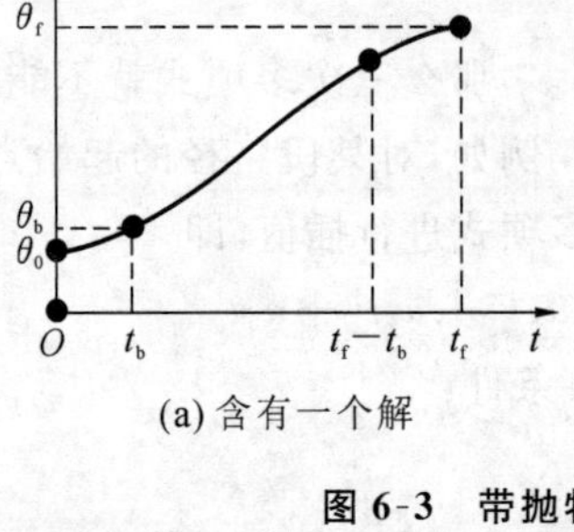

(a) 含有一个解

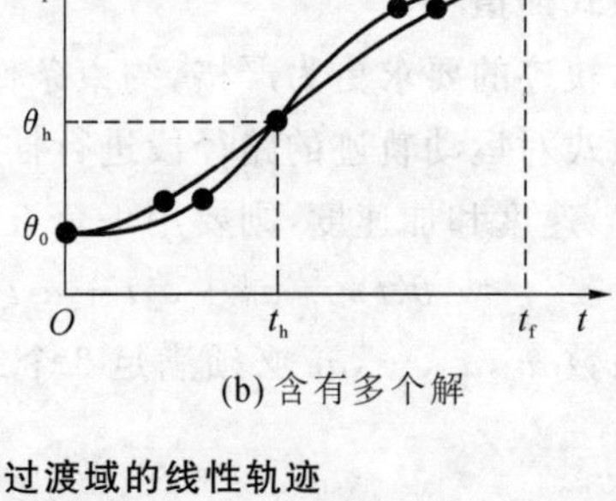

(b) 含有多个解

图 6-3 带抛物线过渡域的线性轨迹

由于过渡域$[t_0,t_b]$终点的速度必须等于线性域的速度，所以

$$\ddot{\theta}_{t_b} = \frac{\theta_h - \theta_b}{t_h - t_b} \tag{6-13}$$

式中：θ_b——过渡域终点 t_b 处的关节角度；

$\ddot{\theta}$——过渡域内的加速度。θ_b 的值可按下式解得

$$\theta_b = \theta_0 + \frac{1}{2}\ddot{\theta}t_b^2 \tag{6-14}$$

设关节从起始点到终止点的总运动时间为 t_f，则 $t_f=2t_h$，并注意到

$$\theta_h = \frac{1}{2}(\theta_0 - \theta_f) \tag{6-15}$$

则由式(6-13)至式(6-15)得

$$\ddot{\theta}t_b^2 - \ddot{\theta}t_f t_b + \theta_f - \theta_0 = 0 \tag{6-16}$$

这样，对于任意给定的 θ_f，θ_0 和 t_h，可以按式(6-16)选择相应的 $\ddot{\theta}$ 和 t_b，得到相应的路径曲线。通常的做法是先选择加速度 $\ddot{\theta}$ 的值，然后按式(6-16)求出相应的 t_b，为

$$t_b = \frac{t_f}{2} - \frac{\sqrt{\ddot{\theta}t_f^2 - 4\ddot{\theta}(\theta_f - \ddot{\theta}_0)}}{2\ddot{\theta}} \tag{6-17}$$

由式(6-17)可知，为保证 t_b 有解，过渡域加速度值 $\ddot{\theta}$ 必须选得足够大，即

$$\ddot{\theta} \geqslant \frac{4(\theta_f - \theta_0)}{t_f^2} \tag{6-18}$$

当式(6-18)中的等号成立时，线性域的长度缩减为零，整个路径段由两个过渡域组成，这两个过渡域在衔接处的斜率(关节速度)相等。当加速度的取值越来越大时，过渡域的长度会越来越短。如果加速度选为无限大，路径又回复到简单的线性函数插值情况。

5. 过路径点的用抛物线过渡的线性函数插值

如图 6-4 所示，某个关节在运动中设有 n 个路径点，其中三个相邻的路径点表示为 j，k 和 l，每两个相邻的路径点之间都以线性函数轨迹相连，而所有路径点附近则由抛物线过渡。

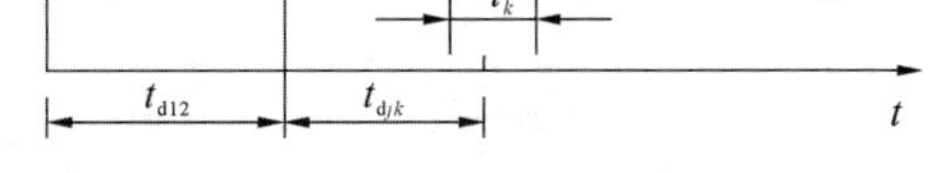

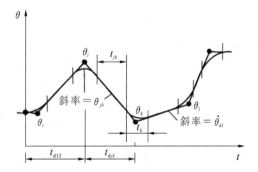

图 6-4　多段带有抛物线过渡的线性函数插值轨迹

在图 6-4 中，在 k 点的过渡域的持续时间为 t_k；点 j 和点 k 之间线性域的持续时间为 t_{jk}；连接 j 与 k 点的路径段的全部持续时间为 t_{djk}。另外，j 与 k 点之间的线性域速度为$\dot{\theta}_{jk}$，j 点过渡域的加速度为$\ddot{\theta}_j$。现在的问题是在含有路径点的情况下，如何确定带有抛物线过渡域的线性轨迹。

与上述用抛物线过渡的线性函数插值相同，这个问题有许多解，每一个解对应一个选取的速度值。给定任意路径点的位置 θ_k、持续时间 t_{djk}，以及加速度的绝对值$|\ddot{\theta}_k|$，可以计算出过渡域的持续时间 t_k。对于那些内部路径段($j,k\neq1,2$；$j,k\neq n-1$)，各路径点的时间、速度、加速度根据下列方程求解：

$$\begin{cases}\dot{\theta}_{jk}=\dfrac{\theta_k-\theta_j}{t_{\mathrm{d}jk}}\\ \ddot{\theta}_k=\mathrm{sgn}(\dot{\theta}_{kl}-\dot{\theta}_{jk})\,|\ddot{\theta}_k|\\ t_k=\dfrac{\ddot{\theta}_{kl}-\ddot{\theta}_{jk}}{\ddot{\theta}_k}\\ t_{jk}=t_{\mathrm{d}jk}-\dfrac{1}{2}t_j-\dfrac{1}{2}t_k\end{cases}\tag{6-19}$$

第一个路径段和最后一个路径段的处理与式(6-19)略有不同，因为轨迹端部的整个过渡域的持续时间都必须计入这一路径段内。对于第一个路径段，令线性域速度的两个表达式相等，就可求出 t_1：

$$\frac{\theta_2-\theta_1}{t_{\mathrm{d}12}-\dfrac{1}{2}t_1}=\ddot{\theta}_1 t_1\tag{6-20}$$

用式(6-20)算出起始点过渡域的持续时间 t_1 之后，进而求出 $\dot{\theta}_{12}$ 和 t_{12}：

$$\begin{cases}\dot{\theta}_{12}=\dfrac{\theta_2-\theta_1}{t_{\mathrm{d}12}-\dfrac{1}{2}t_1}\\ \ddot{\theta}=\mathrm{sgn}(\dot{\theta}_2-\dot{\theta}_1)\,|\ddot{\theta}_1|\\ t_1=t_{\mathrm{d}12}-\sqrt{t_{\mathrm{d}12}^2-\dfrac{2(\theta_2-\theta_1)}{\ddot{\theta}}}\\ t_{12}=t_{\mathrm{d}12}-t_1-\dfrac{1}{2}t_2\end{cases}\tag{6-21}$$

对于最后一个路径段，路径点 $n-1$ 与终止点 n 之间的参数与第一个路径段相似，即

$$\frac{\theta_{n-1}-\theta_n}{t_{\mathrm{d}(n-1)n}-\dfrac{1}{2}t_n}=\ddot{\theta}_n t_n\tag{6-22}$$

根据式(6-22)即可求出：

$$\begin{cases}\dot{\theta}_{(n-1)n}=\dfrac{\theta_{n-1}-\theta_n}{t_{\mathrm{d}(n-1)n}-\dfrac{1}{2}t_n}\\ \ddot{\theta}_n=\mathrm{sgn}(\dot{\theta}_{n-1}-\dot{\theta}_n)\,|\ddot{\theta}_n|\\ t_n=t_{\mathrm{d}(n-1)n}-\sqrt{t_{\mathrm{d}(n-1)n}^2+\dfrac{2(\theta_n-\theta_{n-1})}{\ddot{\theta}_n}}\\ t_{(n-1)n}=t_{\mathrm{d}(n-1)n}-t_n-\dfrac{1}{2}t_{n-1}\end{cases}\tag{6-23}$$

式(6-19)至式(6-23)可用来求出多段轨迹中各个过渡域的时间和速度。通常用户只需给定路径点，以及各个路径段的持续时间。在这种情况下，系统使用各个关节的隐含加速度值。有时，为简便起见，系统还可按隐含速度值来计算持续时间。对于各段的过渡域，加速度值应取得足够大，以使各路径段有足够长的线性域。

值得注意的是，多段用抛物线过渡的直线样条函数一般并不经过那些路径点，除非在这些路径点处运动停止。若选取的加速度足够大，则实际路径将与理想路径点十分靠近。如果

要求机器人途经某个节点，那么将轨迹分成两段，把该节点作为前一段的终止点和后一段的起始点即可。

6.1.3　笛卡儿轨迹规划

在这种轨迹规划系统中，作业是用机械手终端位姿的笛卡儿坐标节点序列规定的。因此，节点指的是表示机械手终端位姿（位置和姿态）的齐次变换矩阵。

1. 物体对象的描述

利用第3章有关物体空间的描述方法，任一刚体相对参考系的位姿是用与它固接的坐标系来描述的。相对于固接坐标系，物体上任一点用相应的位置矢量 $\boldsymbol{p}$ 表示，任一方向用方向余弦表示。给出物体的几何图形及固接坐标系后，只要规定固接坐标系的位姿，即可重构该物体。

例如，图6-5所示的螺栓，其轴线与固接坐标系的 z 轴重合。螺栓头部直径为32 mm，其中心取为坐标原点，螺栓长80 mm，螺栓杆直径为20 mm，则可根据固接坐标系的位姿重构螺栓在空间（相对于参考坐标系）的位姿和几何形状。

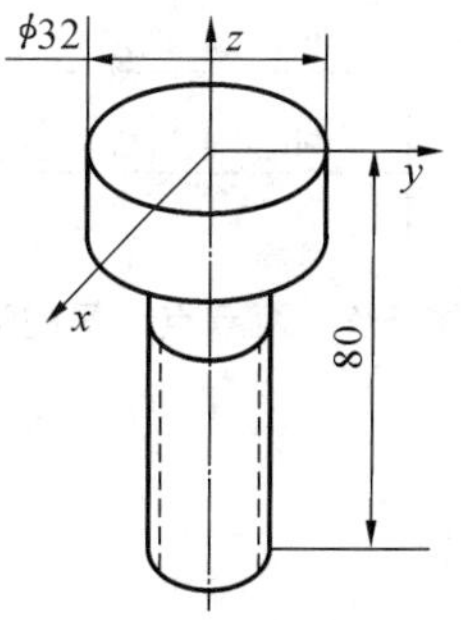

图6-5　对象的描述

2. 作业的描述

作业和机械手的运动可用手部位姿节点序列来规定，每个节点由工具坐标系相对于作业坐标系的齐次变换矩阵来描述。相应的关节变量可用运动学反解程序计算。

例如，要求机器人按直线运动，把螺栓从槽中取出并放入托架的一个孔中，如图6-6所示。

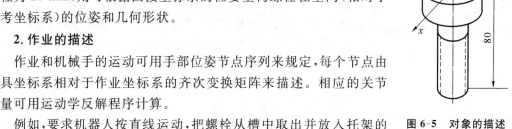

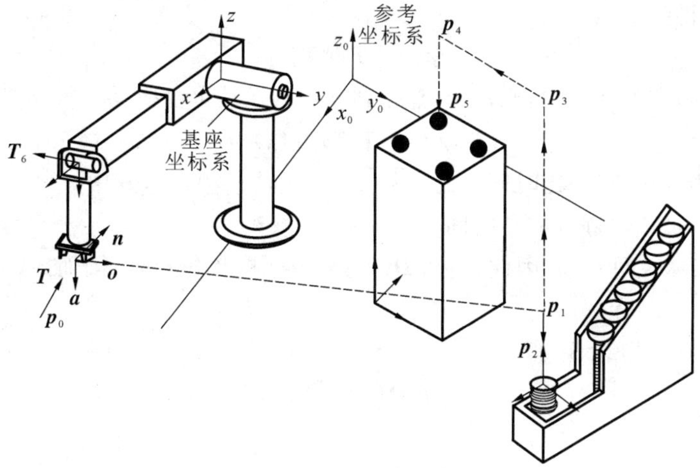

图6-6　作业的描述

用符号表示沿直线运动的各节点的位姿，使机器人能沿虚线运动并完成作业。令 $\boldsymbol{p}_i$（$i=0,1,2,3,4,5$）为夹手必须经过的直角坐标节点。参照这些节点的位姿将作业描述为如表6-2所示的手部的一连串运动和动作。

表 6-2 手部对螺栓的抓取和插入过程

节点	$\boldsymbol{p}_0$	$\boldsymbol{p}_1$	$\boldsymbol{p}_2$	$\boldsymbol{p}_2$	$\boldsymbol{p}_3$	$\boldsymbol{p}_4$	$\boldsymbol{p}_5$	$\boldsymbol{p}_5$	$\boldsymbol{p}$
运动	INIT	MOVE	MOVE	MOVE	MOVE	MOVE	MOVE	RELEASE	MOVE
目标	原始	接近螺栓	到达	抓住	提升	接近托架	放入孔中	松夹	移开

每一节点 $\boldsymbol{p}_i$ 对应一个变换方程，从而解出相应的机械手的变换矩阵 ${}^0\boldsymbol{T}_6$。由此得到作业描述的基本结构：作业节点 $\boldsymbol{p}_i$ 对应机械手变换矩阵 ${}^0\boldsymbol{T}_6$，从一个节点变换到另一个节点通过机械手运动实现。

3. 两个节点之间的"直线"运动

机械手在完成作业时，夹手的位姿可用一系列节点 $\boldsymbol{p}_i$ 来表示。因此，在直角坐标空间中进行轨迹规划的首要问题是，如何在分别由两节点 $\boldsymbol{p}_i$ 和 $\boldsymbol{p}_{i+1}$ 所定义的路径起点和终点之间，生成一系列中间点。两节点之间最简单的运动是在空间的直线移动和绕某定轴的转动。若运动时间给定，则可以产生一个使线速度和角速度受控的运动。如图 6-7 所示，要生成从节点 $\boldsymbol{p}_0$（原位）运动到 $\boldsymbol{p}_i$（接近螺栓）的轨迹。更一般地，从节点 $\boldsymbol{p}_i$ 到下一节点 $\boldsymbol{p}_{i+1}$ 的运动可表示为从

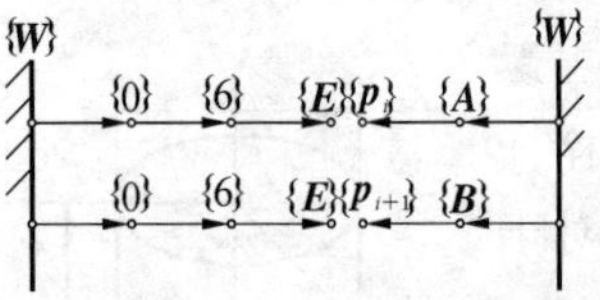

图 6-7 两节点之间的运动变换

$$ {}^0\boldsymbol{T}_6 = {}^0\boldsymbol{T}_B\, {}^B\boldsymbol{p}_i\, {}^6\boldsymbol{T}_E^{-1} \tag{6-24}$$

到

$$ {}^0\boldsymbol{T}_6 = {}^0\boldsymbol{T}_B\, {}^B\boldsymbol{p}_{i+1}\, {}^6\boldsymbol{T}_E^{-1} \tag{6-25}$$

的运动。其中，${}^6\boldsymbol{T}_E$ 是工具坐标系$\{T\}$相对末端连杆系$\{6\}$的变换。${}^B\boldsymbol{p}_i$ 和 ${}^B\boldsymbol{p}_{i+1}$ 分别为两节点 $\boldsymbol{p}_i$ 和 $\boldsymbol{p}_{i+1}$ 相对坐标系$\{B\}$的齐次变换。如果起始点 $\boldsymbol{p}_i$ 是相对于另一坐标系$\{A\}$描述的，那么可通过变换过程得到

$$ {}^B\boldsymbol{p}_i = {}^0\boldsymbol{T}_B^{-1}\, {}^0\boldsymbol{T}_A\, {}^A\boldsymbol{p}_i \tag{6-26}$$

基于式(6-24)和式(6-25)，则从节点 $\boldsymbol{p}_i$ 到 $\boldsymbol{p}_{i+1}$ 的运动可由驱动变换函数 $\boldsymbol{D}(\lambda)$来表示：

$$ {}^0\boldsymbol{T}_6(\lambda) = {}^0\boldsymbol{T}_B\, {}^B\boldsymbol{p}_i \boldsymbol{D}(\lambda)\, {}^6\boldsymbol{T}_E^{-1} \tag{6-27}$$

式中：驱动变换 $\boldsymbol{D}(\lambda)$是归一化时间 λ 的函数；$\lambda=t/T$，$\lambda\in[0,1]$，其中 t 为自运动开始算起的实际时间，T 为走过该轨迹段的总时间。

在节点 $\boldsymbol{p}$，实际时间 $t=0$，因此 $\lambda=0$，$\boldsymbol{D}(0)$是 4×4 的单位矩阵，因而式(6-27)与式(6-24)相同。

在节点 $\boldsymbol{p}_{i+1}$，$t=T$，$\lambda=1$，有

$$ {}^B\boldsymbol{p}_i \boldsymbol{D}(1) = {}^B\boldsymbol{p}_{i+1} $$

因此得

$$ \boldsymbol{D}(1) = {}^B\boldsymbol{p}_i^{-1}\, {}^B\boldsymbol{p}_{i+1} \tag{6-28}$$

可将工具（机器人末端）从一个节点 $\boldsymbol{p}_i$ 到下一节点 $\boldsymbol{p}_{i+1}$ 的运动看成和机器人末端固接的坐标系的运动。在第 3 章中，规定手部坐标系的三个坐标轴用 $\boldsymbol{n}$，$\boldsymbol{o}$ 和 $\boldsymbol{a}$ 表示，坐标原点用 $\boldsymbol{p}$ 表示。因此，节点 $\boldsymbol{p}_i$ 和 $\boldsymbol{p}_{i+1}$ 相对于目标坐标系$\{\boldsymbol{B}\}$的描述可用相应的齐次变换矩阵来表示，即

$$
{}^{B}\boldsymbol{p}_i=\begin{bmatrix}\boldsymbol{n}_i & \boldsymbol{o}_i & \boldsymbol{a}_i & \boldsymbol{p}_i\\0&0&0&0\end{bmatrix}=\begin{bmatrix}n_{ix}&o_{ix}&a_{ix}&p_{ix}\\n_{iy}&o_{iy}&a_{iy}&p_{iy}\\n_{iz}&o_{iz}&a_{iz}&p_{iz}\\0&0&0&1\end{bmatrix}
$$

$$
{}^{B}\boldsymbol{p}_i=\begin{bmatrix}\boldsymbol{n}_{i+1} & \boldsymbol{o}_{i+1} & \boldsymbol{a}_{i+1} & \boldsymbol{p}_{i+1}\\0&0&0&0\end{bmatrix}=\begin{bmatrix}n_{(i+1)x}&o_{(i+1)x}&a_{(i+1)x}&p_{(i+1)x}\\n_{(i+1)y}&o_{(i+1)y}&a_{(i+1)y}&p_{(i+1)y}\\n_{(i+1)z}&o_{(i+1)z}&a_{(i+1)z}&p_{(i+1)z}\\0&0&0&1\end{bmatrix}
$$

利用矩阵求逆公式求出${}^{B}\boldsymbol{p}_i^{-1}$再右乘${}^{B}\boldsymbol{p}_{i+1}$，则得

$$
\boldsymbol{D}(1)=\begin{bmatrix}\boldsymbol{n}_i\cdot\boldsymbol{n}_{i+1}&\boldsymbol{n}_i\cdot\boldsymbol{o}_{i+1}&\boldsymbol{n}_i\cdot\boldsymbol{a}_{i+1}&\boldsymbol{n}_i\cdot(\boldsymbol{p}_{i+1}-\boldsymbol{p}_i)\\\boldsymbol{o}_i\cdot\boldsymbol{n}_{i+1}&\boldsymbol{o}_i\cdot\boldsymbol{o}_{i+1}&\boldsymbol{o}_i\cdot\boldsymbol{a}_{i+1}&\boldsymbol{o}_i\cdot(\boldsymbol{p}_{i+1}-\boldsymbol{p}_i)\\\boldsymbol{a}_i\cdot\boldsymbol{n}_{i+1}&\boldsymbol{a}_i\cdot\boldsymbol{o}_{i+1}&\boldsymbol{a}_i\cdot\boldsymbol{a}_{i+1}&\boldsymbol{a}_i\cdot(\boldsymbol{p}_{i+1}-\boldsymbol{p}_i)\\0&0&0&1\end{bmatrix}
$$

式中：$\boldsymbol{n}\cdot\boldsymbol{o}$——矢量 $\boldsymbol{n}$ 与 $\boldsymbol{o}$ 的标量积。

工具坐标系从节点 $\boldsymbol{p}_i$ 到 $\boldsymbol{p}_{i+1}$ 的运动可分解为一个平移运动和两个旋转运动：第一个转动使工具轴线与预期的接近方向 $\boldsymbol{a}$ 对准；第二个转动是绕工具轴线($\boldsymbol{a}$)的转动，对准方向矢量 $\boldsymbol{o}$。则驱动函数 $\boldsymbol{D}(\lambda)$ 由一个平移运动和两个旋转运动构成，即

$$
\boldsymbol{D}(\lambda)=\boldsymbol{L}(\lambda)\boldsymbol{R}_a(\lambda)\boldsymbol{R}_o(\lambda) \tag{6-29}
$$

式中：$\boldsymbol{L}(\lambda)$——平移运动的齐次变换，其作用是把节点 $\boldsymbol{p}_i$ 的坐标原点沿直线运动到 $\boldsymbol{p}_{i+1}$ 的坐标原点；

$\boldsymbol{R}_a(\lambda)$——第一个转动的齐次变换，其作用是将 $\boldsymbol{p}_i$ 的接近矢量 $\boldsymbol{a}_i$ 转向 $\boldsymbol{p}_{i+1}$ 的接近矢量 $\boldsymbol{a}_{i+1}$；

$\boldsymbol{R}_o(\lambda)$——第二个转动的齐次变换，其作用是将 $\boldsymbol{p}_i$ 的方向矢量 $\boldsymbol{o}_i$ 转向 $\boldsymbol{p}_{i+1}$ 的方向矢量 $\boldsymbol{o}_{i+1}$。

$\boldsymbol{L}(\lambda)$，$\boldsymbol{R}_a(\lambda)$，$\boldsymbol{R}_o(\lambda)$分别为

$$
\boldsymbol{L}(\lambda)=\begin{bmatrix}1&0&0&\lambda x\\0&1&0&\lambda y\\0&0&1&\lambda z\\0&0&0&1\end{bmatrix} \tag{6-30}
$$

$$
\boldsymbol{R}_a(\lambda)=\begin{bmatrix}\mathrm{s}^2\psi\mathrm{v}(\lambda\theta)+\mathrm{c}(\lambda\theta)&-\mathrm{s}\psi\mathrm{c}\psi\mathrm{v}(\lambda\theta)&\mathrm{c}\psi\mathrm{c}(\lambda\theta)&0\\-\mathrm{s}\psi\mathrm{c}\psi\mathrm{v}(\lambda\theta)&\mathrm{c}^2\psi\mathrm{v}(\lambda\theta)+\mathrm{c}(\lambda\theta)&\mathrm{s}\psi\mathrm{s}(\lambda\theta)&0\\-\mathrm{c}\psi\mathrm{s}(\lambda\theta)&-\mathrm{s}\psi\mathrm{s}(\lambda\theta)&\mathrm{c}(\lambda\theta)&0\\0&0&0&1\end{bmatrix} \tag{6-31}
$$

$$
\boldsymbol{R}_o(\lambda)=\begin{bmatrix}\mathrm{c}(\lambda\phi)&-\mathrm{s}(\lambda\phi)&0&0\\\mathrm{s}(\lambda\phi)&\mathrm{c}(\lambda\phi)&0&0\\0&0&1&0\\0&0&0&1\end{bmatrix} \tag{6-32}
$$

式中：$\mathrm{s}\psi=\sin\psi$；$\mathrm{c}\psi=\cos\psi$；$\mathrm{v}(\lambda\theta)=\mathrm{Vers}(\lambda\theta)=1-\cos(\lambda\theta)$；$\mathrm{c}(\lambda\theta)=\cos(\lambda\theta)$；$\mathrm{s}(\lambda\theta)=\sin(\lambda\theta)$；$\mathrm{c}(\lambda\phi)=\cos(\lambda\phi)$；$s(\lambda\phi)=\sin(\lambda\phi)$；$\lambda\in[0,1]$。

旋转变换 $\boldsymbol{R}_a(\lambda)$ 表示绕矢量 $\boldsymbol{k}$ 转动 θ 角得到的变换矩阵，而矢量 $\boldsymbol{k}$ 是 $\boldsymbol{p}_i$ 的 y 轴绕其 z 轴转过 ψ 角得到的，即

$$k=\begin{bmatrix}-\mathrm{s}\psi\\ \mathrm{c}\psi\\ 0\\ 1\end{bmatrix}=\begin{bmatrix}\mathrm{c}\psi & -\mathrm{s}\psi & 0 & 0\\ \mathrm{s}\psi & \mathrm{c}\psi & 0 & 0\\ 0 & 0 & 1 & 0\\ 0 & 0 & 0 & 1\end{bmatrix}\begin{bmatrix}0\\ 1\\ 0\\ 1\end{bmatrix}$$

根据旋转变换通式，即可得到式(6-32)。旋转变换 $\boldsymbol{R}_a(\lambda)$ 表示绕接近矢量 $\boldsymbol{a}$ 转 ϕ 角的变换矩阵。显然，平移量 $\lambda x,\lambda y,\lambda z$ 和转动量 $\lambda\theta$ 及 $\lambda\phi$ 将与 λ 成正比。若 λ 随时间线性变化，则 $\boldsymbol{D}(\lambda)$ 所代表的合成运动将是一个恒速移动和两个恒速转动的复合。

将矩阵(6-30)至矩阵(6-32)相乘代入式(6-29)，得到

$$\boldsymbol{D}(\lambda)=\begin{bmatrix}\mathrm{d}\boldsymbol{n} & \mathrm{d}\boldsymbol{o} & \mathrm{d}\boldsymbol{a} & \mathrm{d}\boldsymbol{p}\\ 0 & 0 & 0 & 1\end{bmatrix}\tag{6-33}$$

式中：

$$\mathrm{d}\boldsymbol{a}=\begin{bmatrix}-\mathrm{s}(\lambda\phi)[\mathrm{s}^2\psi\mathrm{v}(\lambda\theta)+\mathrm{c}(\lambda\theta)]+\mathrm{c}(\lambda\phi)[-\mathrm{s}\psi\mathrm{c}\psi\mathrm{v}(\lambda\theta)]\\ -\mathrm{s}(\lambda\phi)[-\mathrm{s}\psi\mathrm{c}\psi\mathrm{v}(\lambda\theta)]+\mathrm{c}(\lambda\phi)[\mathrm{c}^2\psi\mathrm{v}(\lambda\theta)+\mathrm{c}(\lambda\theta)]\\ -\mathrm{s}(\lambda\phi)[-\mathrm{c}\psi\mathrm{s}(\lambda\theta)]+\mathrm{c}(\lambda\phi)[-\mathrm{s}\psi\mathrm{s}(\lambda\theta)]\end{bmatrix}$$

$$\mathrm{d}\boldsymbol{o}=\begin{bmatrix}\mathrm{c}\psi\mathrm{s}(\lambda\theta)\\ \mathrm{s}\psi\mathrm{s}(\lambda\theta)\\ \mathrm{c}(\lambda\theta)\end{bmatrix}$$

$$\mathrm{d}\boldsymbol{p}=\begin{bmatrix}\lambda x\\ \lambda y\\ \lambda z\end{bmatrix}$$

$$\mathrm{d}\boldsymbol{n}=\mathrm{d}\boldsymbol{o}\times\mathrm{d}\boldsymbol{a}$$

将逆变换方法用于式(6-29)，即在式(6-29)两边右乘 $\boldsymbol{R}_o^{-1}(\lambda)\boldsymbol{R}_a^{-1}(\lambda)$ 使位置矢量的各元素分别相等，令 $\lambda=1$，则得

$$\begin{cases}x=\boldsymbol{n}_i\cdot(\boldsymbol{p}_{i+1}-\boldsymbol{p}_i)\\ y=\boldsymbol{o}_i\cdot(\boldsymbol{p}_{i+1}-\boldsymbol{p}_i)\\ z=\boldsymbol{a}_i\cdot(\boldsymbol{p}_{i+1}-\boldsymbol{p}_i)\end{cases}\tag{6-34}$$

式中的矢量 $\boldsymbol{n}_i,\boldsymbol{o}_i,\boldsymbol{a}_i$ 和 $\boldsymbol{p}_i,\boldsymbol{p}_{i+1}$ 都是相对于目标坐标系$\{\boldsymbol{B}\}$表示的。将方程(6-29)两边右乘 $\boldsymbol{R}_o^{-1}(\lambda)$，再左乘 $\boldsymbol{L}^{-1}(\lambda)$，并使得第三列元素分别相等，可解得 θ 和 ψ：

$$\psi=\arctan\left[\frac{\boldsymbol{o}_i\cdot\boldsymbol{a}_{i+1}}{\boldsymbol{n}_i\cdot\boldsymbol{a}_{i+1}}\right],-\pi\leqslant\psi\leqslant\pi\tag{6-35}$$

$$\theta=\arctan\left[\frac{[(\boldsymbol{n}_i\cdot\boldsymbol{a}_{i+1})^2+(\boldsymbol{o}_i\cdot\boldsymbol{a}_{i+1})^2]^{1/2}}{\boldsymbol{a}_i\cdot\boldsymbol{a}_{i+1}}\right],-\pi\leqslant\theta\leqslant\pi\tag{6-36}$$

为了求出 ϕ，可将方程(6-29)两边左乘 $\boldsymbol{R}_a^{-1}(\lambda)\boldsymbol{L}^{-1}(\lambda)$，并使它们的对应元素分别相等，得

$$\mathrm{s}\phi=-\mathrm{s}\psi\mathrm{c}\psi\mathrm{v}(\theta)(\boldsymbol{n}_i\cdot\boldsymbol{n}_{i+1})+[\mathrm{c}^2\psi\mathrm{v}(\theta)+\mathrm{c}\theta](\boldsymbol{o}_i\cdot\boldsymbol{n}_{i+1})-\mathrm{s}\psi\mathrm{s}\theta(\boldsymbol{a}_i\cdot\boldsymbol{n}_{i+1})$$

$$\mathrm{c}\phi=-\mathrm{s}\psi\mathrm{c}\psi\mathrm{v}(\theta)(\boldsymbol{n}_i\cdot\boldsymbol{n}_{i+1})+[\mathrm{c}^2\psi\mathrm{v}(\theta)+\mathrm{c}\theta](\boldsymbol{o}_i\cdot\boldsymbol{n}_{i+1})-\mathrm{s}\psi\mathrm{s}\theta(\boldsymbol{a}_i\cdot\boldsymbol{o}_{i+1})$$

$$\psi=\arctan\frac{\mathrm{s}\phi}{\mathrm{c}\phi},-\pi\leqslant\phi\leqslant\pi\tag{6-37}$$

4. 两段路径之间的过渡

前面利用驱动变换 $\boldsymbol{D}(\lambda)$ 来控制一个移动和两个转动生成两节点之间的"直线"运动轨迹 ${}^0\boldsymbol{T}_6(\lambda)={}^0\boldsymbol{T}_B{}^B\boldsymbol{p}_i\boldsymbol{D}(\lambda){}^6\boldsymbol{T}_E^{-1}$，现在讨论两段路径之间的过渡问题。为了避免两段路径衔接点处速度不连续，当由一段轨迹过渡到下一段轨迹时，需要加速或减速。在机械手终端到达节点前的时刻 τ 开始改变速度，然后保持加速度不变，直至到达节点之后 τ（单位时间）为止，如图 6-8 所示。

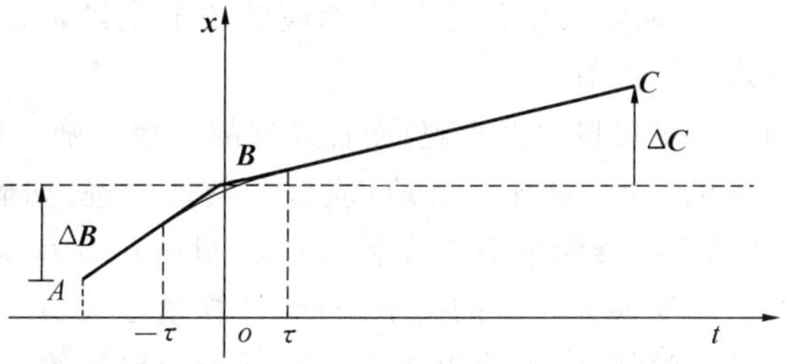

图 6-8　两段轨迹间的过渡

在此时间区间$[-\tau,\tau]$，每一分量的加速度保持不变，其值为

$$\ddot{\boldsymbol{x}}(t)=\frac{1}{2\tau^2}\left[\Delta\boldsymbol{C}\frac{\tau}{T}+\Delta\boldsymbol{B}\right],\ -\tau<t<\tau \tag{6-38}$$

式中：

$$\ddot{\boldsymbol{x}}(t)=\begin{bmatrix}\ddot{x}\\ \ddot{y}\\ \ddot{\theta}\\ \ddot{\phi}\end{bmatrix},\quad \Delta\boldsymbol{C}=\begin{bmatrix}x_{BC}\\ y_{BC}\\ \theta_{BC}\\ \phi_{BC}\end{bmatrix},\quad \Delta\boldsymbol{B}=\begin{bmatrix}x_{BA}\\ y_{BA}\\ \theta_{BA}\\ \phi_{BA}\end{bmatrix}$$

矢量 $\Delta\boldsymbol{C}$ 和 $\Delta\boldsymbol{B}$ 的各元素分别为节点 $\boldsymbol{B}$ 到 $\boldsymbol{C}$ 和节点 $\boldsymbol{B}$ 到 $\boldsymbol{A}$ 的直角坐标距离和角度；T 为机械手手部从节点 $\boldsymbol{B}$ 到 $\boldsymbol{C}$ 所需时间。

由式(6-38)可以得出相应的在区间 $-\tau<t<\tau$ 中的速度和位移：

$$\dot{\boldsymbol{x}}(t)=\frac{1}{\tau}\left[\Delta\boldsymbol{C}\frac{\tau}{T}+\Delta\boldsymbol{B}\right]\lambda-\frac{\Delta\boldsymbol{B}}{\tau} \tag{6-39}$$

$$\boldsymbol{x}(t)=\left[\left(\Delta\boldsymbol{C}\frac{\tau}{T}+\Delta\boldsymbol{B}\right)\lambda-2\Delta\boldsymbol{B}\right]\lambda+\Delta\boldsymbol{B} \tag{6-40}$$

式中：

$$\boldsymbol{x}(t)=\begin{bmatrix}x\\ y\\ z\\ \theta\\ \phi\end{bmatrix},\quad \dot{\boldsymbol{x}}=\begin{bmatrix}\dot{x}\\ \dot{y}\\ \dot{z}\\ \dot{\theta}\\ \dot{\phi}\end{bmatrix},\quad \lambda=\frac{t+\tau}{2\tau}$$

在时间区间 $\tau<t<T$ 内，运动方程为

$$\boldsymbol{x}=\Delta\boldsymbol{C}\lambda,\quad \dot{\boldsymbol{x}}=\frac{\Delta\boldsymbol{C}}{T},\quad \ddot{\boldsymbol{x}}=\boldsymbol{0}$$

式中：$\lambda=\dfrac{t}{T}$。λ 代表归一化时间，变化范围是$[0,1]$，不过，对于不同的时间间隔，归一化因子

通常是不同的。

对于由 **A** 到 **B**，再到 **C** 的运动，把 ψ 定义为在时间区间 $-\tau<t<\tau$ 中运动的线性插值，即

$$\psi'=(\psi_{BC}-\psi_{AB})\lambda+\psi_{AB} \tag{6-41}$$

式中的 ψ_{BC} 和 ψ_{AB} 分别是由 **A** 到 **B** 和由 **B** 到 **C** 的运动规定的，与式(6-35)类似。因此 ψ 将由 ψ_{AB} 变化到 ψ_{BC}。

总之，为了从节点 $\boldsymbol{p}_i$ 运动到 $\boldsymbol{p}_{i+1}$，首先要由式(6-29)至式(6-37)算出驱动函数，然后按式(6-27)计算 ${}^0\boldsymbol{T}_6(\lambda)$，再由运动学反解程序算出相应的关节变量。必要时，可在反解求出的节点之间再用二次多项式进行插值。

笛卡儿空间的规划方法不仅概念上直观，而且规划的路径准确。笛卡儿空间的直线运动路径规划仅仅是轨迹规划的一类，更加一般地，应包含其他轨迹，如椭圆、抛物线、正弦曲线等。可是，由于缺乏适当的传感器测量手部笛卡儿坐标，进行位置和速度反馈，因此笛卡儿空间路径规划的结果需要实时变换为相应的关节坐标，计算量很大，致使控制间隔较长。如果在规划时考虑机械手的动力学特性，就要以笛卡儿坐标给定路径约束，同时以关节坐标给定物理约束(例如，各电动机的容许力和力矩、速度和加速度极限)，使得优化问题具有在两个不同坐标系中的混合约束。因此，笛卡儿空间规划存在由于运动学反解带来的问题。

6.1.4 规划轨迹的实时生成

前面所述的计算结果即构成了机器人的轨迹规划。运行中的轨迹实时生成是指由这些数据，以轨迹更新的速率不断产生 $\theta,\dot{\theta}$ 和 $\ddot{\theta}$ 所表示的轨迹，并将此信息送至机械手的控制系统。

1. 关节空间轨迹的生成

前面介绍了几种关节空间轨迹规划的方法。按照这些方法所得计算结果都是有关各个路径段的一组数据。控制系统的轨迹生成器利用这些数据以轨迹更新速率具体计算出 $\theta,\dot{\theta}$ 和 $\ddot{\theta}$。

对于三次样条，轨迹生成器只需随 t 的变化不断地按式(6-3)和式(6-4)计算 $\theta,\dot{\theta}$ 和 $\ddot{\theta}$。当到达路径段的终点时，调用新路径段的三次样条系数，重新赋 t 为零，继续生成轨迹。

对于带抛物线过渡的直线样条插值，每次更新轨迹时，应首先检测时间 t 的值以判断当前处于路径段的是线性域还是过渡域。当处于线性域时，各关节的轨迹按下式计算：

$$\begin{cases}\theta=\theta_i+\dot{\theta}_{jk}t\\ \dot{\theta}=\dot{\theta}_{jk}\\ \ddot{\theta}=0\end{cases} \tag{6-42}$$

式中：t——从第 j 个路径点算起的时间。$\dot{\theta}_{jk}$ 的值在轨迹规划时由式(6-19)算出。当处于过渡域时，令 $t_{\text{inb}}=t-(\frac{1}{2}t_j+t_{jk})$，则各关节轨迹按下式计算：

$$\begin{cases}\theta=\theta_j+\dot{\theta}_{jk}(t-t_{\text{inb}})+\frac{1}{2}\ddot{\theta}_k t_{\text{inb}}^2\\ \dot{\theta}=\dot{\theta}_{jk}+\ddot{\theta}_k t_{\text{inb}}\\ \ddot{\theta}=\ddot{\theta}_k\end{cases} \tag{6-43}$$

式中：$\dot{\theta}_{jk}$，$\ddot{\theta}_k$，t_j 和 t_{jk} 在轨迹规划时已由式(6-19)至式(6-23)算出。当进入新的线性域时，重新把 t 置成$\frac{1}{2}t_j$，利用该路径段的数据，继续生成轨迹。

2. 笛卡儿空间轨迹的生成

前面已经讨论了笛卡儿空间轨迹规划方法。机械手的路径点通常是用工具坐标系相对于工作坐标系的位姿表示的。为了在笛卡儿空间中生成直线运动轨迹，根据路径段的起始点和目标点构造驱动函数 $\boldsymbol{D}(1)$，见式(6-28)；再将驱动函数 $\boldsymbol{D}(\lambda)$用一个平移运动和两个旋转运动来等效代替，见式(6-29)；然后对平移运动和旋转运动插值，便得到笛卡儿空间路径(包括位置和方向)，其中方向的表示方法类似于欧拉角。

仿照关节空间方法，使用带抛物线过渡的线性函数比较合适。在每一路径段的直线域内，描述位置 $\boldsymbol{p}$ 的三元素按线性函数变化，可以得到直线轨迹；然而，若把各种路径点的姿态用旋转矩阵表示，那么就不能对它的元素进行直线插值。因为任一旋转矩阵都是由三个归一正交列组成的，如果在两个旋转矩阵的元素间进行插值就难以保证满足归一、正交的要求，不过可以用等效转轴-转角来表示函数 $\boldsymbol{D}(\lambda)$的旋转矩阵部分。

实际上，对于任意两个路径点${}^B\boldsymbol{p}_i$ 和${}^B\boldsymbol{p}_{i+1}$(代表两个坐标系)，驱动函数 $\boldsymbol{D}(1)$ 表示${}^B\boldsymbol{p}_{i+1}$相对${}^B\boldsymbol{p}_i$ 的位置和姿态，即

$$\boldsymbol{D}(1)={}^B\boldsymbol{p}_i^{-1}\,{}^B\boldsymbol{p}_{i+1}$$

根据等效转轴-转角的概念，$\boldsymbol{D}(1)$ 的旋转矩阵可用一个单位矢量等效转轴 $\boldsymbol{k}=[k_x,k_y,k_z]^{\mathrm{T}}$ 和一个等效角度 θ 表示，即${}^B\boldsymbol{p}_{i+1}$的姿态可以视为开始与${}^B\boldsymbol{p}_i$ 的一致，然后绕 $\boldsymbol{k}$ 轴按右手规则转 θ 角所得。因此，${}^B\boldsymbol{p}_{i+1}$相对于${}^B\boldsymbol{p}_i$ 的姿态记为${}^i_{i+1}\boldsymbol{R}(\boldsymbol{k},\theta)$。

把等价转轴-转角用三维矢量${}^i\boldsymbol{k}_{i+1}=\boldsymbol{k}\theta\,[k_x,k_y,k_z]^{\mathrm{T}}\theta$ 表示，${}^B\boldsymbol{p}_{i+1}$相对于${}^B\boldsymbol{p}_i$ 的位姿用 6×1 的矢量${}^i\boldsymbol{X}_{i+1}$表示，即

$${}^i\boldsymbol{X}_{i+1}=\begin{bmatrix}{}^i\boldsymbol{p}_{i+1}\\{}^i\boldsymbol{k}_{i+1}\end{bmatrix}\tag{6-44}$$

对两路径点之间的运动采用这种表示之后，就可以选择适当的样条函数，使这 6 个分量从一个路径点平滑地运动到下一点。例如选择带抛物线过渡的线性样条，使得两路径点间的路径是直线的，当经过路径点时，夹手运动的线速度和角速度将平稳变化。

另外还要说明的是，等效转角不是唯一的，因为$(\boldsymbol{k},\theta)$等效于$(\boldsymbol{k},\theta+n\times360°)$，$n$ 为整数。从一个路径点向下一点运动时，总的转角一般应取最小值，即使它小于 180°。

在采用带抛物线过渡的线性轨迹规划方法时，需要附加一个约束条件——每个自由度下的过渡域持续时间必须相同，这样才能保证由各自由度形成的复合运动在空间形成一条直线。因此，在规定过渡域的持续时间时，应该计算相应的加速度，使之不要超过加速度的容许上限。

笛卡儿空间轨迹实时生成方法与关节空间相似，例如，带有抛物线过渡的线性轨迹，在线性域中，根据式(6-42)，对于 $\boldsymbol{X}$ 的每一自由度，有

$$\begin{cases}x=x_j+\dot{x}_{jk}t\\\dot{x}=\dot{x}_{jk}\\\ddot{x}=0\end{cases}\tag{6-45}$$

式中：t——从第 j 个路径点算起的时间；$\dot{x}_{jk}$ 在轨迹规划过程中由类似于式(6-19)的方程可求

出。在过渡域中,根据公式(6-43),同样令 $t_{\text{inb}}=t-(\frac{1}{2}t_j+t_{jk})$,每个自由度下的轨迹按下式计算:

$$\begin{cases} x = x_j + \dot{x}_{jk}(t - t_{\text{inb}}) + \dfrac{1}{2}\ddot{x}_k t_{\text{inb}}^2 \\ \dot{x} = \dot{x}_{jk} + \ddot{x}_k t_{\text{inb}} \\ \ddot{x} = \ddot{x}_k \end{cases} \tag{6-46}$$

式中:$\ddot{x}_k$,$\dot{x}_{jk}$,t_j 和 t_{jk} 的值在轨迹规划过程中算出,与关节空间的情况完全相同。

最后,必须将这些笛卡儿空间轨迹$(x,\dot{x},\ddot{x})$转换成等价的关节空间的量。对此,可以通过求解逆运动学得到关节位移;用逆雅可比矩阵计算关节速度;用逆雅可比矩阵及其导数计算角加速度。在实际中往往采用简便的方法,即将 $\boldsymbol{X}$ 以轨迹更新速率转换成等效的驱动矩阵 $\boldsymbol{D}(\lambda)$,再由运动学反解子程序计算相应的关节矢量 $\boldsymbol{q}$,然后由数值微分计算 $\dot{\boldsymbol{q}}$ 和 $\ddot{\boldsymbol{q}}$。算法如下:

$$\begin{cases} \boldsymbol{X} \rightarrow \boldsymbol{D}(\lambda) \\ \boldsymbol{q}(t) = \text{Solve}(\boldsymbol{D}(\lambda)) \\ \dot{\boldsymbol{q}}(t) = \dfrac{\boldsymbol{q}(t) - \boldsymbol{q}(t-\delta t)}{\delta t} \\ \ddot{\boldsymbol{q}}(t) = \dfrac{\boldsymbol{q}(t) - \ddot{\boldsymbol{q}}(t-\delta t)}{\delta t} \end{cases} \tag{6-47}$$

根据计算结果 $\boldsymbol{q}$,$\dot{\boldsymbol{q}}$ 和 $\ddot{\boldsymbol{q}}$,由控制系统执行机械手相关操作。

6.2 运动控制

6.2.1 关节空间与操作空间控制

机器人的许多作业是控制机械手末端工具的位置和姿态,以实现点到点的控制(PTP 控制,如搬运、点焊机器人)或连续路径的控制(CP 控制,如弧焊、喷漆机器人)。因此实现机器人的位置控制是机器人的最基本的控制任务。机器人位置控制有时也称轨迹控制。对于有些作业,如装配、研磨等,只有位置控制是不够的,还需要力控制。目前市面上主要有两种机器人的位置控制结构形式,即关节空间控制结构和操作空间(也叫笛卡儿空间或直角坐标空间)控制结构,分别如图 6-9(a)和图 6-9(b)所示。

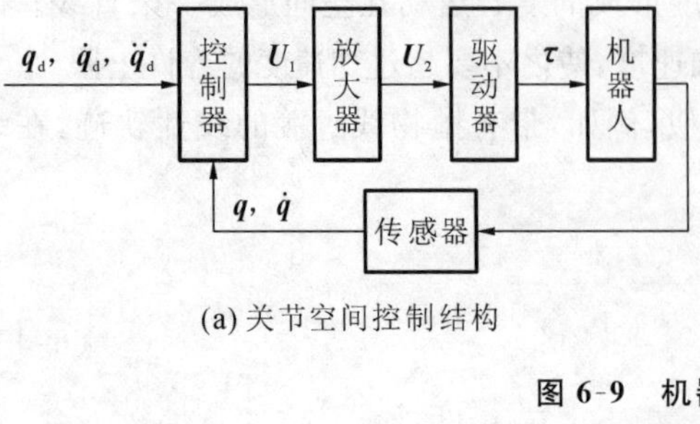

(a) 关节空间控制结构

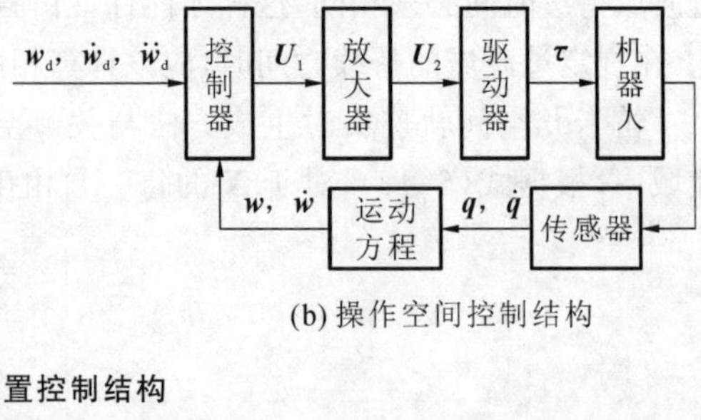

(b) 操作空间控制结构

图 6-9 机器人位置控制结构

在图 6-9(a)中,$\boldsymbol{q}_d$ 是期望的关节位置矢量,$\boldsymbol{q}_d=[q_{d1},q_{d2},\cdots,q_{dn}]^T$,$\dot{\boldsymbol{q}}_d$ 和 $\ddot{\boldsymbol{q}}_d$ 分别是期望

的关节速度矢量和加速度矢量；$\dot{q}$ 和 $\ddot{q}$ 分别是实际的关节位置矢量和速度矢量。τ 是关节驱动力矩矢量，$\boldsymbol{\tau}=[\tau_1,\tau_2,\cdots,\tau_n]^{\mathrm{T}}$；$U_1$ 和 U_2 是相应的控制矢量。

在图 6-9(b)中，w_{d} 是期望的工具位姿，$w_d=[p_{\mathrm{d}}{}^{\mathrm{T}},\varphi_{\mathrm{d}}{}^{\mathrm{T}}]^{\mathrm{T}}$，其中，$p_{\mathrm{d}}$ 表示期望的工具位置，$p_{\mathrm{d}}=[x_{\mathrm{d}},y_{\mathrm{d}},z_{\mathrm{d}}]$，$\varphi_{\mathrm{d}}$ 表示期望的工具姿态；$\dot{w}_{\mathrm{d}}=[v_{\mathrm{d}}{}^{\mathrm{T}},\omega_d{}^{\mathrm{T}}]^{\mathrm{T}}$，其中，$v_{\mathrm{d}}$ 是期望的工具线速度，$v_{\mathrm{d}}=[v_{\mathrm{d}x},v_{\mathrm{d}y},v_{\mathrm{d}z}]^{\mathrm{T}}$；$\omega_{\mathrm{d}}$ 是期望的工具角速度，$\omega_{\mathrm{d}}=[\omega_{\mathrm{d}x},\omega_{\mathrm{d}y},\omega_{\mathrm{d}z}]^{\mathrm{T}}$；$\ddot{w}_d$ 是期望的工具加速度；w 和 $\dot{w}$ 表示实际的工具位姿和工具速度。

运行中的工业机器人一般采用图 6-9(a)所示控制结构。该控制结构的期望轨迹是关节的位置、速度和加速度，因而易实现关节的伺服控制。这种控制结构的主要问题是：由于往往要求的是在直角坐标空间的机械手末端运动轨迹，因此为了实现轨迹跟踪，需将机械手末端的期望轨迹经逆运动学计算变换为在关节空间表示的期望轨迹。

6.2.2　单关节的控制

采用常规技术，通过独立控制每个连杆或关节来设计机器人的线性反馈控制器是可能的。重力及各关节间的互相作用力的影响，可由预先计算好的前馈来消除。为了减少计算工作量，补偿信号往往是近似的，或者采用简化计算公式来获得。

1. 位置控制系统结构

现在市场上供应的工业机器人，其关节数为 3～7 个。最典型的工业机器人具有 6 个关节，存在 6 个自由度，带有夹手。辛辛那提・米拉克龙 T_3、尤尼梅逊的 PUMA650 和斯坦福机械手都是具有 6 个关节的工业机器人，并分别由液压、气压或电气传动装置驱动。其中，斯坦福机械手具有反馈控制功能，它的一个关节控制方框图如图 6-10 所示。从图 6-10 可见，它有一个光学编码器，与测速发电机一起组成位置和速度反馈系统。这种工业机器人是一种定位装置，它的每个关节都有一个位置控制系统。

如果不存在路径约束，那么控制器只要知道夹手要经过路径上所有指定的转弯点就够了。控制系统的输入是路径上所需要转弯点的笛卡儿坐标，这些坐标点可能通过两种方法输入，即

(1) 以数字形式输入系统；

(2) 以示教方式供给系统，然后进行坐标变换，即计算各指定转弯点在笛卡儿坐标系中的相应关节坐标$[q_1,q_2,\cdots,q_6]$，计算方法与坐标点信号输入方式有关。

对于数字输入方式，对 $f^{-1}[q_1,q_2,\cdots,q_6]$进行数字计算；对于示教输入方式，进行模拟计算。其中，$f^{-1}[q_1,q_2,\cdots,q_6]$为 $f[q_1,q_2,\cdots,q_6]$的逆函数，而 $f[q_1,q_2,\cdots,q_6]$为含有 6 个坐标数值的矢量函数。最后，对机器人的关节坐标点逐点进行定位控制。假如允许机器人依次只移动一个关节，而把其他关节锁住，那么每个关节控制器都很简单。如果多个关节同时运动，那么各关节间力的相互作用会产生耦合，使控制系统变得复杂。

2. 单关节控制器的传递函数

把机器人看作刚体结构。图 6-11 给出了单关节的电动机-齿轮-负载联合装置示意图。图中：J_{a} 为单关节的驱动电动机转动惯量；J_{m} 为单关节的夹手负载在传动端的转动惯量；J_{L} 为机械手连杆的转动惯量；B_{m} 为传动端的阻尼系数；B_{L} 为负载端的阻尼系数；θ_{m} 为传动端角位移；θ_{L} 为负载端角位移。另外，N_{m}，N_{L} 分别为传动轴和负载上的齿轮齿数；r_{m}，r_{L} 分别为传动轴和负载轴上的齿轮节距半径；η 为减速齿轮传动比，$\eta=r_{\mathrm{m}}/r_{\mathrm{L}}=N_{\mathrm{m}}/N_{\mathrm{L}}$。令 F 为从电动

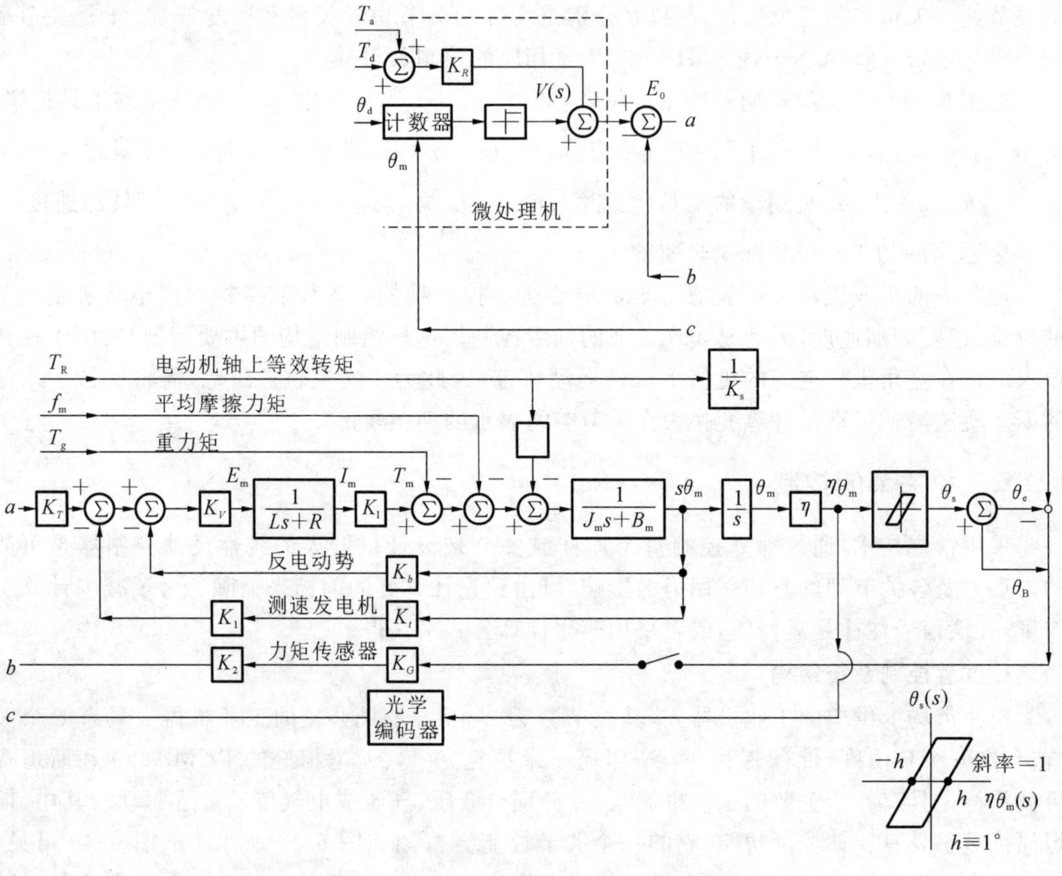

图 6-10 斯坦福机械手的一个关节控制方框图

机传至负载的作用在齿轮啮合点上的力，则

$$T_L' = Fr_m$$

T_L'为折算到电动机轴上的等效负载力矩，而且

$$T_L = Fr_L \tag{6-48}$$

又因为 $\theta_m = 2\pi/N_m$，$\theta_L = 2\pi/N_L$，所以

$$\theta_L = \theta_m N_m / N_L = \eta\theta_m \tag{6-49}$$

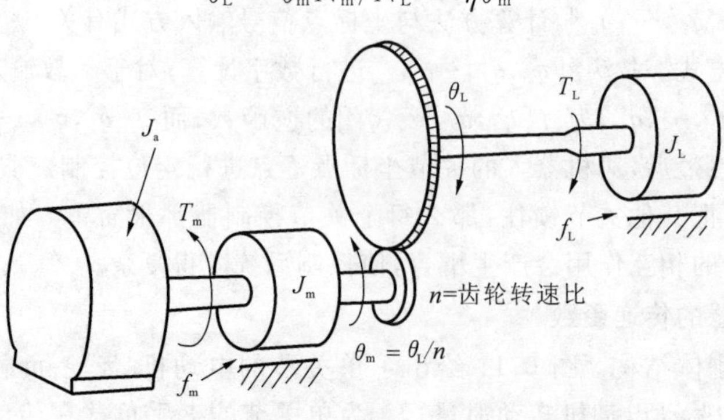

图 6-11 单关节的电动机-齿轮-负载联合装置示意图

传动侧和负载侧的角速度及角加速度关系如下：

$$\dot{\theta}_L = \eta\dot{\theta}_m, \ddot{\theta}_L = \eta\ddot{\theta}_m \tag{6-50}$$

负载力矩 T_L 用于克服连杆惯量的作用 $J_L\ddot{\theta}_L$ 和阻尼效应 $B_L\dot{\theta}_L$，即

$$T_L = J_L\ddot{\theta}_L + B_L\dot{\theta}_L \tag{6-51}$$

或者改写为

$$T_L - B_L\dot{\theta}_L = J_L\ddot{\theta}_L \tag{6-52}$$

在传动轴一侧，同理可得

$$T_m = T_L' - B_m\dot{\theta}_m = (J_a - J_m)\ddot{\theta}_m \tag{6-53}$$

从而有

$$T_L' = \eta^2(J_L\ddot{\theta}_m + B_L\dot{\theta}_m) \tag{6-54}$$

$$T_m = (J_L + J_m + \eta^2 J_L)\ddot{\theta}_m + (B_m + \eta^2 B_L)\dot{\theta}_m \tag{6-55}$$

或

$$T_m = J\ddot{\theta}_m + B\dot{\theta}_m \tag{6-56}$$

式中：J——传动轴上的等效转动惯量，$J=J_{eff}=J_L+J_m+\eta^2 J_L$；

B——传动轴上的等效阻尼系数，$B=B_{eff}=B_m+\eta^2 B_L$。

根据电枢控制直流电动机的传递函数，若 V_m 表示电枢回路电压，L_m 表示电枢回路电感，R_m 表示电枢回路电阻，K_I 表示转矩常数，k_e 为考虑电动机转动时产生反电动势的系数，得到相似的传递函数如下：

$$\frac{\theta_m(s)}{V_m(s)} = \frac{K_I}{s[L_m J s^2 + (R_m J + L_m B)s + (R_m B + k_e K_I)]} \tag{6-57}$$

因为

$$e(t) = \theta_d(t) - \theta_s(t) \tag{6-58}$$

$$\theta_s(t) = \eta\theta_m(t) \tag{6-59}$$

$$V_m(t) = K_\theta[\theta_d(t) - \theta_s(t)] \tag{6-60}$$

故相应地，其拉氏变换为

$$E(s) = \theta_d(s) - \theta_s(s) \tag{6-61}$$

$$\theta_s(s) = \eta\theta_m(s) \tag{6-62}$$

$$V_m(s) = K_\theta[\theta_d(s) - \theta_s(s)] \tag{6-63}$$

式中：K_θ——变换系数。

图 6-12(a)给出了这种位置控制器的方框图。从式(6-57)至式(6-63)可得开环传递函数为

$$\frac{\theta_m(s)}{E(s)} = \frac{\eta K_\theta K_I}{s[L_m J s^2 + (R_m J + L_m B)s + (R_m B + k_e K_I)]} \tag{6-64}$$

由于实际上 $\omega L_m << R_m$，因此可以忽略式(6-64)中含有 L_m 的项，式(6-64)也就简化为

$$\frac{\theta_m(s)}{E(s)} = \frac{\eta K_\theta K_I}{s(R_m J s + R_m B + k_e K_I)} \tag{6-65}$$

再求闭环传递函数：

$$\begin{aligned}\frac{\theta_s(s)}{\theta_d(s)} &= \frac{\theta_s(s)/E(s)}{1+\theta_s(s)/E(s)} \\ &= \frac{\eta K_\theta K_I}{R_m J} \cdot \frac{1}{s^2 + (R_m B + K_I k_e)s/(R_m J) + \eta K_\theta K/R_m J}\end{aligned} \tag{6-66}$$

式(6-66)即二阶系统的闭环传递函数。在理论上,认为它总是稳定的。要提高响应速度,通常是要提高系统的增益(如增大 K_θ),以及由电动机传动轴速度负反馈把某些阻尼引入系统,以加强反电动势的作用。要做到这一点,可以采用测速发电机,或者计算一定时间间隔内传动轴角位移的差值。图 6-12(b)所示为具有速度反馈的位置控制系统,图中,K_t为测速发电机的传递系数,K_1为速度反馈信号放大器的增益。因为电动机电枢回路的反馈电压已从$K\theta_m(t)$变为$k_e\theta_m(t)+K_1K_t\theta_m(t)=(k_e+K_1K_t)\theta_m(t)$,所以其开环传递函数和闭环传递函数也相应变为

$$\frac{\theta_s(s)}{E(s)}=\frac{\eta K_\theta}{s}\cdot\frac{s\theta_m(s)}{K_\theta E(s)}=\frac{\eta K_\theta K_I}{R_mJs^2+[R_mB+K_I(k_e+K_1K_t)]s} \tag{6-67}$$

$$\frac{\theta_s(s)}{\theta_d(s)}=\frac{\theta_s(s)/E(s)}{1+\theta_s(s)/E(s)}=\frac{\eta K_\theta K_I}{R_mJs^2+[R_mB+K_I(k_e+K_1K_t)]s+\eta K_\theta K_I} \tag{6-68}$$

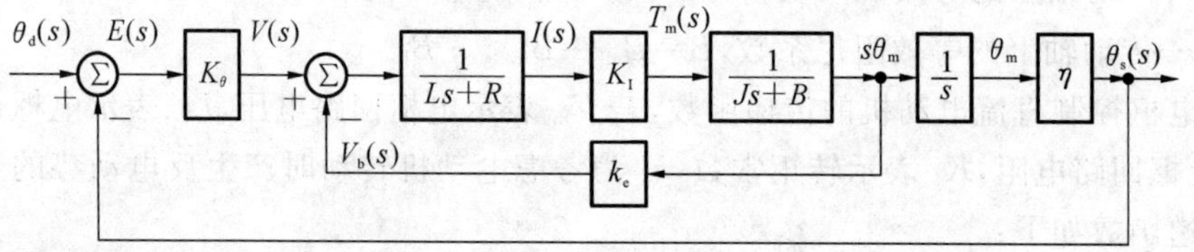

(a)

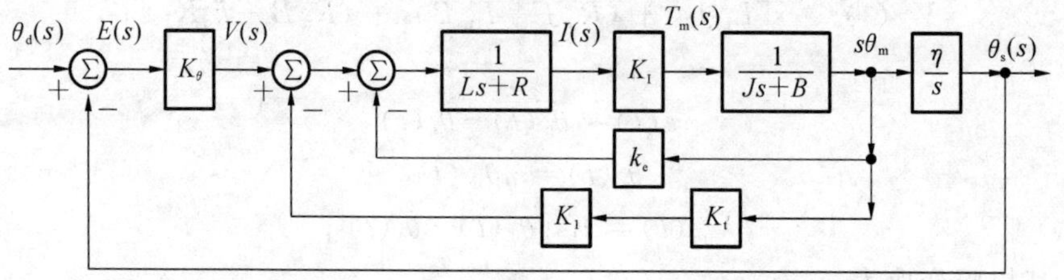

(b)

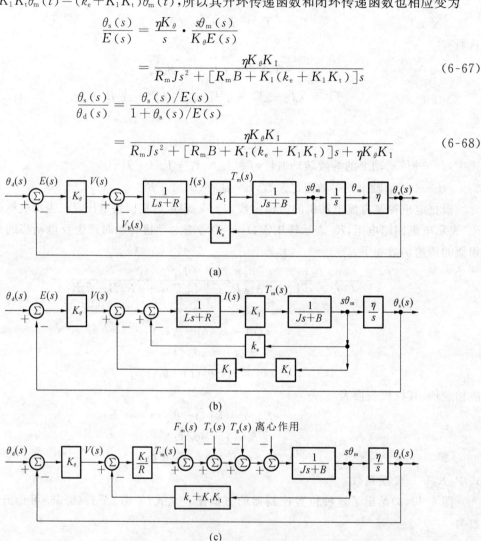

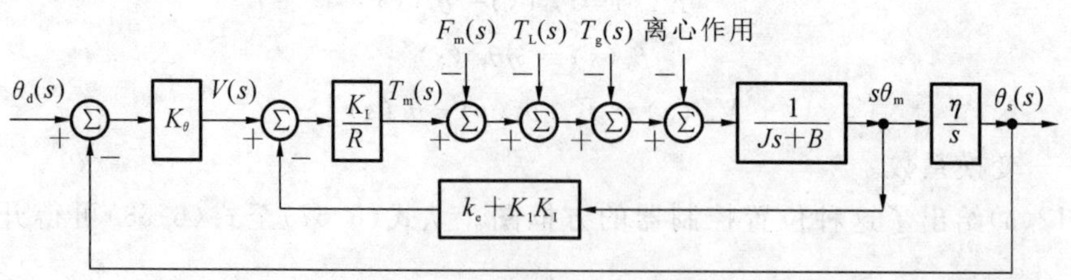

(c)

图 6-12 机械手位置控制器结构

对某台具体的机器人来说,其特征参数(η,K_I,K_t,k_e,R_m,J 和 B 等)的数值是由部件的制造厂家提供的,或者通过实验测定。

值得注意的是,变换常数 K_θ和放大器增益 K_1必须根据相应的机器人结构谐振频率和阻尼系数来确定。电动机必须克服电动机-测速机组的平均摩擦力矩 f_m、外加负载力矩 T_1、重力矩 T_g,以及离心作用力矩 T_c。这些物理量表示实际附加负载对机器人的作用。把这些作用插到图 6-12(b)所示位置控制器方框图中电动机产生有关力矩的作用点上,即可得图 6-12(c)所示的控制方框图。图中,$F_m(s)$,$T_L(s)$和 $T_g(s)$分别为 f_m,T_1和 T_c的拉氏变换变量。

3. 参数确定及稳态误差

1）K_θ和K_1的确定

据式(6-68)，闭环传递函数可写为

$$\frac{\theta_s(s)}{\theta_d(s)}=\frac{\eta K_\theta K_I}{R_m J}\cdot\frac{1}{s^2+[R_m B+K_I(k_e+K_1K_t)s/(R_mJ)+\eta K_\theta K_1/(R_mJ)]} \tag{6-69}$$

因此，闭环系统的特征方程为

$$s^2+[R_mB+K_I(k_e+K_1K_t)]s/R_mJ+\eta K_\theta K_1/R_mJ=0 \tag{6-70}$$

一般把式(6-70)表示为

$$s^2+2\xi\omega_n s+\omega_n{}^2=0 \tag{6-71}$$

这时

$$\omega_n=\sqrt{\eta K_\theta K_I/R_mJ}>0 \tag{6-72}$$

$$2\xi\omega_n=[R_mB+K_I(k_e+K_1K_t)]/R_mJ$$

于是可得

$$\xi=[R_mB+K_I(k_e+K_1K_t)]/2\sqrt{\eta K_\theta K_I R_m J} \tag{6-73}$$

令K_{eff}为机器人关节的有效刚度，ω_r为关节结构谐振频率，ω表示有效惯量为J_{eff}的关节测量接受谐振频率，则

$$\begin{cases}\omega_r=\sqrt{K_{\mathrm{eff}}/J}\\ \omega=\sqrt{K_{\mathrm{eff}}/J_{\mathrm{eff}}}\\ \omega_r=\omega\sqrt{J_{\mathrm{eff}}/J}\end{cases} \tag{6-74}$$

对于一个谨慎的安全系数为200%的设计，必须设定自然振荡角频率ω_n不大于结构谐振频率ω_r的一半。据式(6-72)和式(6-74)可得

$$\sqrt{\frac{\eta K_\theta K_I}{R_mJ}}\leqslant\frac{\omega}{2}\sqrt{\frac{J_{\mathrm{eff}}}{J}}$$

化简得

$$K_\theta\leqslant\frac{J_{\mathrm{eff}}\omega^2R_m}{4\eta K_I} \tag{6-75}$$

由此确定了K_θ的上限。

下面讨论K_1变化范围。实际上，要防止机器人的位置控制器处于低阻尼工作状态，必须要求$\xi\geqslant1$。根据式(6-73)，有

$$R_mB+K_I(k_e+K_1K_t)\geqslant2\sqrt{\eta K_\theta K_I R_m J}>0 \tag{6-76}$$

将式(6-75)代入，得

$$K_1\geqslant R_m(\omega/\sqrt{J_{\mathrm{eff}}\cdot J}-B)/(K_IK_t)-k_e/K_t \tag{6-77}$$

因为J值随负载变化，所以K_1的下限也随之相应变化。为简化控制器设计，必须固定放大器的增益。于是，把最大的J值代入式(6-77)，就不会出现欠阻尼系统。

2）关节控制器的稳态误差

在图6-12(c)中，由于引入f_m、T_1、T_c等实际附加负载，使控制器的闭环传递函数发生了变化，因此必须推导出新的闭环传递函数。由图6-12(c)可知：

$$(Js+B)s\theta_m(s)=T_m(s)-F_m(s)-T_g(s)-\eta T_L(s) \tag{6-78}$$

式(6-78)未考虑离心作用。又由图6-12(c)可知：

$$T_m(s) = K_I[V(s) - s(k_e + K_1K_t)\theta_s(s)/\eta]/R \tag{6-79}$$

$$V(s) = K_\theta[\theta_d(s) - \theta_s(s)] \tag{6-80}$$

经代数运算后得

$$\theta_s(s) = \{nK_\theta K_I\theta_d(s) - \eta R[F_m(s) + T_g(s) + \eta T_L(s)]\}/\Omega(s) \tag{6-81}$$

式中：

$$\Omega(s) = R_m Js^2 + [R_m B + K_I(k_e + K_1K_t)]s + \eta K_\theta K_I \tag{6-82}$$

无论什么时候，当 $F_m(s)$，$T_L(s)$和 $T_g(s)$消失时，式(6-82)就简化成为式(6-71)。因为

$$e(t) = \theta_d(t) - \theta_s(t)$$

所以根据式(6-81)，可得

$$\begin{aligned} E(s) &= \theta_d(s) - \theta_s(s) \\ &= \{R_m Js^2 + [R_m B + K_I(k_e + K_1K_t)]s\}\theta_d(s) \\ &\quad + \eta R[F_m(s) + T_g(s) + \eta T_L(s)]/\Omega(s) \end{aligned} \tag{6-83}$$

当负载为恒值时，$T_L = C_L$，又 $f_m = C_f$和 $T_g = C_g$也均为恒值，所以 $T_L(s) = C_L/s$，$F_m(s) = C_L/s$，$T_g(s) = C_g/s$，而且式(6-83)变换为

$$\begin{aligned} E(s) &= \{R_m Js^2 + [R_m B + K_I(k_e + K_1K_t)]s\}X(s) \\ &\quad + \eta R[C_f/s + C_g/s + \eta C_L/s]/\Omega(s) \end{aligned} \tag{6-84}$$

式中的 $X(s)$取代了 $\theta_d(s)$，以表示广义输入指令。

应用终值定理：

$$e_{ss} = \lim_{t\to\infty} e(t) = \lim_{s\to 0} sE(s)$$

能够确定稳态误差。

当输入为一恒定位移 C_0时，

$$X(s) = \theta_d(s) = C_\theta/s \tag{6-85}$$

于是可得稳态位置误差为

$$e_{ssp} = R_m(C_f + C_g + \eta C_L)/K_\theta K_I \tag{6-86}$$

位置控制器的稳态位置误差，可按要求的补偿力矩信号限制在允许范围内。

应用自动控制的一般原理与方法，还可以分析控制器的稳态速度误差和加速度误差。

6.2.3 PID 控制

PID(proportional integral derivative，比例积分微分)控制器出现于 20 世纪 30 年代，作为一种经典控制理论被广泛应用于各领域。它由比例控制(P)、积分控制(I)、微分控制(D)3 个环节组合而成。PID 控制器一般放在负反馈系统的前向通道，与被控对象串联，可以看作一种串联校正装置。从校正装置输入输出的数学关系把串联校正划分为比例校正(P)、积分校正(I)、微分校正(D)、比例积分校正(PI)、比例微分校正(PD)和比例积分微分校正(PID)等。

所谓 PID 控制器(传递函数框图见图6-13)，就是一种对偏差 $\varepsilon(t)$进行比例、积分和微分变换的控制规律，即

$$m_t = K_P\left[e_t + \frac{1}{T_I}\int_0^t e_t \mathrm{d}t + T_D\frac{\mathrm{d}e(t)}{\mathrm{d}t}\right] \tag{6-87}$$

式中：$K_P e_t$——比例控制项；

K_P——比例系数；

$\frac{1}{T_I}\int_0^t e_t \mathrm{d}t$——积分控制项；

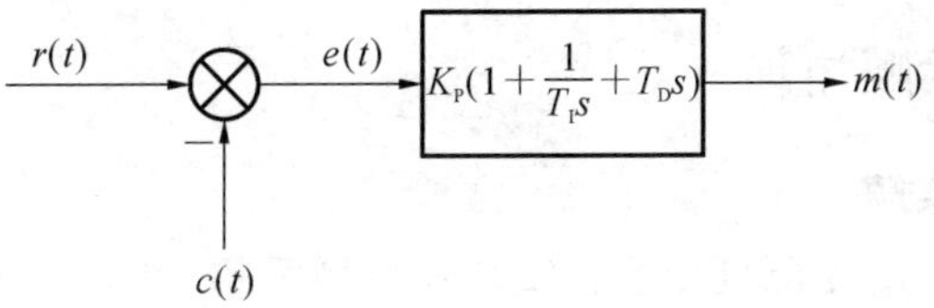

图 6-13　PID 控制器传递函数框图

T_I——积分时间常数；

$T_D\frac{de(t)}{dt}$——微分控制项；

T_D——微分时间常数。

PID 控制器的传递函数为

$$G(s)=K_P(1+\frac{1}{T_I s}+T_D s) \tag{6-88}$$

一般来说，PID 控制器的控制作用主要体现在以下几个方面：

(1) 比例系数 K_P决定着控制作用的强弱。加大 K_P可以减小控制系统的稳态误差，提高系统的动态响应速度，但 K_P 过大会导致动态质量变坏，引起控制量振荡，甚至会使闭环控制系统不稳定。

(2) 积分系数 T_I可以消除控制系统的稳态误差。只要存在偏差，积分所产生的控制量就会来消除稳态误差，直到误差消除。但是积分控制会使系统的动态过程变慢，而且过强的积分作用会使控制系统的超调量增大，从而使控制系统的稳定性变差。

(3) 微分系数 T_D的控制作用与系统偏差的变化速度有关。微分控制能够预测偏差，产生超前的校正作用，进而减小超调，克服振荡，并加快系统的响应速度，缩短调整时间，改善系统的动态性能。

6.3　力控制

对于一些作业，如焊接、搬运和喷涂等，机器人只需位置控制就够了。而对于另一些作业，如切削、磨光和装配等，则需要阻抗控制或柔顺控制。把力偏差信号加至位置伺服环，以实现力的控制称为阻抗控制。图 6-14 所示为阻抗控制系统的一种构成方案。

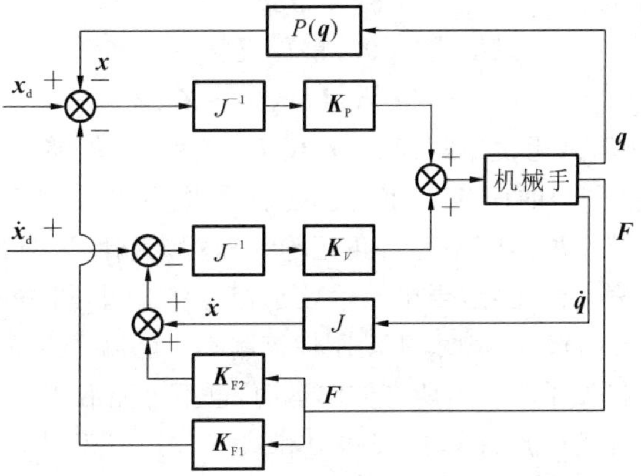

图 6-14　阻抗控制系统结构

6.3.1 柔顺运动与柔顺控制

1. 被动柔顺和主动柔顺

把弹簧和减振器构成的无源机械装置安装在机械手的末端上，机械手就能够维持适当的方位，从而解决用机械手在黑板上写字之类的问题。引用具有低的横向及旋转刚度的抓取机构，也能使插杆入孔的作业易实现。远距离中心柔顺(RCC)无源机械装置就是以此原理为基础的。相比把物体“推”进孔内，这种装置容易做到把物体“拉”进孔内。用技术语来说，即RCC装置允许把杆的末端放到柔顺中心上。柔顺中心是这样的点：若把力施于该点，则产生纯平移；若把纯力矩施于该点，则产生对该点的纯旋转。柔顺中心并不是在人为施加的力或力矩的控制下获得的，而是因物体的几何特性或在作业结构的特有作用下自然产生的。

RCC这样的被动柔顺(passive compliance)机械装置具有快速响应能力，而且比较便宜。不过，它们只能应用于一些十分专业的任务。例如，RCC只能处理具有一定长度而且与机械手方位存在一定角度的杆件。与此相反，可编程主动柔顺(active compliance)装置能够对不同类型的零件进行操作，或者能够根据装配作业不同阶段的要求来修改末端装置的弹性性能。

机械手末端的刚度是由伺服关节的刚度、关节的机械柔顺性，以及连杆的挠性决定的。反过来，我们也能够由计算机所需要的关节刚度来获得所需末端刚度。这些期望的关节刚度又可以由设计适当的控制器来实现。

在本节讨论中，我们假设同时忽略关节机械柔顺性和连杆挠性的影响，然后再考虑如何获得期望的可编程末端刚度。所需弹性性能可由任务空间表示的刚度矩阵$\boldsymbol{K}_{\mathrm{P}}$来描述。于是，在末端装置上从正常指令位置$\boldsymbol{X}_{\mathrm{a}}$产生一个小位移$\delta\boldsymbol{x}$所需要的恢复力$\boldsymbol{F}$可定义为

$$\boldsymbol{F}=-\boldsymbol{K}_{\mathrm{P}}\delta\boldsymbol{x} \tag{6-89}$$

式中：$\boldsymbol{K}_{\mathrm{P}}$——正交矩阵，通常选为对角矩阵，而且由任务空间方向(刚度必须沿此方向控制)上需要的低刚度和维持该任务空间方向(位置必须沿该方向控制)的最大元素构成。$\boldsymbol{F}$，$\boldsymbol{K}_{\mathrm{P}}$和$\delta\boldsymbol{x}$均以任务空间坐标表示。式(6-89)的恢复力实际上可由关节力矩$\boldsymbol{\tau}$达到：

$$\boldsymbol{\tau}=\boldsymbol{J}^{\mathrm{T}}\boldsymbol{F} \tag{6-90}$$

式中：$\boldsymbol{J}$——机械手的雅可比矩阵，也是以任务空间坐标表示的。并且，实际末端位移$\delta\boldsymbol{x}$与实际关节位移$\delta\boldsymbol{q}$的关系为

$$\delta\boldsymbol{x}=\boldsymbol{J}\delta\boldsymbol{q} \tag{6-91}$$

据式(6-89)和式(6-91)，可以把式(6-90)重写成

$$\boldsymbol{\tau}=-(\boldsymbol{J}^{\mathrm{T}}\boldsymbol{K}_{\mathrm{P}}\boldsymbol{J})\delta\boldsymbol{q}=-\boldsymbol{K}_{q}\Delta q \tag{6-92}$$

式中：$\boldsymbol{K}_{q}$——关节刚度矩阵或阻抗矩阵，$\boldsymbol{K}_{q}=\boldsymbol{J}^{\mathrm{T}}\boldsymbol{K}_{\mathrm{P}}\boldsymbol{J}$。借助$\boldsymbol{K}_{q}$能够用关节力矩$\boldsymbol{\tau}$和关节位移$\boldsymbol{q}$各项来简单地表示式(6-89)的任务空间刚度，也就是说，用与控制系统最直接的相关变量来表示任务空间刚度。关节刚度矩阵不是对角矩阵。任意末端刚度只能由适当的对应于小的末端位移的关节力矩来表示。此外，当机械手处于奇异状态时，机械手失去一个或多个自由度，$\boldsymbol{K}_{\mathrm{P}}$随之变化(即$\boldsymbol{K}_{\mathrm{P}}$退化)。这表明，主动刚性控制不可能以一定方向进行。这是不足为奇的，因为在奇异状态下，机械手不能沿所有方向运动，也不可能沿所有方向施力。

能够对末端装置的任何一点计算式(6-91)和式(6-92)。于是，我们不仅能够规定正交(主刚度)方向(沿此方向必须达到给定的刚度)，而且能够有效地确定末端装置上任何地方的阻力中心。这种能力对于装配作业特别有用，因为它允许我们同时任意移动阻力中心(可把

它选作阻力坐标系的原点）和规定主刚度方向（可令这些方向与阻力坐标系的轴线重合），并按装配任务的不同阶段规定相应的期望刚度。

2. 作业约束与力控制

对于许多情况，操作机器人的力或力矩控制与位置控制具有同样重要的意义。当机械手的末端与周围环境产生接触时，只用位置控制往往不能满足要求。例如，现有一台机械手用海绵擦洗窗上的玻璃。由于海绵的柔顺性，有可能通过控制机械手末端与玻璃间的相对位置来调节施于窗的力。如果海绵的柔顺性很好，而且能精确地知道玻璃的位置，那么这一作业任务就应当进行得很成功。

不过，如果末端装置、工具或周围环境的刚度很高，那么机械手要执行与某个表面有接触的操作作业将会变得相当困难。我们可以想象，如果机械手不是用海绵，而是用一把坚硬的刮刀刮去玻璃表面的油漆；如果玻璃表面位置有任何不定性因素，或者机械手的位置伺服系统存在位置误差，那么这个任务就无法完成——要么玻璃将被打破，要么机械手将带着刮刀不与玻璃接触地在玻璃上方移过。

对于擦洗和刮剥这两种作业，不规定玻璃平面的位置，而规定与该表面保持垂直的力是比较合理的。

对于一些更复杂的作业，如工作环境不确定或变化的装配和高精度装配作业，对其公差的要求甚至超过机械手本身所能达到的精度。这时，如果仍然试图通过位置控制来进一步提高精度，那么不但代价高昂，而且所做的控制可能是徒劳无益的。采用力控制方案是解决这类问题的方法之一。

对机器人机械手进行力控制，就是对机械手与环境之间的相互作用力进行控制。这种控制能够测量和控制施于手臂的接触力，从而大大提高机械手的有效作业精度。

机械手力控制器的种类很多，但其主要原理是位置和力的混合控制，或速度和力混合控制，以便适应因作业结构而产生的位置约束。

对一个被约束的机械手进行控制，要比对一般机械手的控制更为复杂与困难，这是因为：

(1) 约束使自由度减少，以致再不能规定末端的任意运动；

(2) 约束给手臂施加一个反作用力，必须对这个力进行有效的控制，以免它任意增大，甚至损坏机械手或与其接触的表面；

(3) 需要同时对机械手的位置和所受的约束反力进行控制。

小机器人机械手所受到的约束有二：自然约束和人为约束。自然约束是由物体的几何特性或作业结构特性等引起的对机械手的约束。人为约束是一种人为施加的约束，用来确定作业结构中的期望运动的力或轨迹的形式。

可以把每个机械手的任务分解为许多子任务，这些子任务是由机械手末端与工作环境间的具体接触情况定义的。可把这种子任务与一组自然约束联系起来。这些自然约束是由任务结构的具体机械和几何特性产生的。例如，一个与平台接触的机械手末端是不能自由通过该平面的刚性表面的。这是一种自然位置约束。如果该平台表面是光滑无摩擦的，那么此机械手也不能自由沿切线方向施加任意大小的力。这是一种自然力约束。

一般来说，对于每个子作业结构，可以在一个具有 N 个自由度的约束空间内定义一个广义平面。这个广义平面由坐标系$\{C\}$来描述，而且具有法线方向的位置约束及切线方向的力约束。这两种约束把机械手末端可能运动的自由度分解为两个正交集合。我们可根据不同准则，对这些集合进行控制。

图 6-15 表示出两种有代表性的具有自然约束的作业，即如图 6-15(a)所示以一定的角速度转动曲柄，以及如图 6-15(b)所示旋转旋具。由图 6-15 可知，这两种作业结构都不是以关节坐标系或末端坐标系描述的，而是以坐标系{C}描述的。我们称{C}为约束坐标系，或柔顺坐标系，或任务坐标系。{C}坐标系处于与某个任务有关的位置。图 6-15(a)中，约束坐标系位于手柄，而且与曲轴一起沿着 C_x 轴方向(总是指向曲柄转轴)移动。作用于指尖的摩擦保证对手把的可靠夹持。此手把位于中心轴，以便相对曲轴的臂部转动。图 6-15(b)中，约束坐标系加在旋具端部，并且在任务执行过程中产生运动。值得注意的是，C_y 轴方向的约束力为 0。不然的话，旋具将会从螺钉的顶槽滑出去。

在图 6-15 中，位置约束是由末端操作器在坐标系{C}中的速度分量值指定的，而力约束是由力矩矢量的分量值指定的。位置约束意味着位置和(或)方位约束；力约束意味着力和(或)力矩约束。用自然约束来说明那些由具体接触情况而自然产生的约束。

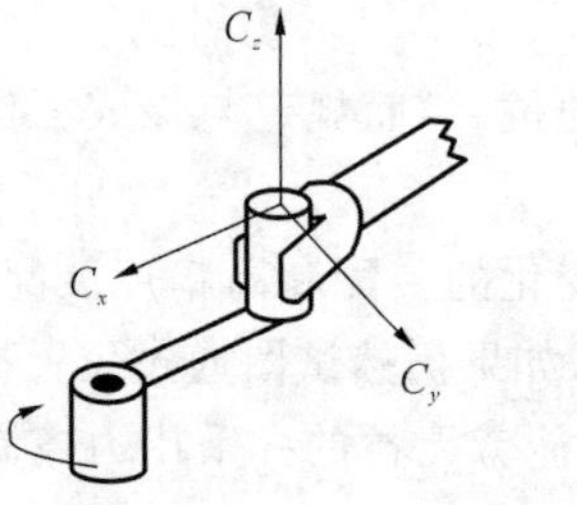

(a) 转动曲柄(自然约束：$v_x=0, v_z=0, \omega_x=0, \omega_y=0, f_y=0, n_z=0$)

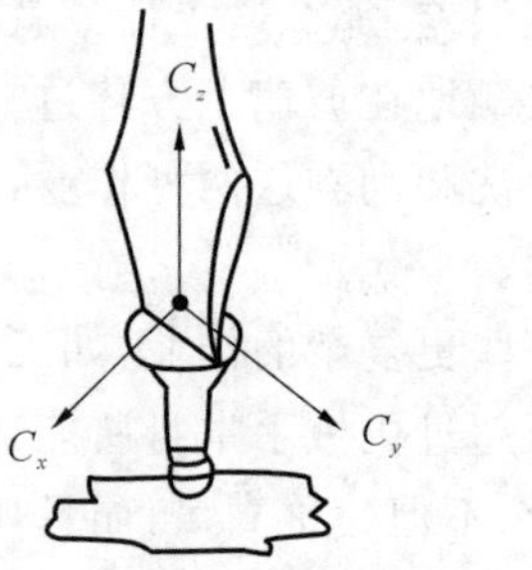

(b) 旋转旋具(自然约束：$v_x=0, \omega_x=0, \omega_y=0, v_z=0, f_y=0, n_z=0$)

图 6-15 两种不同作业下的自然约束

人为约束与自然约束一起用来规定所需设置的运动或力。使用者每次指定某个需要的位置轨迹或力，就定义了一个人为约束。这些约束出现在广义接触表面的法线和切线方向上。不过，规定人为力约束沿着表面法线方向，而人为位置约束则沿着表面切线方向。

当对坐标系{C}中某个具体的自由度给定自然位置约束时，也应当指定某个人为力约束，反之亦然。任何时刻都对约束坐标系中给定的任何自由度进行控制，以适应位置或者力的约束要求。若需要用图 6-15 表示出两种不同作业下的自然约束和人为约束，则必须指定：

(1) 转动曲柄，存在① 自然约束，$v_x=0, v_z=0, \omega_x=0, \omega_y=0, f_y=0, n_z=0$；② 人为约束，$v_y=0, \omega_z=\alpha_1, f_x=0, f_z=0, n_x=0, n_y=0$。

(2) 旋转旋具，有存在① 自然约束，$v_x=0, \omega_x=0, \omega_y=0, v_z=0, f_y=0, n_z=0$；② 人为约束，$v_x=0, \omega_z=\alpha_2, f_x=0, n_x=0, n_y=0, f_z=\alpha_3$。

3. 柔顺控制的种类

有两类实现柔顺控制的主要方法。一类为阻抗控制，另一类是力和位置混合控制。阻抗控制不是直接控制期望的力和位置，而是通过控制力和位置之间的动态关系来实现柔顺功能。这样的动态关系类似于电路中阻抗的概念，因而称为阻抗控制。如果只考虑静态，力和位置关系可用刚性矩阵来描述。如果考虑力和速度之间的关系，可用黏滞阻尼矩阵来描述。因此，所谓阻抗控制，就是通过适当的控制方法使机械手末端呈现需要的刚性和阻尼。通常对于需要进行位置控制的自由度，则要求在相应方向上有很大的刚度，即表现出很硬的特性；对于需要力控制的自由度，则要求在该方向有较小的刚度，即表现出较软的特性。

还有一类柔顺控制方法为动态混合控制，其基本思想是在柔顺坐标空间将任务分解为某些自由度的位置控制和另一些自由度的力控制，并在任务空间分别进行位置控制和力控制的计算，然后将计算结果转换到关节空间合并为统一的关节控制力矩，驱动机械手以实现所需要的柔顺功能。

可见，柔顺运动控制包括阻抗控制、力和位置混合控制，以及动态混合控制等。

6.3.2 主动阻力控制

阻抗控制模型是用目标阻抗代替实际机器人的动力学模型，当机器人末端位置 $\boldsymbol{x}$ 和理想的轨迹 $\boldsymbol{x}_\mathrm{d}$ 存在偏差时，机器人在其末端产生相应的阻抗力 $\boldsymbol{F}$。任务空间的偏差：

$$\ddot{\boldsymbol{x}} = \boldsymbol{x} - \boldsymbol{x}_\mathrm{d} \tag{6-93}$$

把下列控制规律用于任务空间，就能根据式(6-93)直接控制机械手与环境间的动态交互作用：

$$\boldsymbol{\tau} = \hat{\boldsymbol{g}}(\boldsymbol{q}) - \boldsymbol{J}^\mathrm{T}(\boldsymbol{q})[\boldsymbol{K}_\mathrm{P}\tilde{\boldsymbol{x}} + \boldsymbol{K}_\mathrm{D}\dot{\tilde{\boldsymbol{x}}}] \tag{6-94}$$

式中：$\hat{\boldsymbol{g}}(\boldsymbol{q})$——估计重力矩；

$\boldsymbol{J}(\boldsymbol{q})$——雅可比矩阵；

$\tilde{\boldsymbol{x}}$——位移矢量。

$\tilde{\boldsymbol{x}}$，$\boldsymbol{J}^\mathrm{T}$ 和 $\boldsymbol{K}_\mathrm{P}$ 通常由任务空间坐标直接表示。从环境来看，可把 $\boldsymbol{K}_\mathrm{P}$ 和 $\boldsymbol{K}_\mathrm{D}$ 解释为机械手期望的虚拟刚度和阻尼。运用 $\boldsymbol{J}^\mathrm{T}(\boldsymbol{q})$，可把任务空间力——$[\boldsymbol{K}_\mathrm{P}\tilde{\boldsymbol{x}}+\boldsymbol{K}_\mathrm{D}\dot{\tilde{\boldsymbol{x}}}]$变换为关节力矩矢量。由式(6-94)可见，阻力控制系统把柔顺中心配置在参考位置 $\boldsymbol{x}_\mathrm{d}$ 处。由于式(6-94)控制的是机械手的力与位置间的动态关系，而不是直接控制力或位置，因此将这种控制称为阻力控制。下面分别讨论两种阻力控制形式。

1. 位置控制型阻力控制

下面考虑把机械手末端自由移动到固定在笛卡儿空间内某一指定点(位置)$\boldsymbol{x}_\mathrm{d}$的问题。

定义李雅普诺夫候选函数为

$$\boldsymbol{V} = \frac{1}{2}(\tilde{\boldsymbol{x}}^\mathrm{T}\boldsymbol{X}_\mathrm{P}\tilde{\boldsymbol{x}} + \dot{\boldsymbol{q}}^\mathrm{T}\boldsymbol{H}\dot{\boldsymbol{q}}) \tag{6-95}$$

可把它解释为闭环系统的总能量。假设，重力分量正好被补偿，即 $\hat{\boldsymbol{g}}(\boldsymbol{q})=\boldsymbol{g}(\boldsymbol{q})$。对式(6-95)求导，可得

$$\dot{\boldsymbol{V}} = \dot{\boldsymbol{x}}\boldsymbol{K}_\mathrm{P}\tilde{\boldsymbol{x}} - \dot{\boldsymbol{q}}^\mathrm{T}(\boldsymbol{K}_\mathrm{P}\tilde{\boldsymbol{x}} + \boldsymbol{K}_\mathrm{D}\dot{\tilde{\boldsymbol{x}}}) \tag{6-96}$$

因为$\dot{\tilde{\boldsymbol{x}}}=\dot{\boldsymbol{x}}=\dot{\boldsymbol{J}}\boldsymbol{q}$，于是式(6-96)变为

$$\dot{\boldsymbol{V}} = -\dot{\boldsymbol{x}}^\mathrm{T}\boldsymbol{K}_\mathrm{D}\dot{\boldsymbol{x}} \leqslant \boldsymbol{0} \tag{6-97}$$

从而表明式(6-95)所示的控制能量是稳定的。要确定控制能量是否为渐近稳定的，即是否把机械手的末端引导至 $\boldsymbol{x}_\mathrm{d}$，我们必须分析 $\dot{\boldsymbol{V}}=\boldsymbol{0}$ 的情况。从式(6-97)可见，$\dot{\boldsymbol{V}}=\boldsymbol{0}$ 即 $\dot{\boldsymbol{x}}=\boldsymbol{0}$ 的情况。

$$\dot{\boldsymbol{x}} = \boldsymbol{0} \Rightarrow \ddot{\boldsymbol{q}} = -\boldsymbol{H}^{-1}\boldsymbol{J}^T\boldsymbol{K}_\mathrm{P}\tilde{\boldsymbol{x}} - \boldsymbol{H}^{-1}\boldsymbol{C}\dot{\boldsymbol{q}} \tag{6-98}$$

于是出现三种可能情况如下。

(1) 机械手为非冗余的，而且 $\boldsymbol{J}(\boldsymbol{q})$在当前机械手结构 $\boldsymbol{q}$ 下具有全秩(rank)。那么 $\dot{\boldsymbol{x}}=\boldsymbol{0}$ 表明 $\dot{\boldsymbol{q}}=\boldsymbol{0}$，于是由式(6-98)可求得

$$\ddot{\boldsymbol{q}} = -\boldsymbol{H}^{-1}\boldsymbol{J}^\mathrm{T}\boldsymbol{K}_\mathrm{P}\tilde{\boldsymbol{x}} \tag{6-99}$$

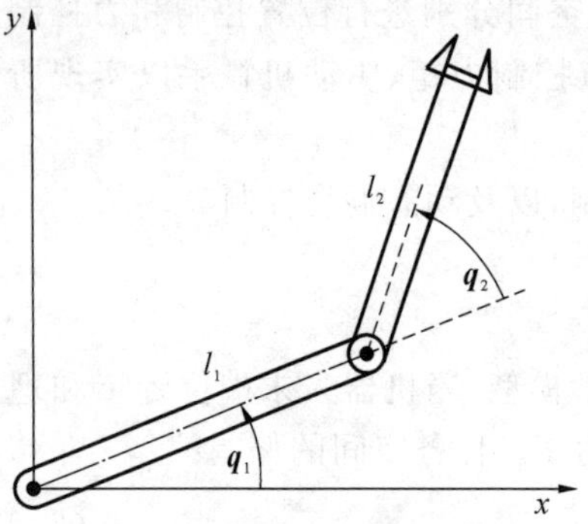

图 6-16 二连杆关节机械手

只要 $\tilde{x}\neq 0$，式(6-99)就是非零的，因为 J 和 $H^{-1}J^{T}K_{P}$ 均为非奇异的。

(2) 对于当前的 q，雅可比矩阵 $J(q)$ 是退化的，即当前的机械手结构是奇异的。因为无法从式(6-98)直接得出有关 $\tilde{x}$ 的结论，所以这种情况是很模糊的。因其存在机械手的全秩运动，所以 $J(q)$ 仍然为奇异的。例如，对于图 6-16 所示的二连杆关节机械手，这种情况对应于绕原点旋转($\dot{q}_1\neq 0$)，而手臂为完全伸直($q_2\equiv 0$)或完全折叠($q_2\equiv\pi$)。不过，实际情况并非那么极端，因为在实际系统动力学方程中总是有一个小的黏性摩擦 $D\dot{q}$。其中，D 为正定(通常为对角)矩阵。实际上，我们可以有目的地把这样的项加于控制力矩 τ。于是，式(6-97)变为

$$\dot{V}=\dot{x}^{T}K_{D}\dot{x}-\dot{q}^{T}D\dot{q}\leqslant\dot{q}^{T}D\dot{q}\leqslant 0 \tag{6-100}$$

使得 $\dot{V}=0$ 而不意味着 $\dot{q}=0$，因此

$$\ddot{q}\neq -H^{-1}J^{T}K_{P}\tilde{x} \tag{6-101}$$

因为对于当前的 q，$J(q)$ 退化，就存在非零值的 $\tilde{x}$，使得 $K_{P}\tilde{x}$ 属于 J^{T} 的零空间。因此，式(6-99)的阻力控制规律被破坏。实际上，这种情况对应于要求机械手沿着无法使它运动的方向有效地加上一个力 $K_{P}\tilde{x}$。对于图 6-16 所示的机械手，令 $K_{P}=I$，并假设任务坐标系与笛卡儿坐标系重合。雅可比矩阵

$$J=\begin{bmatrix}-l_1 s_1-l_2 s_{12} & l_1 c_1+l_2 c_{12}\\ -l_2 s_{12} & l_2 c_{12}\end{bmatrix}$$

在 $q_2=0$(手臂伸直)和 $q_2=\pi$(手臂折叠)时为奇异的。其中，$c_i=\cos q_i$，$s_i=\sin q_i$，$c_{ij}=\cos(q_i+q_j)$，$s_{ij}=\sin(q_i+q_j)$。对于 $q_2=0$ 的奇异性，可得

$$J^{T}=\begin{bmatrix}-(l_1+l_2)s_1 & (l_1+l_2)c_1\\ -l_2 s_2 & l_2 c_2\end{bmatrix}$$

于是有，如果 $s_1\tilde{x}_1=c_1\tilde{x}_2$，即如果 x_d 在手臂直线上，那么 $\tau=-J^{T}K_{P}\tilde{x}=0$。更一般地，对于 $K_{P}\neq I$，存在一条 x_d 的失速线，使得当 $\tilde{x}\neq 0$ 时 $\tau=0$，如图 6-17 所示。对于 $q_2=\pi$，能够得到类似的结果。

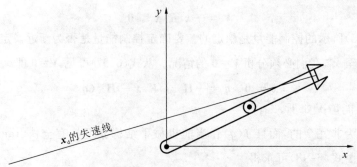

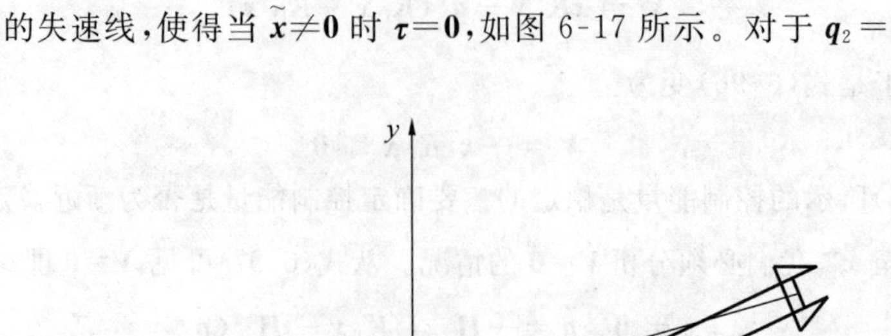

图 6-17 参考位置 x_d 的失速值

(3) 机械手是冗余的，但对于当前的 $\boldsymbol{q}$，$\boldsymbol{J}(\boldsymbol{q})$不具有完全的低秩。包含黏性摩擦的项 $\boldsymbol{D}\dot{\boldsymbol{q}}$ 能够保证机械手不会在当前 $\boldsymbol{q}$ 下产生黏附。

2. 柔顺型阻力控制

考虑机械手与环境接触的情况，如图 6-18 所示，由接触引起的环境局部变形可用矢量 $\tilde{\boldsymbol{x}}_{\mathrm{E}}$ 来表示。机械手与环境接触时，$\tilde{\boldsymbol{x}}_{\mathrm{E}}=\boldsymbol{x}-\boldsymbol{x}_{\mathrm{E}}$；不接触时，$\tilde{\boldsymbol{x}}_{\mathrm{E}}=\boldsymbol{0}$。

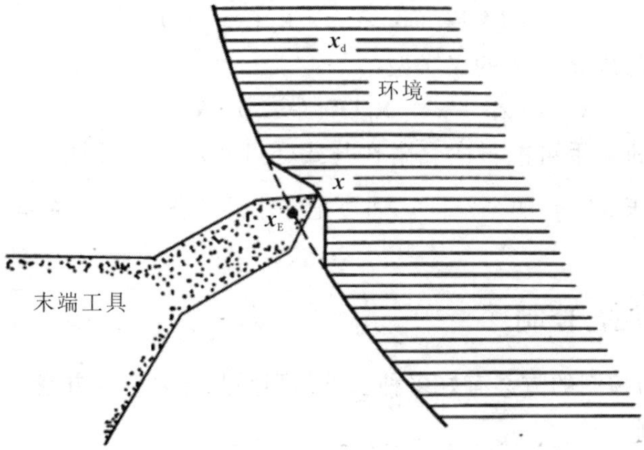

图 6-18　机械手与环境接触时的模型

环境施于机械手的相关作用力 $\boldsymbol{F}_{\mathrm{E}}$可作为弹性恢复力来模拟：

$$\boldsymbol{F}_{\mathrm{E}}=-\boldsymbol{K}_{\mathrm{E}}\tilde{\boldsymbol{x}}_{\mathrm{E}} \tag{6-102}$$

式中：正定矩阵 $\boldsymbol{K}_{\mathrm{E}}$描述环境的刚度。可把矢量 $\tilde{\boldsymbol{x}}_{\mathrm{E}}$ 看作接触点 $\boldsymbol{x}$ 的位置。当不存在控制力矩和重力时，此接触点将要返回原始位置。要维持静止接触，参考端点位置 $\boldsymbol{x}_{\mathrm{d}}$必须在环境“内部”(见图 6-18)，因为它表示由矩阵 $\boldsymbol{K}_{\mathrm{P}}$和 $\boldsymbol{K}_{\mathrm{D}}$定义的弹簧阻尼器系统的停止位置。值得注意的是，用 $\boldsymbol{K}_{\mathrm{E}}$来表示环境刚度矩阵和用 $\tilde{\boldsymbol{x}}_{\mathrm{E}}$ 来表示变形是方便而又理想化的表示方法。把式(6-102)表示的接触力 $\boldsymbol{F}_{\mathrm{E}}$作为环境和机械手集中变形的结果来考虑，是比较准确的。此外，式(6-102)中忽略了摩擦作用。

控制规律式(6-94)中的刚度矩阵 $\boldsymbol{K}_{\mathrm{P}}$是根据需要完成的柔顺任务来选择的，与 6.3.1 节相似。要检验柔顺控制对某个固定的点 $\boldsymbol{x}_{\mathrm{d}}$的稳定性，我们再次选择李雅普诺夫候选函数 $\boldsymbol{V}$ 为系统的总能量：

$$\boldsymbol{V}=\frac{1}{2}\left[\tilde{\boldsymbol{x}}^{\mathrm{T}}\boldsymbol{K}_{\mathrm{P}}\tilde{\boldsymbol{x}}+\dot{\boldsymbol{q}}^{\mathrm{T}}\boldsymbol{H}\dot{\boldsymbol{q}}+\tilde{\boldsymbol{x}}_{\mathrm{E}}^{\mathrm{T}}\boldsymbol{K}_{\mathrm{E}}\tilde{\boldsymbol{x}}_{\mathrm{E}}\right] \tag{6-103}$$

与式(6-95)比较，式(6-102)中增加了一项 $\tilde{\boldsymbol{x}}_{\mathrm{E}}^{\mathrm{T}}\boldsymbol{K}_{\mathrm{E}}\tilde{\boldsymbol{x}}_{\mathrm{E}}$，此项考虑了由式(6-100)表示的机械手与环境间弹性作用引起的位能。现在，系统的动力学公式为

$$\boldsymbol{H}\ddot{\boldsymbol{q}}+\boldsymbol{C}\dot{\boldsymbol{q}}+\boldsymbol{q}=\boldsymbol{\tau}+\boldsymbol{J}^{\mathrm{T}}\boldsymbol{F}_{\mathrm{E}}=\boldsymbol{\tau}-\boldsymbol{J}^{\mathrm{T}}\boldsymbol{K}_{\mathrm{E}}\tilde{\boldsymbol{x}}_{\mathrm{E}} \tag{6-104}$$

注意到能量守恒意味着 $\boldsymbol{F}_{\mathrm{E}}^{\mathrm{T}}\dot{\boldsymbol{x}}_{\mathrm{E}}=\boldsymbol{0}$，所以有

$$\dot{\boldsymbol{V}}\leqslant-\dot{\boldsymbol{q}}^{\mathrm{T}}\boldsymbol{D}\dot{\boldsymbol{q}}\leqslant\boldsymbol{0}$$

与式(6-100)相似。于是，当且仅当 $\dot{\boldsymbol{q}}=\boldsymbol{0}$ 时 $\dot{\boldsymbol{V}}=\boldsymbol{0}$，即有

$$\dot{\boldsymbol{q}}=\boldsymbol{0}\Rightarrow\ddot{\boldsymbol{q}}=-\boldsymbol{H}^{-1}\boldsymbol{J}^{\mathrm{T}}(\boldsymbol{K}_{\mathrm{P}}\tilde{\boldsymbol{x}}+\boldsymbol{K}_{\mathrm{E}}\tilde{\boldsymbol{x}}_{\mathrm{E}}) \tag{6-105}$$

假定机械手处于非奇异状态，那么平衡点 $\boldsymbol{x}$ 对应于

$$\boldsymbol{K}_{\mathrm{P}}\tilde{\boldsymbol{x}}+\boldsymbol{K}_{\mathrm{E}}\tilde{\boldsymbol{x}}_{\mathrm{E}}=\boldsymbol{0} \tag{6-106}$$

即由取权平均

$$\boldsymbol{x}=(\boldsymbol{K}_{\mathrm{P}}+\boldsymbol{K}_{\mathrm{E}})^{-1}(\boldsymbol{K}_{\mathrm{P}}\boldsymbol{x}_{\mathrm{d}}+\boldsymbol{K}_{\mathrm{E}}\boldsymbol{x}_{\mathrm{E}}) \tag{6-107}$$

可得 $\boldsymbol{x}$ 的值，它反映出环境刚度与所需要的机械手阻力间的综合作用。据式(6-106)，李雅普诺夫函数 $\boldsymbol{V}$ 的对应值为

$$\boldsymbol{V}=(\boldsymbol{x}_{\mathrm{E}}-\boldsymbol{x}_{\mathrm{d}})^{\mathrm{T}}\boldsymbol{K}_{\mathrm{P}}(\boldsymbol{x}-\boldsymbol{x}_{\mathrm{d}}) \tag{6-108}$$

于是可把式(6-106)写成 $\boldsymbol{x}_{\mathrm{E}}-\boldsymbol{x}_{\mathrm{d}}$ 的二次型：

$$\boldsymbol{V}=(\boldsymbol{x}_{\mathrm{E}}-\boldsymbol{x}_{\mathrm{d}})^{\mathrm{T}}\boldsymbol{K}_{\mathrm{p}}(\boldsymbol{K}_{\mathrm{p}}+\boldsymbol{K}_{\mathrm{E}})^{-1}\boldsymbol{K}_{\mathrm{E}}(\boldsymbol{x}_{\mathrm{E}}-\boldsymbol{x}_{\mathrm{d}}) \tag{6-109}$$

在奇异状态下，机械手可能再次黏附在与式(6-106)所示不同的 $\boldsymbol{x}$ 点处，不过式(6-105)中的 $\boldsymbol{K}_{\mathrm{P}}\tilde{\boldsymbol{x}}+\boldsymbol{K}_{\mathrm{E}}\tilde{\boldsymbol{x}}_{\mathrm{E}}$ 属于 $\boldsymbol{J}^{\mathrm{T}}(\boldsymbol{q})$ 的零空间。通过把一个适当的状态相关非对称矩阵加至 $\boldsymbol{K}_{\mathrm{P}}$，就可能再次得到校正。

6.3.3 力和位置混合控制

对机械手进行力控制的方案有好多种。下面列举几种典型的方案。

1. 主动刚度控制

图 6-19 所示为一个主动刚度控制框图。图中，$\boldsymbol{J}$ 为机械手末端的雅可比矩阵；$\boldsymbol{K}_{\mathrm{P}}$ 为定义于末端笛卡儿坐标系的刚性对角矩阵，其元素需人为确定。如果希望在某个方向上遇到实际约束，那么这个方向的刚度应当降低，以保证有较低的结构应力，反之，在某些不希望碰到实际约束的方向上，则应加大刚度，这样可使机械手紧紧跟随期望轨迹。于是，就能够通过改变刚度来适应变化的作业要求。

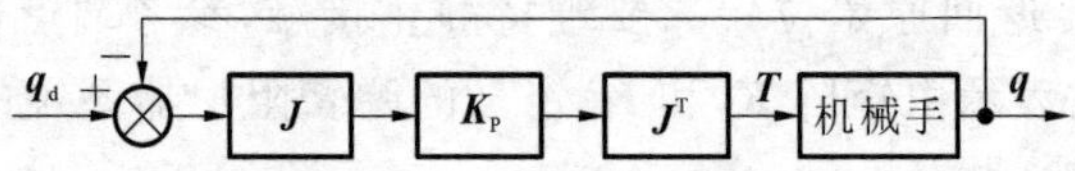

图 6-19　主动刚度控制框图

2. 雷伯特-克雷格位置/力混合控制

雷伯特(M. H. Raibert)和克雷格(J. J. Craig)于 1981 年进行了机械手位置和力混合控制的重要实验，并取得良好结果。后来，就称这种控制器为 R-C 控制器。

图 6-20 表示 R-C 控制器的结构。图中，$\boldsymbol{S}$ 和 $\bar{\boldsymbol{S}}$ 为适从选择矩阵；$\boldsymbol{x}_{\mathrm{d}}$ 和 $\boldsymbol{F}_{\mathrm{d}}$ 为定义于笛卡儿坐标系的期望位置和力的轨迹；$\boldsymbol{P}(\boldsymbol{q})$ 为机械手运动学方程；${}_{H}^{C}\boldsymbol{T}$ 为力变换矩阵。

这种 R-C 控制器没有考虑机械手动态耦合的影响，这就会导致机械手在工作空间某些非奇异位置上不稳定。在深入分析 R-C 系统所存在的问题之后，可对之进行如下改进：

(1) 在混合控制器中考虑机械手的动态影响，并对机械手所受重力及科氏力和向心力进行补偿；

(2) 考虑力控制系统的欠阻尼特性，在力控制回路中，加入阻尼反馈，以削弱振荡因素的影响；

(3) 引入加速度前馈，以满足作业任务对加速度的要求，也可使速度平滑过渡。

改进后的 R-C 控制器结构如图 6-21 所示。图中，$\hat{\boldsymbol{M}}(\boldsymbol{q})$ 为机械手的惯量矩阵模型。

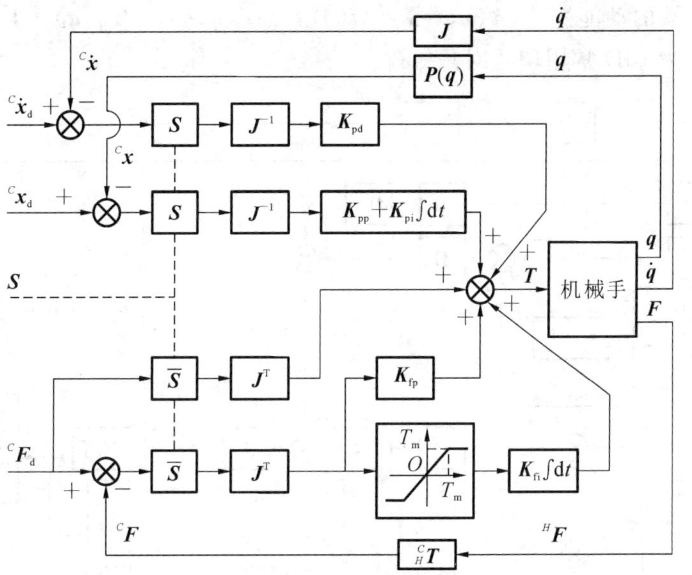

图 6-20　R-C 控制器结构

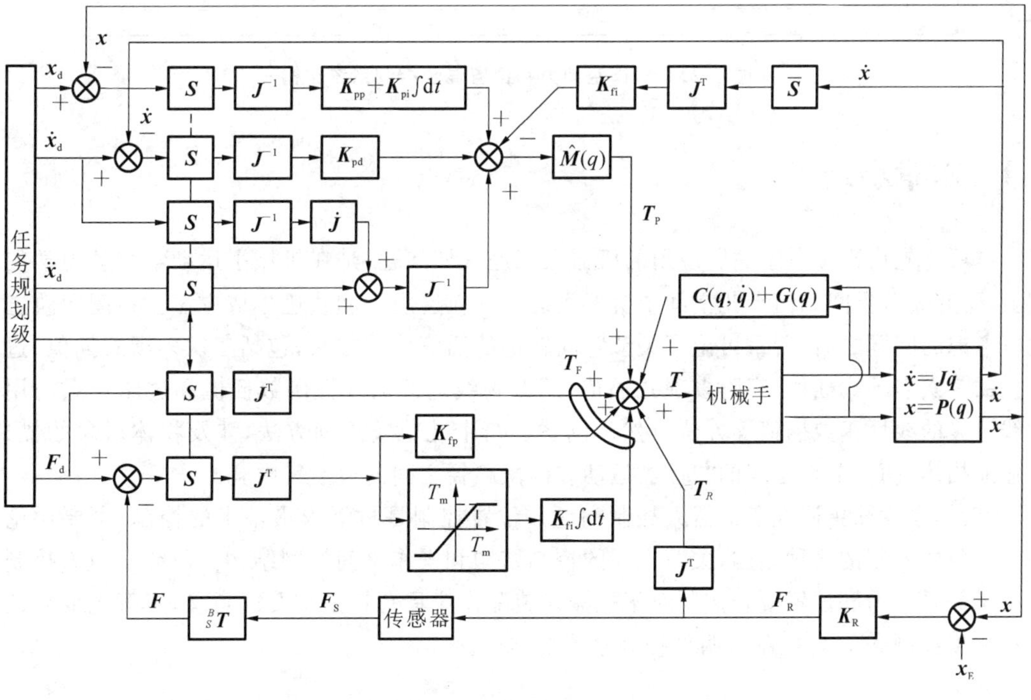

图 6-21　改进后的 R-C 控制器结构

3. 操作空间力和位置混合控制

由于机器人是通过工具进行操作作业的，因此其末端的动态性能将直接影响操作质量。又因末端的运动是所有关节运动的复杂函数，故即使每个关节的动态性能可行，末端的动态性能也未必能满足要求。当动态摩擦和连杆挠性特别显著时，使用传统的伺服控制技术将无法保证作业要求。因此，有必要在{C}坐标系中直接建立控制算法，以满足作业性能要求。图 6-22 所示就是卡蒂布(O. Khatib)设计的操作空间力和位置混合控制系统结构。图 6-22 中，

$\boldsymbol{\Lambda}(\boldsymbol{x})$为机械手末端的动能矩阵，$\boldsymbol{\Lambda}(\boldsymbol{x})=\boldsymbol{J}^{-\mathrm{T}}\boldsymbol{M}(\boldsymbol{q})\boldsymbol{J}^{-1}$；$\widetilde{\boldsymbol{C}}(\boldsymbol{q},\dot{\boldsymbol{q}})=\boldsymbol{C}(\boldsymbol{q},\dot{\boldsymbol{q}})-\boldsymbol{J}^{\mathrm{T}}\boldsymbol{\Lambda}(\boldsymbol{x})\dot{\boldsymbol{J}}\dot{\boldsymbol{q}}$；$\boldsymbol{K}_{\mathrm{P}}$，$\boldsymbol{K}_{\mathrm{v}}$，$\boldsymbol{K}_{\mathrm{i}}$及$\boldsymbol{K}_{\mathrm{f}}$，$\boldsymbol{K}_{\mathrm{rf}}$和$\boldsymbol{K}_{\mathrm{fi}}$为PID常用增益对角矩阵。

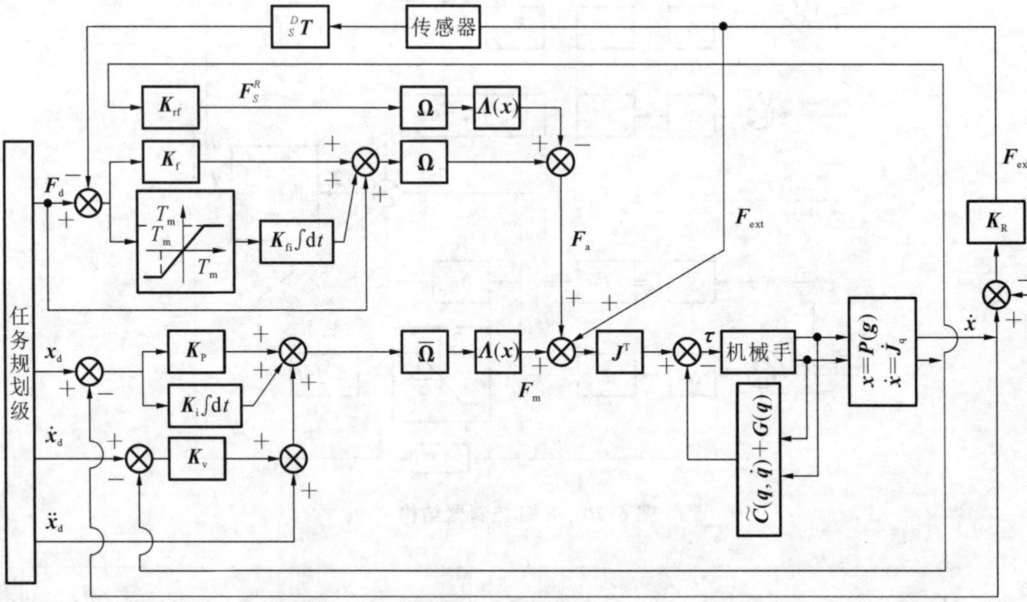

图 6-22 操作空间力和位置混合控制系统结构

6.4 本章小结

本章首先讨论了属于底层规划的机器人轨迹规划问题，是在机械手运动学和动力学的基础上，研究关节空间和笛卡儿空间中机器人运动的轨迹规划和轨迹生成方法。在阐明轨迹规划应考虑的问题之后，着重讨论了关节空间轨迹的插值计算方法，包括三次多项式插值、过路径点的三次多项式插值、高阶多项式插值、用抛物线过渡的线性函数插值和过路径点的用抛物线过渡的线性函数插值等方法。然后阐述了笛卡儿轨迹规划方法，涉及物体对象的描述、作业的描述、两个节点之间的“直线”运动和两段路径之间的过渡等内容。

其次，本章简单研究了机器人控制问题。位置控制是机器人最基本的控制，主要讨论了机器人位置控制的两种结构，关节空间的控制结构和操作空间控制结构。研究了阻力控制的动力学关系。力和位置混合控制对于机器人装配作业具有特别重要的意义，本章主要介绍了主动刚度控制和R-C控制这两种控制系统的结构。

习 题

6.1 已知一台单连杆机械手的关节静止位置为$\theta=-5°$。该机械手从静止位置开始在4 s内平滑转动到$\theta=80°$停止位置。试完成下列任务：

(1) 计算完成此运动并使机械臂停在目标点的三次曲线的系数；

(2) 计算带抛物线过渡的线性插值的各个参数；

(3) 画出该关节的位移速度和加速度曲线。

6.2　平面机械手的两连杆长度均为1 m。要求：从初始位置$(x_0, y_0)=(1.96, 0.50)$移至终止位置$(x_f, y_f)=(1.00, 0.75)$；初始位置和终止位置的速度和加速度均为0。试求每一关节的三次多项式的系数。（提示：可把关节轨迹分成几段路径来求解。）

6.3　在[0,1]时间区间内，使用一条三次样条曲线轨迹$\theta(t)=10+90t^2-60t^3$。试求该轨迹的起始点和终止点的位置、速度和加速度。

6.4　在[0,2]时间区间内，使用一条三次样条曲线轨迹$\theta(t)=10+90t^2-60t^3$。试求该轨迹的起始点和终止点的位置、速度和加速度。

6.5　在[0,1]时间区间内，使用一条三次样条曲线轨迹$\theta(t)=10+5t+70t^2-45t^3$。试求该轨迹的起始点和终止点的位置、速度和加速度。

6.6　在[0,2]时间区间区内，使用一条三次样条曲线轨迹$\theta(t)=10+5t+70t^2-45t^3$。试求该轨迹的起始点和终止点的位置、速度和加速度。

6.7　图6-23所示为一工业机器人的双爪夹手控制系统框图。此夹手由电枢控制直流电动机驱动。电动机轴的旋转经一套传动齿轮传到每个手指。每个手指的转动惯量为J，线性摩擦系数为B。已知直流电动机的传递函数（输入电枢电压为V，输出电动机转矩为T_m）为

$$\frac{T_m}{V_m}=\frac{1}{Ls+R}$$

式中：L和R——电动机电枢电感和电阻。

(1) 从夹手的物理特性出发，证明下列方程式：

$$\frac{\theta_1}{T_m}=\frac{K_1}{s(Js+B)}$$

$$\frac{\theta_2}{T_m}=\frac{K_2}{s(Js+B)}$$

并用系统参数表示K_1和K_2。

(2) 利用上述(1)的结果，画出以给定角θ_R为输入、以θ为输出的系统闭环框图。

(3) 如果采用比例控制器$(G_e=K)$，求出闭环系统的特征方程。K是否存在一个极限最大值？为什么？

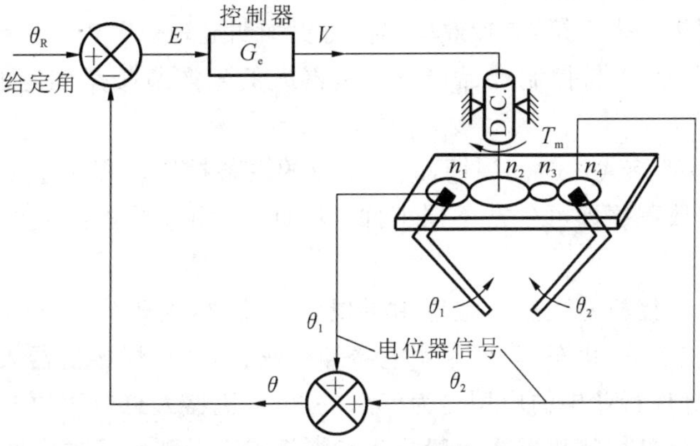

图6-23　双爪夹手控制系统框图

第7章　工业机器人系统集成与典型应用

工业机器人的系统集成与应用是工业机器人产业链中最主要的业务，包括两个内容：一是工业机器人系统集成设计，根据工业企业的工艺要求，以机器人系统为主，匹配周边自动化配套设备，组成能够从事具体工作的集成系统，即机器人工作站；二是工业机器人工作站的应用与维护。

本章主要从焊接机器人、搬运机器人、机器人的离线编程，以及工业 AGV（automated guided vehicle，自动导引车）等几个方面来讲述工业机器人的典型应用技术。

7.1　焊接机器人

焊接机器人就是在工业机器人的末端法兰安装焊枪或焊钳，并配以焊接装备，能够从事焊接作业的机器人工作站。

焊接是工业生产中非常重要的加工手段。一方面，焊接加工要求焊接工人具有熟练的操作技能、丰富的工作经验和稳定的焊接水平；另一方面，焊接又是一种烟尘多、热辐射大、有一定危险性、劳动环境较差的工作。具体来说，工业生产中应用焊接机器人有以下优点：

(1) 工作稳定，提高了焊接质量，可保证均一性。焊接参数（如焊接电流、电压、焊接速度及焊丝伸出长度等）对焊接结果起决定性作用。采用机器人焊接时，每条焊缝的焊接参数都是恒定的，焊缝质量受人工因素影响较小，这降低了对工人操作技术的要求，因此焊接质量是稳定的。而人工焊接时，焊接速度、焊丝伸出长度等都是变化的，因此很难做到质量的均一性。

(2) 改善了工人的劳动条件。采用机器人焊接后，工人可只装卸工件，远离了焊接弧光、烟雾和金属飞溅等。实施点焊作业时，工人不再搬运笨重的手工焊钳，这使工人从大强度的体力劳动中解脱出来。

(3) 提高劳动生产率。机器人不会疲劳，一天可 24 h 连续生产。另外，随着高速高效焊接技术的应用，使用机器人焊接，焊接效率提高将更加明显。

(4) 产品周期明确，容易控制产品产量。机器人的生产节拍是固定的，因此安排生产计划非常明确。

(5) 缩短产品改型换代的时间周期，减小相应的设备投资。相对于专用焊接自动化设备来说，焊接机器人修改程序即可生产不同工件。因此，使用焊接机器人可实现小批量产品的焊接自动化。

凭借这些优点，焊接机器人广泛地应用于现代制造业，主要分布在汽车制造和汽车零部件、摩托车制造、工程机械、机车车辆、家用电器等行业。其中，焊接机器人在作为支柱产业的汽车制造和汽车零部件行业中的应用更为广泛，占焊接机器人总应用的 3/4。

根据焊接工艺不同，焊接机器人一般分为点焊机器人及弧焊机器人两类。

7.1.1　点焊机器人集成工作站

1. 点焊机器人的分类

点焊机器人要满足点焊工艺的要求：①焊钳要到达每个焊点；②焊接点的质量应达到要

求。第一点意味着机器人应有足够的运动自由度和适当的工作范围，第二点要求机器人的焊钳所得的工作电流(对点焊来说是很大的)能安全可靠地到达机器人手臂端部，机器人焊钳的工作压力也要达到要求。对于第一点，只要机器人空间可达性可以满足被焊件的焊点位置分布即可。对于第二点，不同工艺要求决定了焊接系统的不同规格、性能。

1）按阻焊变压器与焊钳的结构关系分

从阻焊变压器与焊钳的结构关系上可将焊钳分为分离式、内藏式和一体式，见表 7-1。

表 7-1　点焊机器人及焊接系统分类

系统类型	分离式点焊机器人系统	内藏式点焊机器人系统	一体式点焊机器人系统
系统图示	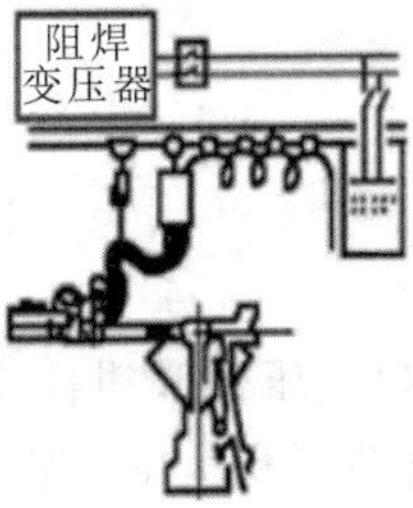	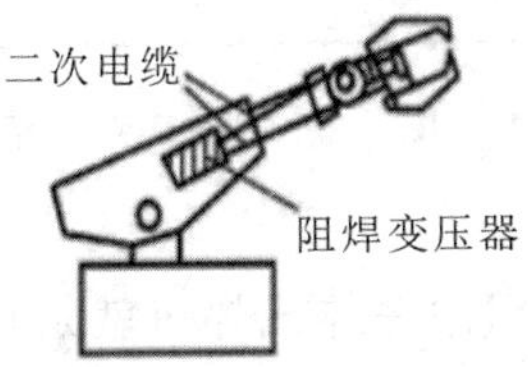	
机器人载重要求	中	小	大
点焊电源功能	大	大	小
机器人通用性	好	差	中
系统造价	高	中	低

(1) 分离式焊钳。

该焊钳的特点是阻焊变压器与钳体相分离，钳体安装在机器人手臂上(见图 7-1)，而阻焊变压器悬挂在机器人的上方，可在轨道上沿着机器人手腕移动的方向移动，二者之间用二次电缆相连。其优点是运动速度高，价格低廉；主要缺点是需要大容量的焊接变压器，能源利用率低。分离式焊钳可采用普通的悬挂式焊钳及阻焊变压器，但二次电缆需要特殊制造，一般将两条导线紧连在一起，中间用绝缘层隔开，每条导线还要做成空心的，以便通水冷却。此外，电缆还要有一定的柔性。

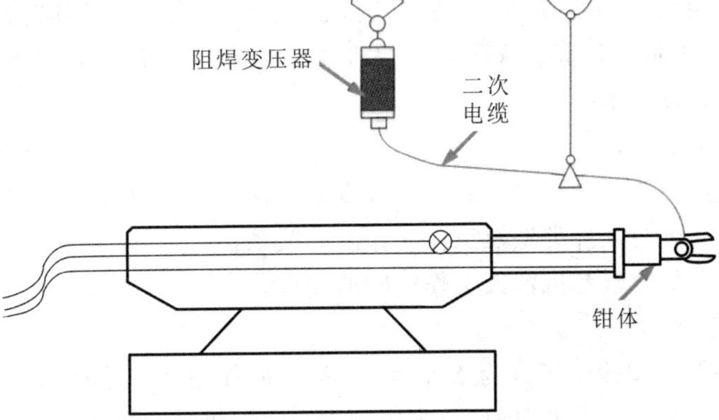

图 7-1　分离式焊钳结构示意图

(2) 内藏式焊钳。

这种结构的焊钳是将阻焊变压器安放到机器人手臂内(见图 7-2),使其尽可能地接近钳体,变压器的二次电缆可以在内部移动。当采用这种形式的焊钳时,必须同机器人本体统一设计。其优点是二次电缆较短,变压器的容量可以减小,但是使机器人本体的设计变得复杂。

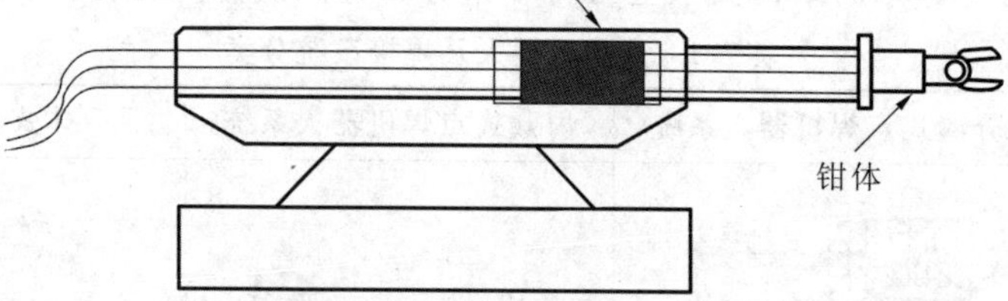

图 7-2 内藏式焊钳结构示意图

(3) 一体式焊钳。

如图 7-3 所示,机器人常用的一体式焊钳就是将阻焊变压器和钳体安装在一起,然后共同固定在机器人手臂末端的法兰盘上。其优点之一是省掉了粗大的二次电缆及悬挂变压器的工作架,直接将阻焊变压器的输出端连到焊钳的上下机臂上,另一个优点是节省能量。此外,焊钳要求在设计时,尽量缩短焊钳重心与机器人手臂轴心线间的距离。

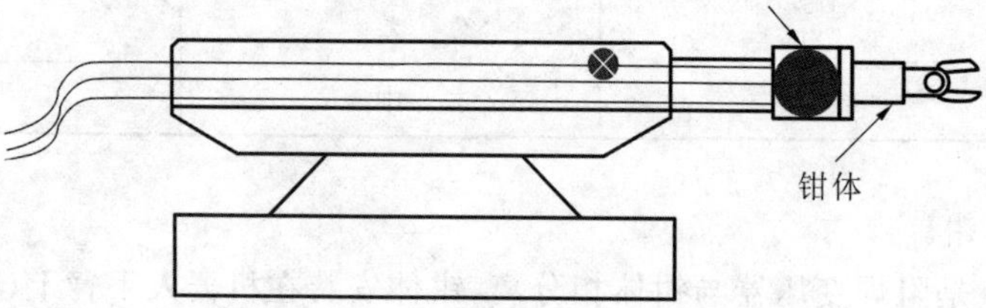

图 7-3 一体式焊钳结构示意图

对于分离式焊钳、内藏式焊钳两种形式,所用的钳体与阻焊变压器通过二次电缆相连,电缆一般较粗,且质量大,影响机器人运动的灵活性和范围。这样,阻焊变压器为了补偿二次电缆的导线损耗又必须做得容量较大,致使其能耗大、效率低。这种结构的优点是对机器人的承载能力要求低。20 世纪 80 年代,国际上开始在工业中采用一体式焊钳。这种焊钳除了不影响机器人的运动灵活性和范围外,还有能耗低、效率高的优点。但其对机器人的承载能力要求较高,使机器人的造价较高。在引入点焊机器人时,应考虑以下几个问题:

(1) 焊点的位置及数量;

(2) 焊钳的结构形式;

(3) 工件的焊接工艺要求,如焊接电流、焊点加压保持时间及压力等;

(4) 机器人安放点与工件类型及工作时序间的关系;

(5) 所需机器人的台数和机器人工作空间的安排。

2) 按焊钳用途分

点焊机器人焊钳从用途上可分为 X 形和 C 形两种,如图 7-4 所示。X 形焊钳主要用于点焊水平及近于水平倾斜位置的焊缝;C 形焊钳则用于点焊垂直及近于垂直倾斜位置的焊缝。

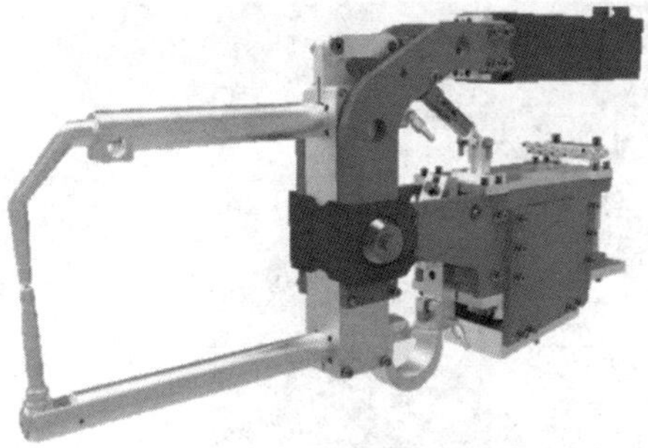

(a) X形焊钳

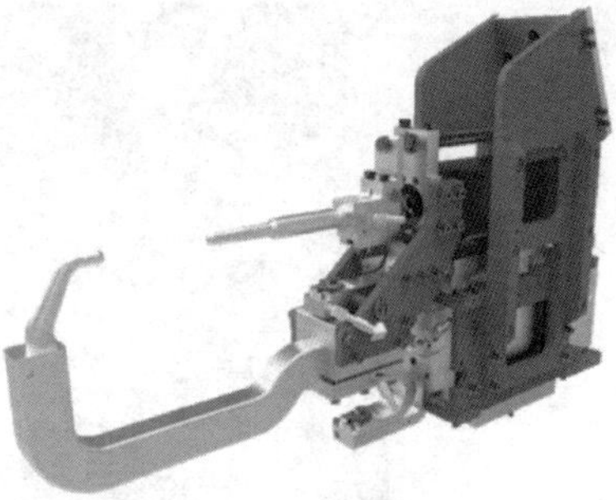

(b) C形焊钳

图 7-4 X形与C形焊钳

3）按焊钳闭合加压的驱动方式分

按加压的驱动方式，焊钳可以分为气动焊钳和电动焊钳，如图 7-5 所示。气动焊钳利用汽缸来加压，可具有 2～3 个行程，能够使电极完成大开、小开和闭合 3 个动作。其电极压力一旦调顶，则不能随意变化，目前比较常用。电动焊钳采用伺服电机驱动完成焊钳的张开和闭合，焊钳张开度可任意选定并预置且电极间的压紧力可无级调节 。

(a) 气动焊钳

(b) 电动焊钳

图 7-5 气动焊钳和电动焊钳

点焊机器人的机械结构参数如表 7-2 所示。图 7-6 所示为点焊机器人在进行焊接作业的画面。

表 7-2 点焊机器人机械结构参数

机构形式	大多数采用关节型，少量是直角坐标型、极坐标型
轴数	大多数是 6 轴，其余 1～10 轴不等，6 轴以上的轴为附加轴
重复定位精度	大多为±0.5 mm，范围为±(0.1～1)mm
负载	大多为 600～1000 N，范围为 5～2500 N
速度	2 m/s 左右
驱动方式	绝大多数为 AC(交流)伺服，少量为 DC(直流)伺服，极少量为电液伺服

图 7-6 点焊机器人在进行焊接作业

2. 点焊机器人集成工作站的硬件系统

点焊机器人集成工作站的硬件系统由主控制器、工业机器人本体、人机界面、点焊系统、电极研磨器、操作台、夹具，以及安全保护装置等组成，其部分组成如图 7-7 所示。

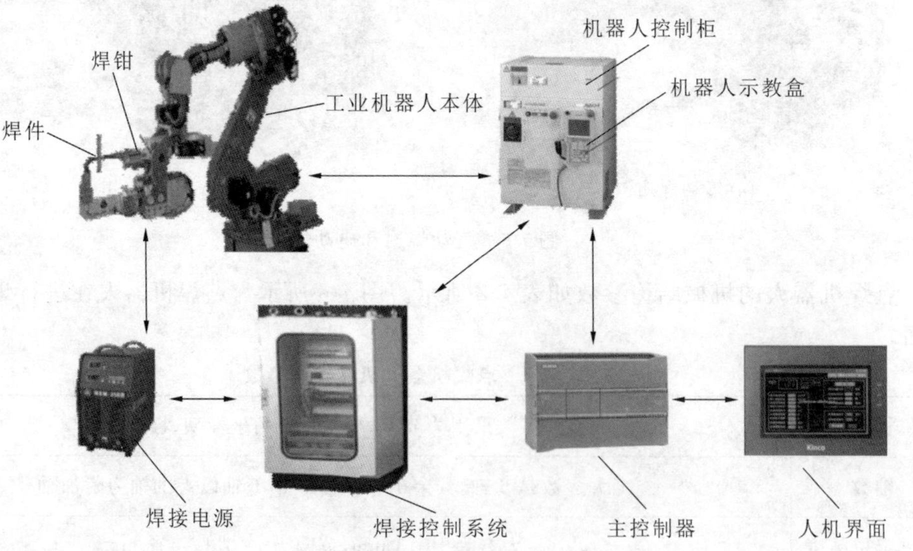

图 7-7 点焊机器人集成工作站的部分组成

下面分别介绍主要组成。

1）主控制器

点焊机器人主控制器根据工艺要求，联动控制机器人控制柜、焊接控制系统、人机界面、夹具、安全保护装置等各个子系统，使得各个子系统相互配合、实现整个工作站的自动化作业。通常采用的主控单元是 PLC。

2）工业机器人本体

为了满足生产要求，工业机器人本体一般选用关节式工业机器人，一般具有6个自由度。其中，汽车点焊机器人要求动力强劲，结实可靠，焊枪定位精度在±0.4 mm以下。

3）焊接控制器

焊接控制器能够对电极压力（预压、加压、维持、休止）时间和电极电流（预热、焊接、热处理脉冲）时间进行任意编程，具有电极焊接计数、自动报警、提示修磨电极更换等功能。

4）电极研磨器

电极研磨器的主要工作是修磨焊钳电极，去除电极上的焊渣、氧化层等。

5）安全保护装置

为防止机器人作业时发生伤人事故，采用多重安全防护技术。安全防护包括急停控制回路和安全控制回路。常用的安全保护装置有安全光栅、安全锁、安全继电器、光电开关、安全地毯、安全激光扫描仪等。安全保护的设计采用双通道结构的安全回路，情况严重程度较高的安全信号能令机器人急停，较低的安全信号可令机器人暂停。

6）夹具

在焊接过程中，合理的夹具结构有利于合理安排流水线生产，便于平衡工位，缩短非生产用时。汽车焊接材料主要是薄钢板，刚性差、易变形。在结构上，焊接散件大多数是具有空间曲面的冲压成型件，形状和结构复杂。有些型腔很深的冲压件，除存在因刚性差而引起的变形外，还存在回弹变形。因此，在焊装过程中必须使用多点定位的专用焊装夹具，以保证部件整体的焊接精度。

7）供气系统

供气系统包括气源、水气单元、焊钳进气管等，其中水气单元包括压力开关、电缆、阀门管子、回路连接器和接触点等，提供水气回路。

8）供水系统

供水系统包括冷却水循环装置、焊钳冷水管、焊钳回水管等。由于电焊是低压大电流焊接，在焊接过程中，导体会产生大量热量，因此焊钳、焊钳变压器需要水冷。

9）焊钳

焊钳是指将电焊用的电极、焊枪架和加压装置等集中于一体的焊接装置。

除此之外，点焊机器人集成工作站的组成部分还有点焊机压力测试仪和焊机专用电流表等。

7.1.2　弧焊机器人集成工作站

1. 简介

1）电弧焊

电弧焊指的是利用电弧放电（俗称电弧燃烧）所产生的热量将焊条与工件互相熔化并在冷凝后形成焊缝，从而获得牢固接头的焊接过程。其主要方法有焊条电弧焊、埋弧焊、气体保护焊等，它是应用最广泛的熔焊方法。

2）弧焊机器人

弧焊机器人是进行自动电弧焊的工业机器人，其末端工具是焊枪。弧焊的工艺要求比点焊复杂，因此焊接过程中的焊枪尖端路径、焊枪姿态、焊接参数都要求精确控制。一般采用六轴机器人作为弧焊机器人本体。

弧焊机器人必须和焊接电源等周边设备协调使用，才能获得理想的焊接质量和高的生产效率。图 7-8 所示为由弧焊机器人本体、操作盘、机器人控制装置等组成的弧焊机器人集成工作站。

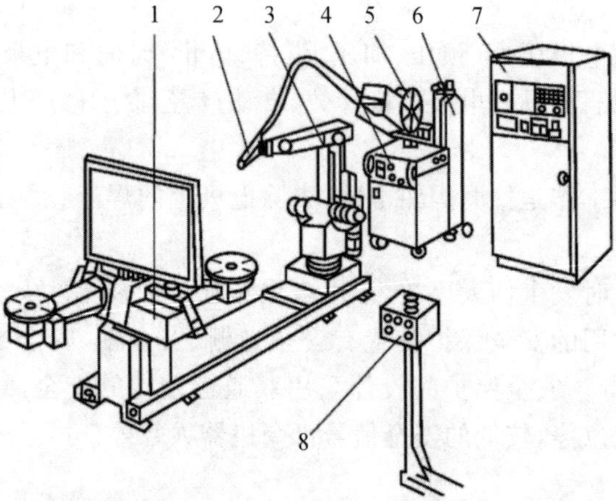

图 7-8　弧焊机器人集成工作站

1—多自由度焊接工作台；2—焊枪；3—弧焊机器人本体；4—焊接控制器及焊接电源；
5—走丝机构；6—保护气体瓶；7—机器人控制装置；8—操作盘

图 7-9 所示为弧焊机器人集成工作站与其组成部分之间的关系。

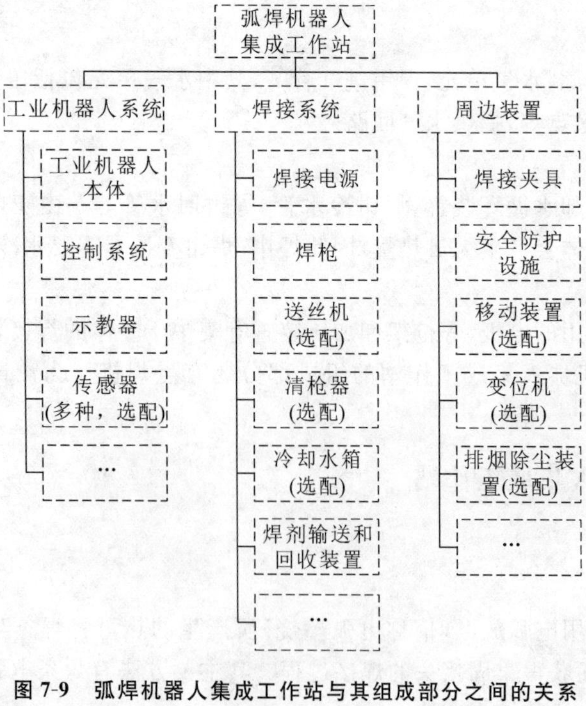

图 7-9　弧焊机器人集成工作站与其组成部分之间的关系

2. 弧焊机器人集成工作站的系统组成

典型的弧焊机器人集成工作站主要包括：工业机器人本体、焊枪、焊接电源、焊枪防碰撞传感器、变位机、送丝机、清枪器、控制系统、安全防护设施和排烟除尘装置等。图 7-10 所示为典型弧焊机器人集成工作站系统组成。

下面介绍弧焊机器人集成工作站中常用组成部分。

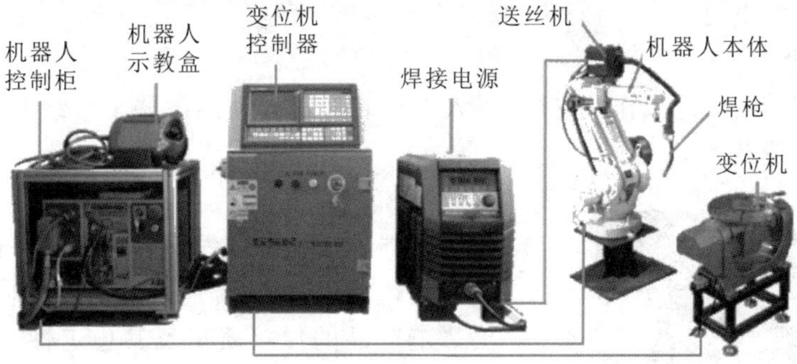

图 7-10　典型弧焊机器人集成工作站系统组成

1）焊枪

电弧焊的主要工具是焊枪。焊枪可根据冷却方式分为气冷式、水冷式两类。

(1) 气冷式焊枪通常重量轻，且较水冷式焊枪便宜，但是使用受限，一般使用于约 125 A 以下的焊接电流。所以一般情况下用在薄板焊接且使用率低的场合，而它的操作温度比水冷式焊枪高。

(2) 水冷式焊枪的冷却水系统由水箱、水泵和冷却水管及水压开关组成。水压开关的作用是保证当冷却水未流经焊枪时，焊接系统不能启动，以保护焊枪，避免焊枪由于未经冷却而烧坏。

2）焊接电源

焊接电源是一种用来对焊接电弧提供电能的专用设备。其负载是电弧，它必须具有弧焊工艺所要求的电气性能，如合适的空载电压、一定形状的外特征、良好的动态特性和灵活的调节特性等。

3）送丝机

弧焊送丝机是为焊枪自动输送焊丝的装置，一般安装在机器人第 3 轴上，由送丝电动机、加压控制柄、送丝滚轮、送丝导向管、加压滚轮等组成，如图 7-11 所示。

(a) 送丝机实物

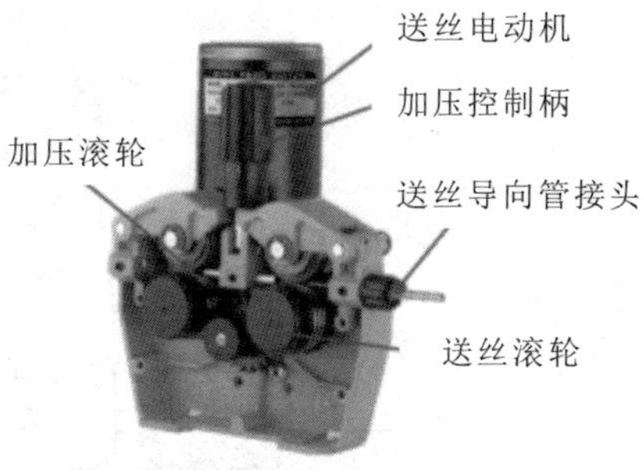

(b) 送丝机内部结构

图 7-11　送丝机

4）焊丝盘架

焊丝盘架可装在机器人第 1 轴上也可放置在地面上。焊丝盘架用于固定焊丝盘。

5）变位机

对于某些焊接场合，由于工件空间几何形状过于复杂，焊接机器人末端工具无法到达指定的焊接位置或姿态。此时可以采用变位机来让焊接工件移动或转动，使工件上的待焊部位进入机器人的作业空间。

6）滑移平台

为保证大型结构件焊接作业，把机器人本体装在可移动的滑移平台或龙门架上，以扩大机器人本体的作业空间。

7）清枪装置

机器人在施焊过程中焊钳电极头的氧化磨损，焊枪喷嘴内外残留的焊渣，以及焊丝干伸长的变化等势必影响产品的焊接质量及其稳定性。常见清枪装置是焊枪自动清枪站，如图7-12所示。

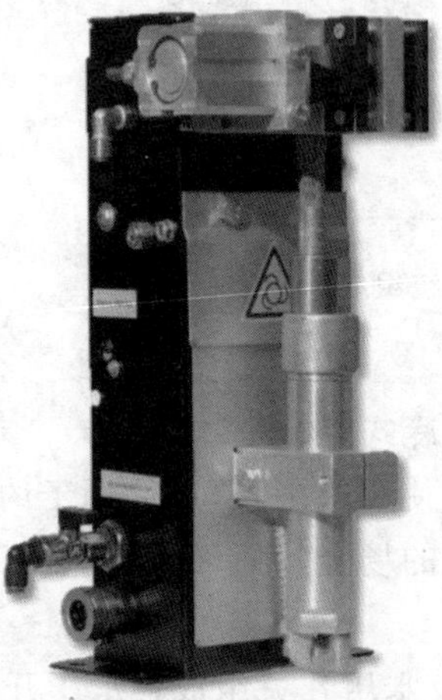

图 7-12 焊枪自动清枪站

8）自动换枪装置

在弧焊机器人作业过程中，焊枪需要定期更换或清理焊枪配件（如导电嘴、喷嘴等），这样不仅浪费工时，且增加维护费用。采用自动换枪装置可有效解决此类问题，使得机器人空闲时间大为缩短。

9）激光焊缝识别及跟踪装置

为了提高焊缝（特别是长焊缝）的精度，有时需要自动检测焊缝位置。图 7-13 所示为一种先进的三维激光焊缝识别及跟踪装置，其工作原理是将轻巧紧凑的跟踪装置安装在弧焊机器人焊枪之前，点弧前该装置的激光发射器对焊缝起始处进行扫描，引弧后，该装置边前移焊接，边横向跨焊缝扫描。由激光传感器获取焊缝的有关数据（如焊缝形式及走向、焊缝诸横截面各处深度等），将数据输入机器人控制装置中进行处理，并与存入数据库中的焊缝模型数据进行比较，把实时测得的数据与模型数据之差值作为误差信号，去驱动机器人运动，修正焊枪的轨迹，以提高焊接精度。

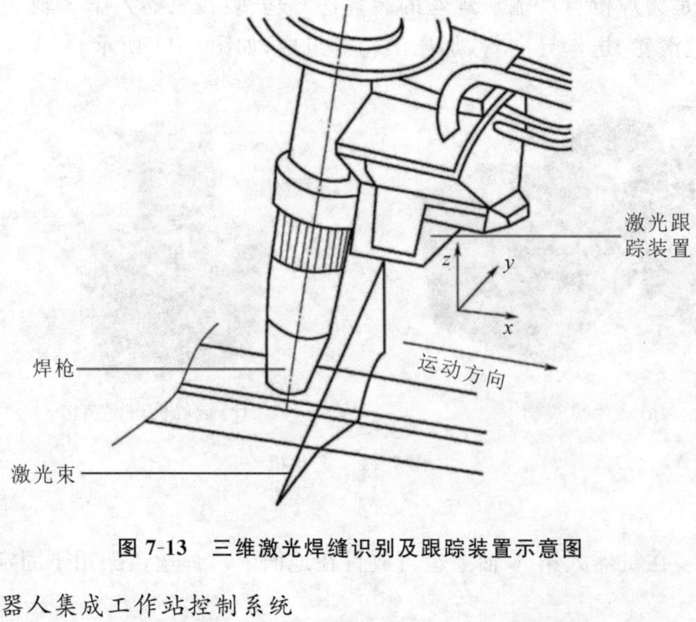

图 7-13 三维激光焊缝识别及跟踪装置示意图

10）弧焊机器人集成工作站控制系统

弧焊机器人控制系统在控制原理、功能及组成上和其他类型机器人的基本相同。对于弧焊机器人周边设备的控制，如工件上料速度及定位夹紧、送丝速度、电弧电压及电流、保护气体供断等的调控，设有单独的控制装置，可以单独编程，同时这些装置又和机器人控制装置进行信息交换。

7.2　搬运机器人

搬运机器人是可以进行自动搬运作业的工业机器人，搬运时其末端执行器夹持工件，将工件从一个加工位置移动至另一个加工位置。其主要优点有：

(1) 动作稳定，搬运准确性较高；

(2) 能部分替代工人操作，可进行长期重载作业，使人避免职业伤害；

(3) 能够在有毒、有害环境下长期作业；

(4) 柔性高、适应性强，可实现多形状、不规则物料搬运；

(5) 定位准确，保证批量一致性；

(6) 降低制造成本，提高生产效益，实现工业生产自动化。

7.2.1　搬运机器人的结构与分类

1. 龙门式搬运机器人

龙门式搬运机器人坐标系主要由 x 轴、y 轴和 z 轴组成，即采用直角坐标系。该类型机器人可实现大物料、重吨位搬运，编程方便快捷，广泛运用于生产线转运及机床上下料等大批量生产过程，如图 7-14 所示。

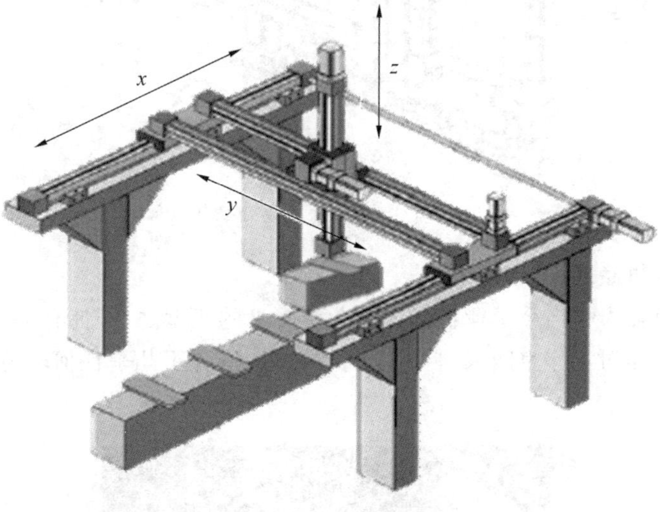

图 7-14　龙门式搬运机器人

2. 悬臂式搬运机器人

悬臂式搬运机器人坐标系主要由 x 轴、y 轴和 z 轴组成，也可随不同的应用采取相应的结构形式 。广泛运用于卧式机床、立式机床及特定机床内部和冲压机热处理机床自动上下料，如图 7-15 所示。

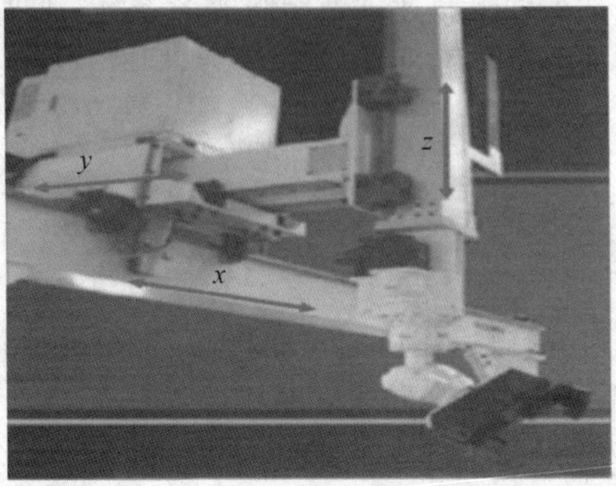

图 7-15 悬臂式搬运机器人

3. 侧壁式搬运机器人

侧壁式搬运机器人坐标系主要由 x 轴、y 轴和 z 轴组成，也可随不同的应用采取相应的结构形式。主要运用于立体库类，如图 7-16 所示。

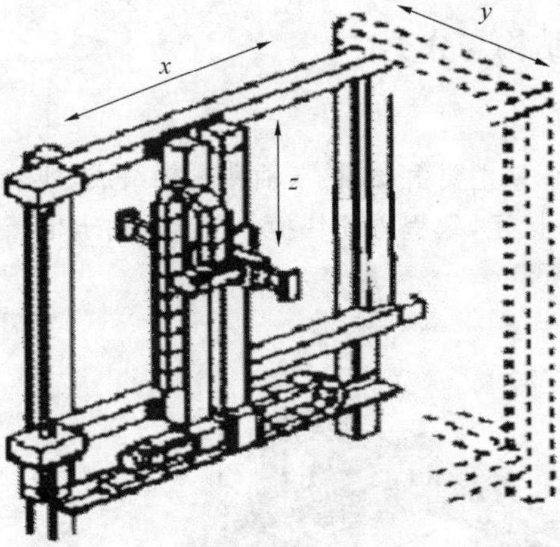

图 7-16 侧壁式搬运机器人

4. 关节式搬运机器人

关节式搬运机器人是当今工业机器人产业中常见的机型之一，拥有 5～6 个轴，具有结构紧凑、占地空间小、相对工作空间大、自由度高等特点，适合于几乎任何轨迹或角度的工作，如图 7-17 所示。

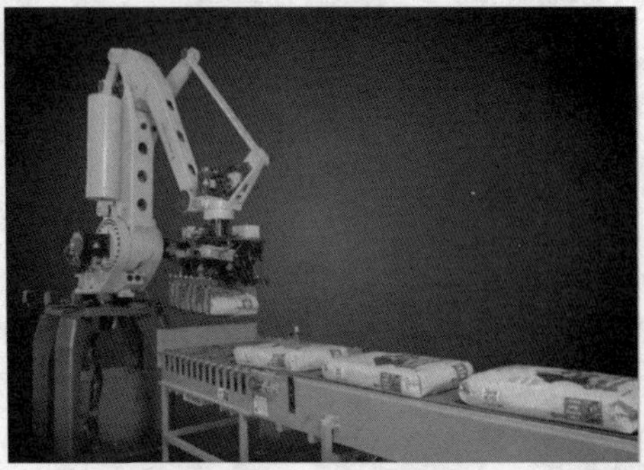

图 7-17 关节式搬运机器人

其中，水平关节式搬运机器人结构较简单，便于制造，适合主体在平面内运动的搬运作业，比如搬运电子产品制造中的电路板、电子元件等。日本 FANUC 公司制造的 M400 型机器人（见图 7-18）采用水平关节型臂结构。

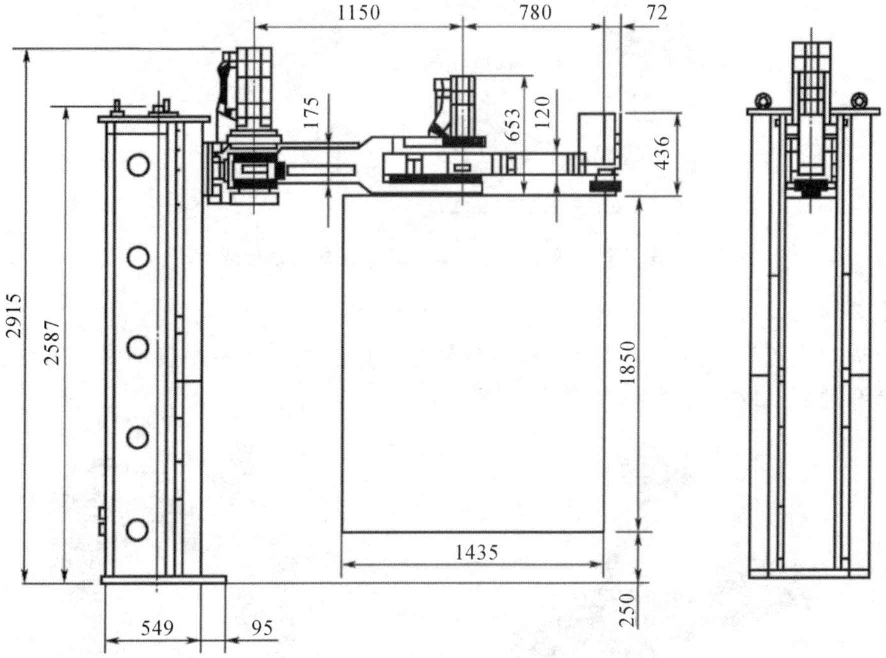

图 7-18　M400 型机器人装配图

5. 摆臂式搬运机器人

摆臂式搬运机器人坐标系主要由 x 轴、y 轴和 z 轴组成。z 轴主要是升降，也称为主轴；y 轴的移动主要通过外加滑轨实现；x 轴末端连接控制器。这三轴的平移，加上其绕 x 轴的转动，实现 4 轴联动。广泛应用于国内外生产厂家，是关节式搬运机器人的理想替代品，但负载程度相对于关节式搬运机器人小，如图 7-19 所示。

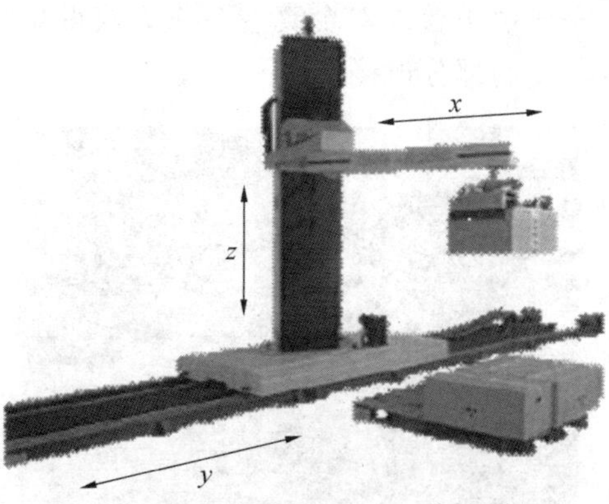

图 7-19　摆臂式搬运机器人

7.2.2　搬运机器人集成工作站的系统组成

搬运机器人集成工作站的系统组成如图 7-20 所示。其中，实现搬运任务的为搬运作业系统。搬运作业系统主要包括真空发生装置、气体发生装置、液压发生装置等。

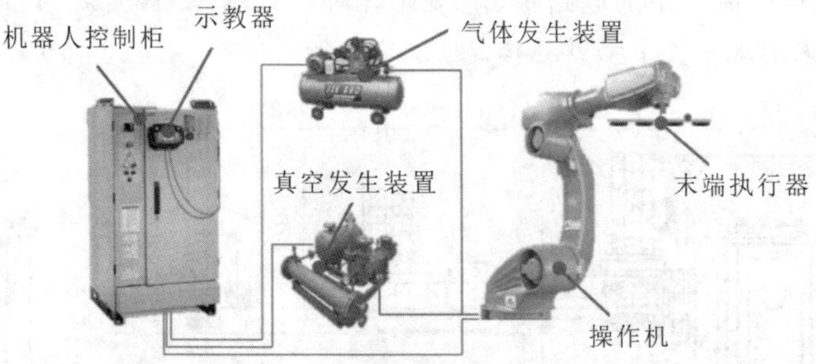

图 7-20　搬运机器人集成工作站的系统组成

1. 主要周边设备

主要周边设备为滑移平台。加滑移平台是搬运机器人增加自由度的常用方法。滑移平台可安装在地面上或龙门架上，如图 7-21 所示。

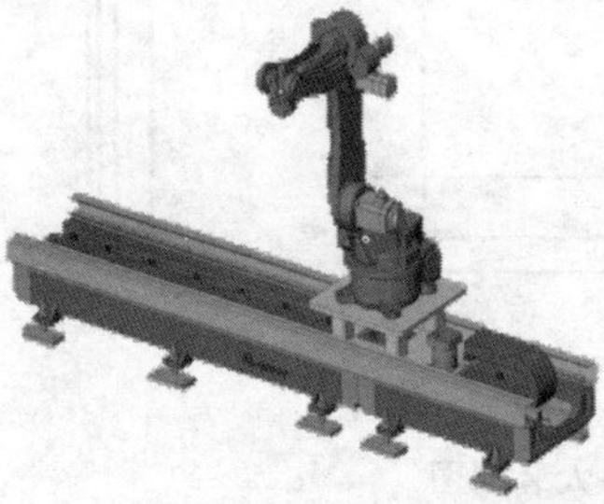

(a) 地面安装

(b) 龙门架安装

图 7-21　滑移平台

2. 搬运作业系统

搬运作业系统主要包括真空发生装置、气体发生装置、液压发生装置等。此部分装置均为标准件。通常企业都会有一个大型真空负压站(真空发生装置，见图 7-22)，为整个生产车间提供压缩空气和抽真空，一般由单台或双台真空泵作为获得真空环境的主要设备，以真空罐为真空存储设备，通过电气控制部分连接。

图 7-22　真空负压站

3. 工位布局

搬运机器人安装不同的末端执行器后，服务于数控机床、压铸机等加工设备，为加工设备上下料。往往把搬运机器人与加工设备等组成搬运机器人集成工作站，常见搬运机器人集成工作站可采用L形、环状、“品”字、“一”字等布局形式。

1) L形布局

如图7-23所示，将搬运机器人安装在龙门架上，使其行走在机床上方，大限度节约地面资源。

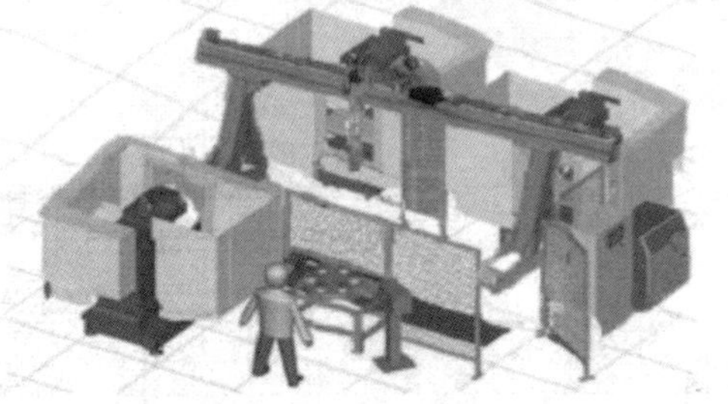

图7-23　L形布局

2) 环状布局

这种布局的搬运机器人集成工作站又称岛式加工单元，如图7-24所示，以关节式搬运机器人为中心，机床围绕其周围形成环状，进行工件搬运加工，可提高生产效率、节约空间，适合小空间厂房作业。

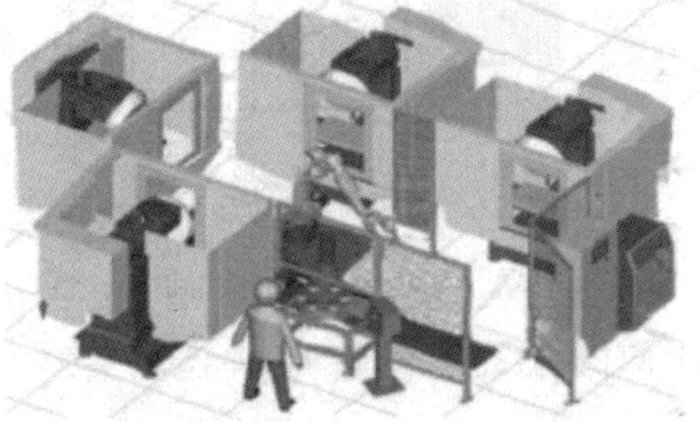

图7-24　环状布局

3) “一”字布局

直角桁架机器人通常要求设备呈“一”字布局(见图7-25)，对厂房高度、长度具有一定要求，工作运动方式为直线编程，很难满足对放置位置、相位等有特别要求工件的上下料作业需要。

图7-25　“一”字布局

7.2.3 搬运机器人应用实例

图 7-26 所示为一个耐火砖自动压制系统，它由成形压力机、搬运机器人和烧成车等组成。制造耐火砖时，把和好的耐火材料送入成形压力机，经过模压后，耐火材料形成砖的形状，搬运机器人从成形压力机中把砖夹出，在烧成车上堆垛，然后把烧成车同砖送入炉中烧烤。可见，搬运机器人的主要作业是从成形压力机中取出砖块，按堆垛要求，把砖块堆放在烧成车上。搬运机器人与成形压力机、烧成车按一定顺序作业，并保持一定的互锁关系。

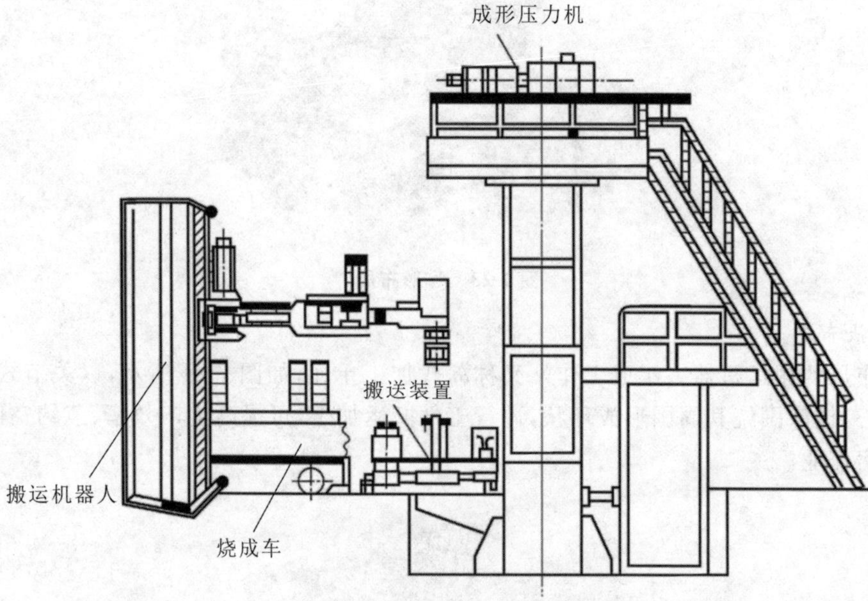

图 7-26 耐火砖自动压制系统

耐火砖自动压制系统参数：机器人型号为 M400 型；成形压力机为 10000 kN 液压压力机；夹持装置为带平行夹持缓冲机构；耐火砖有 18 种，50～170 N/个；工作节拍，压制成形 30 s；堆垛精度为±1 mm。

搬运耐火砖过程中，要求机器人工作平稳、保证运行速度、柔性操作，并能适应由砖厚差异、硅砂散布造成的尺寸变动。

7.3 工业机器人的离线编程

工业机器人广泛应用于焊接、搬运、喷漆及打磨等领域，随着技术的发展，任务的复杂程度不断增加，而用户对产品的质量、效率的追求越来越高。因此，机器人的编程方式、编程效率和质量显得越来越重要。

7.3.1 离线编程的优点

工业机器人编程方法主要有示教编程和离线编程。表 7-3 所示为这两种机器人编程方式的比较。

表7-3　两种机器人编程方式的比较

示教编程	离线编程
需要实际机器人系统和工作环境	需要机器人系统和工作环境的图形模型
在实际系统上检验程序	通过仿真软件检验程序
编程时需要停止工作	可在机器人工作情况下编程
很难实现复杂机器人运动轨迹的编程	可实现机器人复杂运动轨迹的编程
编程质量取决于编程者的经验	可通过CAD(computer-aided design，计算机辅助设计)进行最佳轨迹规划

示教再现型机器人在实际生产应用中存在的主要技术问题有：

(1) 机器人的示教编程过程烦琐、效率低；

(2) 示教的精度完全由示教者的经验目测决定，对于复杂路径难以取得令人满意的示教效果；

(3) 对于一些需要根据外部信息进行实时决策的应用无能为力。

离线编程系统可以简化机器人编程进程，提高编程效率，是实现系统集成的必要的软件支撑系统。与示教编程相比，离线编程有如下优点：

(1) 减少机器人停机的时间，当对下一个任务进行编程时，机器人可仍在生产线上工作；

(2) 使编程者远离危险的工作环境，改善了编程环境；

(3) 离线编程系统使用范围广，可以对各种机器人进行编程，并能方便地实现编程优化；

(4) 便于和CAD/CAM(computer-aided manufacturing，计算机辅助制造，缩写为CAM)系统结合，形成CAD/CAM/Robotics一体化；

(5) 可使用高级计算机编程语言对复杂任务进行编程；

(6) 便于修改机器人程序。

因此，离线编程引起了人们的广泛重视，并成为机器人学中一个十分重要的研究方向。

7.3.2　离线编程系统的要求及组成

工业机器人离线编程系统是利用计算机图形学的成果，建立起机器人及其工作环境的几何模型，再利用一些规划算法，通过对图形的控制和操作，在离线的情况下进行轨迹规划；并通过三维图形动画仿真编写的程序，以检验编程的正确性，最后将生成的代码传到机器人控制器。

1. 离线编程系统的要求

工业机器人离线编程系统是机器人编程语言的拓展，通过该系统可以建立机器人和CAD/CAM系统之间的联系。设计离线编程系统时应考虑以下几方面的内容：

(1) 所编程的机器人工作过程的知识；

(2) 机器人和工作环境三维实体模型；

(3) 机器人几何学、运动学和动力学的知识；

(4) 基于图形显示的软件系统、可进行机器人运动的图形仿真；

(5) 轨迹规划和检查算法，如检查机器人关节角超限与否、检测碰撞情况，以及规划机器人在工作空间的运动轨迹等；

(6) 传感器的接口和仿真，以及利用传感器的信息进行决策和规划；

(7) 通信功能，以完成离线编程系统所生成的运动代码到各种机器人控制柜的通信；

(8) 用户接口,以提供有效的人机界面,便于人工干预和进行系统的操作。

另外,由于离线编程系统是基于机器人系统的图形模型来模拟机器人在实际环境中的工作从而进行编程的,因此,为了使编程结果能很好地符合实际情况,系统应能够计算仿真模型和实际模型之间的误差,并尽量减小该误差。

2. 离线编程系统的组成

工业机器人离线编程系统的组成如图 7-27 所示。一般来说,机器人离线编程系统包括以下一些主要模块:CAD 建模、编程、图形仿真、传感器、用户接口以及后置处理等。

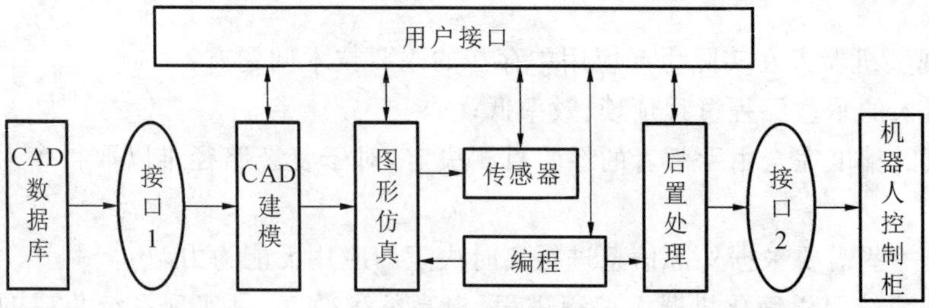

图 7-27 工业机器人离线编程系统组成

1) 用户接口

离线编程系统的环境,必须便于人机交互。用户接口是人机交互的重要部分。

2) CAD 建模

机器人离线编程与仿真必须实现机器人及其工作单元的图形描述,即建立工作单元中的机器人、夹具、零件和工具的三维几何模型。CAD 建模需要完成以下任务:零件建模、设备建模、系统设计和布置、几何模型图形处理等。

3) 图形仿真

用户在图形仿真模块中对任务规划和路径规划的结果进行三维图形动画仿真,以模拟整个作业的完成情况,检查发生碰撞的可能性及机器人的运动轨迹是否合理,并预计机器人的工作节拍。

4) 编程

编程部分包括机器人及周边设备的作业任务描述(包括路径点的设定)、建立变换方程、求解未知矩阵及编制任务程序等。由于计算机程序语言能对几何信息直接进行操作且具有空间推理功能,因此它能方便地实现自动规划和编程。

5) 传感器

传感器的应用大大提高机器人系统的智能性,机器人作业任务已离不开传感器的引导。因此,离线编程系统应能模拟传感器,生成传感器的控制策略,对基于传感器的作业任务进行仿真。

6) 后置处理

后置处理的主要任务是把离线编程的源程序编译为机器人控制系统能够识别的目标程序,进而通过通信接口装到目标机器人控制柜,驱动机器人去完成指定的任务。

7.3.3 工业机器人离线编程软件介绍

1. Robotmaster

Robotmaster 来自加拿大,几乎支持市场上绝大多数工业机器人品牌(KUKA,ABB,

FANUC，Yaskawa，Staubli，Aubo，Comau，Epson，GSK，MItsubishi，Panasonic……），是目前常用的离线编程软件。Robotmaster 界面如图 7-28 所示。

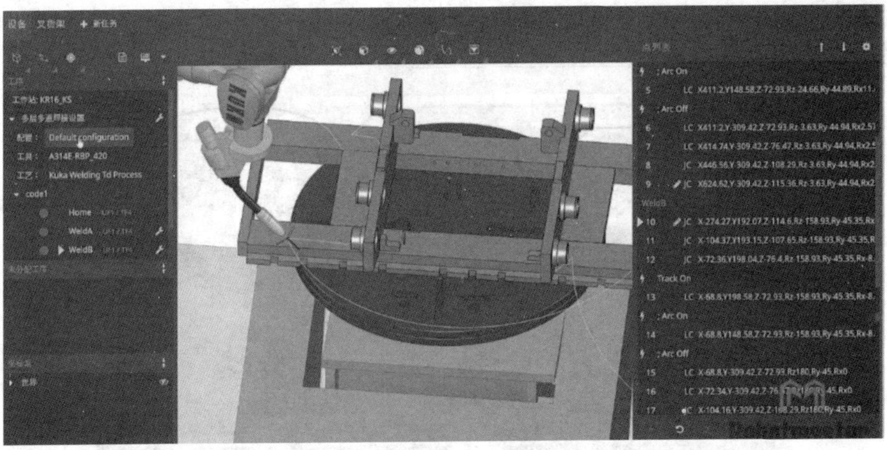

图 7-28　Robotmaster 界面

（1）功能：Robotmaster 在 Mastercam 中无缝集成了工业机器人编程、仿真和代码生成功能，提高了工业机器人编程速度。

（2）优点：可以按照产品数据模型生成程序，适用于切割、铣削、焊接、喷涂等；具有独家的优化功能，运动学规划和碰撞检测非常精确；支持外部轴系统（直线导轨系统、旋转系统），并支持复合外部轴组合系统。

（3）缺点：暂时不支持多台工业机器人同时模拟仿真（也就是说只能做单个工作站）。

2. Robcad

Robcad 是西门子旗下的软件，较庞大，主要用于生产线仿真，支持离线点焊，支持多台工业机器人仿真，支持非工业机器人运动机构仿真，支持精确的节拍仿真。Robcad 主要应用于产品生命周期中的概念设计和结构设计这两个前期阶段。其界面如图 7-29 所示。

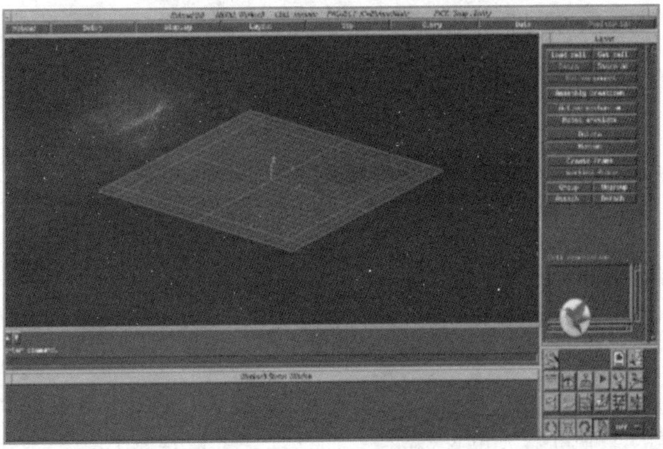

图 7-29　Robcad 界面

Robcad 的主要特点：与主流的 CAD 软件（如 NX、CATIA、I-DEAS）无缝集成，实现工具工装、工业机器人和操作者的三维可视化，从而对制造单元、测试及编程进行仿真。

3. DELMIA

DELMIA 是达索旗下的 CAM 软件,其界面如图 7-30 所示。DELMIA 有六大模块,其中 Robotics 解决方案涵盖汽车领域的发动机、总装和白车身(body in white),航空领域的机身装配、维修维护,以及一般制造业的制造工艺。

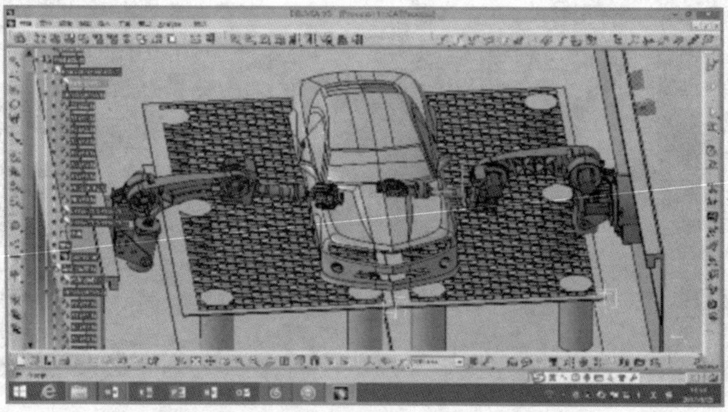

图 7-30 DELMIA **界面**

DELMIA 的工业机器人模块 Robotics,利用其强大的 PPR 集成中枢(产品-工艺-资源数据协同运作系统),可快速进行工业机器人工作单元建立、仿真与验证,可提供完整的、可伸缩的、柔性的解决方案。

4. RobotStudio

RobotStudio 是瑞士 ABB 公司配套的软件。RobotStudio 支持工业机器人的整个生命周期,能非常逼真地模拟机器人生产运行,并模拟优化现有的工业机器人程序。RobotStudio 界面如图 7-31 所示。

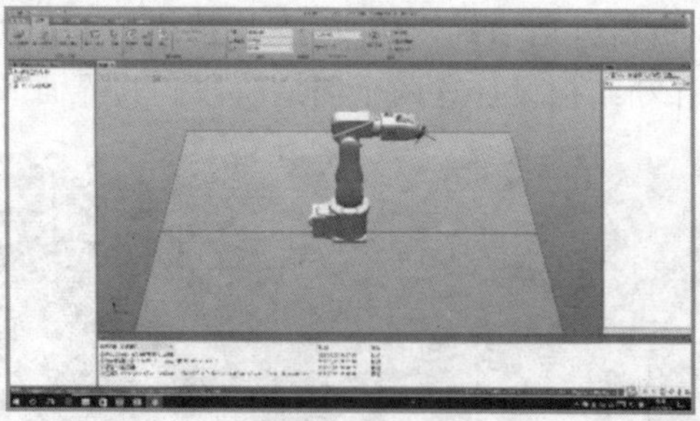

图 7-31 RobotStudio **界面**

RobotStudio 的优点如下:

(1) 可方便地导入各种主流 CAD 格式的数据,包括 IGES、STEP、VRML、VDAFS、ACIS 及 CATIA 等。

(2) AutoPath 功能通过使用待加工零件的 CAD 模型,仅在数分钟之内便可自动生成跟踪加工曲线所需要的工业机器人位置(路径),而这项任务以往常常需要数小时甚至数天。

(3) 程序编辑器可生成工业机器人程序,使用户能够在 Windows 环境中离线开发或维护工业机器人程序,可显著缩短编程时间、改进程序结构。

(4) 通过 Autoreach 可自动进行可到达性分析,能任意移动工业机器人或工件,直到所有要求的位置均可到达,然后较快地完成工作单元平面布置验证和优化。

（5）虚拟示教器是实际示教器的图形显示，其核心技术是 Virtual Robot。所有可以在实际示教器上进行的操作都可以在虚拟示教器上完成，因而虚拟示教器是一种非常出色的教学和培训工具。

除此之外，还有路径规划、事件表、碰撞检测、上传和下载机器人程序等功能。

RobotStudio 的缺点：只支持 ABB 品牌的工业机器人，机器人间的兼容性很差。

5. ROBOGUIDE

ROBOGUIDE 是 FANUC 工业机器人配套软件，其界面如图 7-32 所示。该软件支持机器人系统布局设计和动作模拟仿真，可进行机器人干涉性分析、可达性分析、系统节拍估算、自动轨迹编程等。

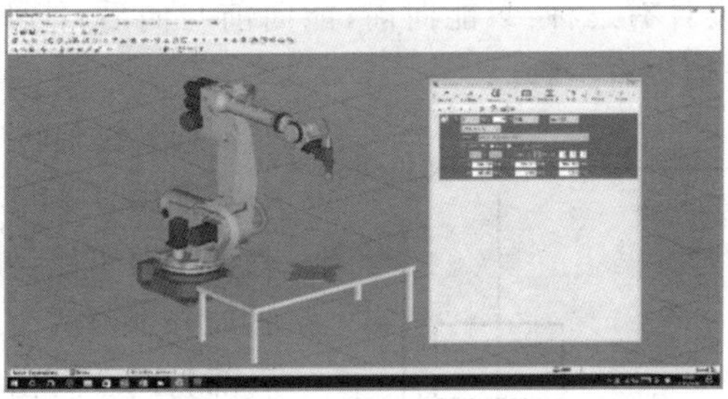

图 7-32　ROBOGUIDE 界面

7.4　工业 AGV

AGV（自动导引车）是一种以电池为动力装置，装有非接触式导向装置的无人驾驶自动运输车，如图 7-33 所示。其主要功能是，在计算机控制下，通过复杂的路径将物料按一定的停位精度输送到指定的位置上。

图 7-33　AGV

7.4.1　AGV 的结构组成

AGV 由车体、蓄电池、充电装置、控制系统、驱动装置、转向装置、移载装置、安全装置等组成。

1. 车体

车体由车架和相应的机械、电气结构（如减速箱、电动机、车轮等）组成。车架常采用焊接钢结构，要求有足够的刚性。

2. 蓄电池与充电装置

AGV 常采用 24 V 或 48 V 直流工业蓄电池为动力装置。

3. 驱动装置

驱动装置是一个伺服驱动的变速控制系统，可驱动 AGV 运行并具有速度控制和制动能力。它由车轮、减速器、制动器、电动机及速度控制器等部分组成，并由计算机或人工进行控制。速度调节可采用脉宽调速或变频调速等方法。直线行走速度可达 1 m/s，转弯时为 0.2～0.5 m/s，接近停位点时为 0.1 m/s。

4. 转向装置

AGV 常用运动方式设计有三种：只能向前；能向前与向后；能纵向、横向、斜向及回转全方位运动。转向装置的结构也有三种。

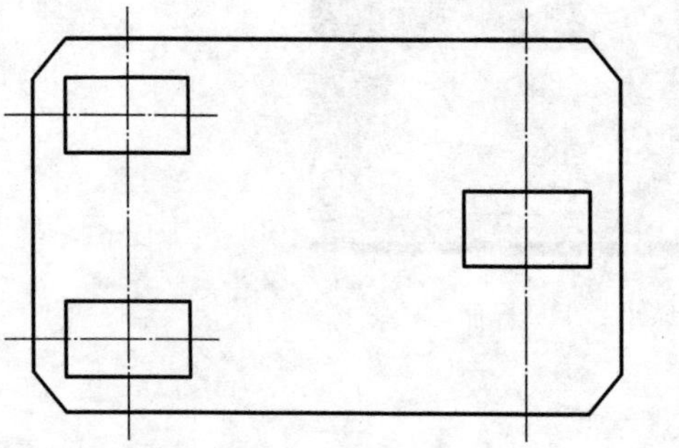

图 7-34　铰轴转向式三轮车型

(1) 铰轴转向式三轮车型。

如图 7-34 所示，车体的前部为一个铰轴转向车轮，同时也是驱动轮。转向和驱动分别由两个不同的电动机带动，车体后部为两个自由轮，由前轮控制转向实现单方向向前行驶。其结构简单、成本低，但定位精度较低。

(2) 差速转向式四轮车型。

车体的中部有两个驱动轮，由两个电动机分别驱动；前后部各有一个转向轮(自由轮)。通过控制中部两个轮的速度比可实现车体的转向，并实现前后双向行驶和转向。这种车型结构简单，定位精度较高。

(3) 全轮转向式四轮车型。

如图 7-35 所示，车体的前后部各有两个驱动和转向一体化车轮，每个车轮分别由各自的电动机驱动，可实现沿纵向、横向、斜向和回转方向任意路线行走，控制较复杂。

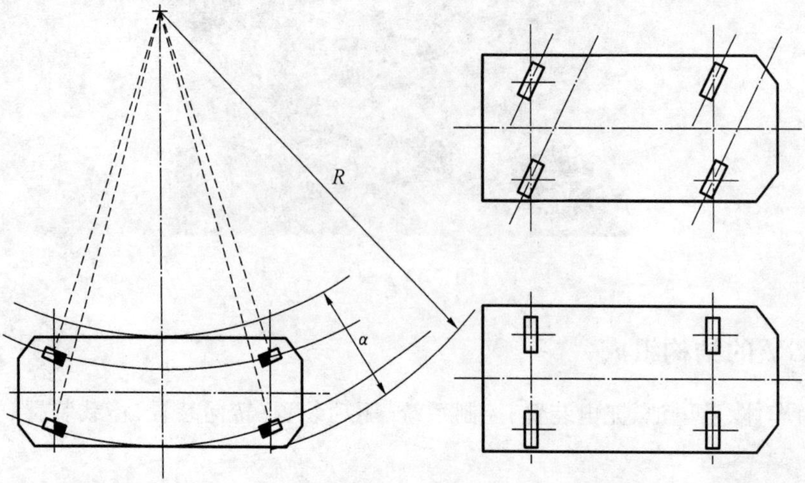

图 7-35　全轮转向式四轮车型

5. 控制系统

AGV 控制系统包括车上控制器和地面(车外)控制器,均采用微型计算机,通过通信进行联系。

AGV 运行时,车上控制器通过通信系统从地面控制器接收指令并报告自己的状态。车上控制器可监控手动控制状态、安全装置启动与否、蓄电池状态、转向极限到达与否、制动器解脱与否、行走灯光状态、驱动和转向电动机控制状态,以及充电接触器的状态等。

地面控制器与 AGV 间可采用定点光导通信和无线局域网通信两种通信方式。采用无线通信方式时,地面控制器和 AGV 构成无线局域通信网,地面控制器和 AGV 在网络协议支持下交换信息。无线局域网通信要完成 AGV 的调度和交通管理。

6. 移载装置

AGV 用移载装置来装卸货物,即接受和卸下载荷。常见的 AGV 装卸方式可分为被动装卸和主动装卸两种。

采用被动装卸方式的 AGV 不具有完整的装卸功能,而是采用助卸方式,即配合装卸站或接收物料方的装卸装置来装卸。

常见的助卸装置有升降式台面和滚柱式台面两种,如图 7-36 所示。升降式台面下设有液压升降机构,高度可以自由调节。采用滚柱式台面的环境要求是站台必须带有动力传动辊道,AGV 停靠在站台边,AGV 上的辊道和站台上的辊道对接之后同步动作,实现货物移送。为了顺利移载,AGV 必须精确停车才能与站台自动交换。

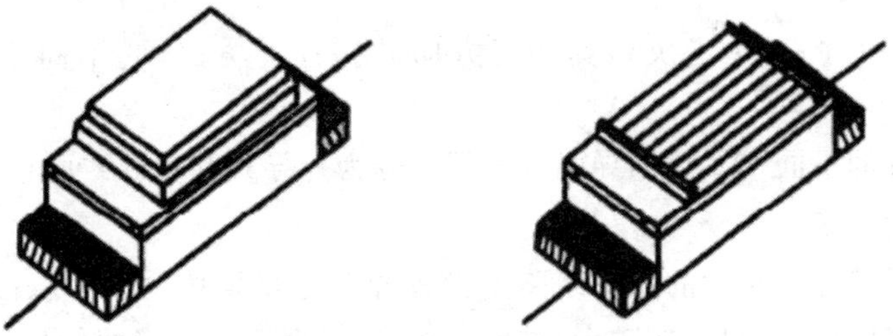

(a) 升降式台面　　(b) 滚柱式台面

图 7-36　常见助卸装置

主动装卸方式是指自动导引车自己具有装卸功能。常见的主动装卸方式有单面推拉式、双面推拉式、叉车式和机器人式四种。叉车式和机器人式分别如图 7-37(a)和图 7-37(b)所示。

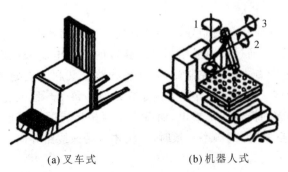

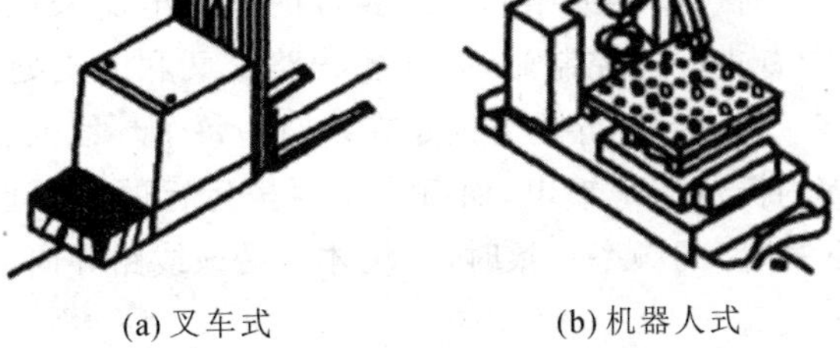

(a) 叉车式　　(b) 机器人式

图 7-37　主动装卸方式

7. 安全装置

为确保 AGV 在运行过程中自身的安全、现场人员及各类设备的安全，AGV 将采取多级硬件、软件的安全措施。在 AGV 的前端，设有红外光非接触式防碰传感器和接触式防碰传感器(保险杠)。AGV 安装醒目的信号灯和声音报警装置，以提醒周围的操作人员。一旦发生故障，AGV 自动进行声、光报警，同时以无线通信方式通知 AGV 监控系统。

(1) 障碍物接触式缓冲器。

障碍物接触式缓冲器是一种强制停车安全装置，它产生作用的前提是与其他物体相接触，使其发生一定的变形，从而触动有关限位装置，强行使 AGV 断电停车。

(2) 障碍物接近传感器。

障碍物接近传感器是障碍物接触式缓冲器的辅助装置，是先于障碍物接触式缓冲器发生作用的安全装置。为了确保安全，障碍物接近传感器是一个多级的接近检测装置，在预定范围内检测障碍物。当障碍物进入预定的范围时，该传感器会使 AGV 降速行驶，而更加靠近障碍物时则会停车；当障碍物解除后，AGV 将自动恢复正常行驶状态。障碍物接近传感器有激光式、超声波式、红外线式等多种类型。

(3) 装卸移载货物执行机构的自动安全保护装置。

装卸移载货物执行机构的自动安全保护装置分机械和电气两大类，如位置定位装置、位置限位装置、货物位置检测装置、货物形态检测装置、货物位置对中机构、机构自锁装置等。

7.4.2 AGV 的导引方式

所谓 AGV 导引方式，是指决定其运行方向和路径的方式，它不同于前面所说的一般通信。

根据导向原理的不同，AGV 的导引方式可以分为外导式和自导式两种。

1. 外导式导向系统

外导式导向系统是在车辆的运行线路上设置导向信息媒体，如导线、磁带、色带等，由车上的导向传感器接收导向信息(如频率、磁场强度、光强度等)，再将此信息经实时处理后用以控制车辆沿运行线路正确地运行。其中，应用最多的是电磁导向和光学导向两种方式。

1) 电磁导向系统

如图 7-38 所示，利用电磁感应的原理，在沿运行线路的地面上设置一条宽约 5 mm、深约 15 mm 的地沟，在地沟中铺设导线，另加有 2～35 kHz 的交变电流，以形成沿导线扩展的交变电磁场，车辆上的导向传感器接收此信号，并根据信号场的强度使车辆沿埋线指导的正确方向运行。

电磁导向有单频制导向和多频制导向两种方式。单频制导向方式是在整个线路上均提供单一频率振荡电磁信号，通过接通或断开各线路段的馈送电流来规定运行线路，引导车辆运行。这种导向方式要求有集中的控制站，并在各线路交叉和分支处装设传感标志(如磁铁等)及分支线段的通断接口。多频制导向方式是在线路中每个环线或分支线都设置自己的线路频率，分别由不同频率的振荡器来馈电，而每台车辆按运行的需要设定其运行频率。只有当车上的设定频率与某一线路的频率一致时，车辆才能沿该线路导向前进。

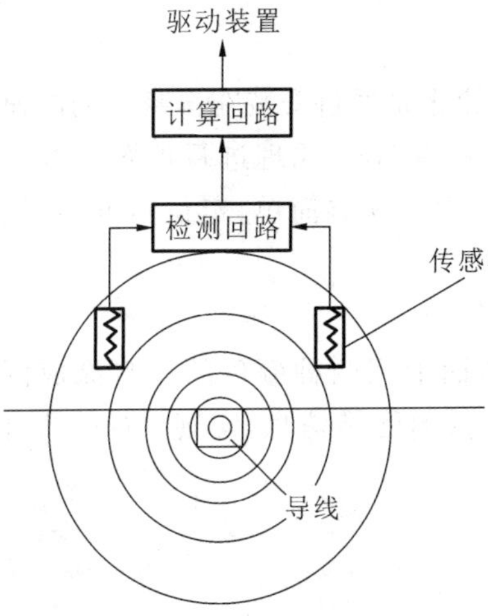

图 7-38 电磁导向系统工作原理

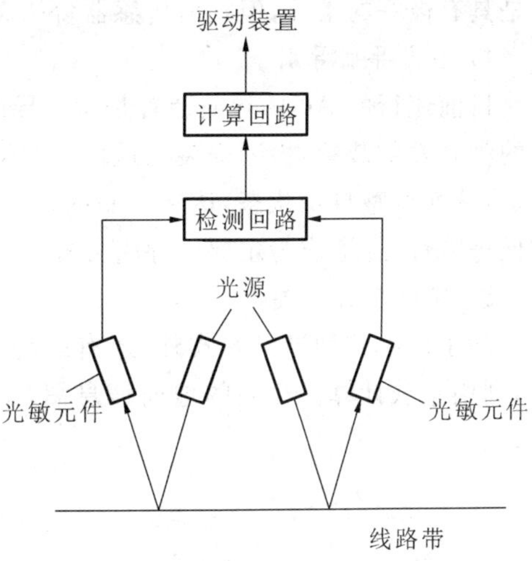

图 7-39 光学导向系统工作原理

2）光学导向系统

采用涂漆的条带来确定行驶路径的导引方法称为光学导向，如图 7-39 所示。在地面上粘贴一条与地面不同颜色的条带（如明亮地面选择黑色条带，黑色地面使用白色条带）；经小车上的紫外光源照射后，条带的颜色与地面颜色不同。AGV 上装有两套光敏元件。正常行驶时，两个光敏元件的位置处于条带的两侧；当 AGV 偏离导引路径时，两个光敏元件检测到的亮度将不同，由此形成信号差值，利用这个信号差值，AGV 的控制系统就可以控制小车的运动方向，使其回到导引路径上来。由于周围环境的光线可能影响光电元件的检测效果，因此常在这种反射光检测系统上加上滤光镜以保证 AGV 不会发生误测。

2. 自导式导向系统

自导式导向系统一般是采用坐标定位原理，即在车上预先设定运行线路的坐标信息，并在车辆运行时，实时地检测出实际的车辆位置坐标（如用三固定点测位等），再将两者比较、判断后控制车辆导向运行。主要有以下几种方式。

1）行驶路径轨迹推算导向法导引

采用该导引方式的 AGV 的计算机中储存着距离表，通过与测距法所得的方位信息比较，AGV 就能推算出从某一参数点出发的移动方向。这种导引方式最大的优点是路径布局具有极好的柔性，只需改变软件相关参数值即可更改路径；缺点是精度较低，主要原因是各种测距法所得到的方位信息精度不高。

2）惯性导航导引

采用该导引方式的 AGV 的导向系统中有一个陀螺仪，用以测量加速度。当小车偏离规定路径时，会产生一个垂直于其运动方向的加速度，该加速度可立即被陀螺仪所测得。惯性导引系统的计算机对加速度进行二次积分处理可算得位置偏差从而纠正小车的行驶方向。由于该导航系统只是从陀螺仪的测试值推导出 AGV 的位置信息，因此容易产生偏差，需用另一套绝对导航系统定期进行重新校准。此导引方法价格高昂，较难推广使用。

3）环境映射法导引

该导引方式通过周期性地对周围环境进行光学或超声波映射，得到周围环境的当前映像（map），并将其与存储在存储器内的映像进行比较，以此来判断 AGV 自身方位。该方法的优点是具有极好的柔性，但映射传感器价格高昂、精度不高。

4）激光导航导引

目前流行的 AGV 导向装置是激光导向装置。其基本原理是通过安装在车身上的高速旋转的激光发射装置，检测安装在地面、墙体表面的反射板，利用 GPS 原理进行位置及方位的确定，从而调整自身状态，达到控制的目的。激光导引装置凭借安装简单、定位精度高、调试方便等特性，逐渐成为主要的导引方式。

5）其他导引方式

除了以上几种导引方式外，还有一种导引方式是在地面上用两种颜色的涂料涂成网格状，利用车载计算机存储的地面信息图，由摄像机或 CCD 探测网格信息，实现 AGV 的自动行走。

参 考 文 献

[1]张玫.机器人技术 [M].2 版.北京:机械工业出版社,2016.

[2]张明辉.机器人技术基础[M].西安:西北工业大学出版社,2017.

[3]李云江.机器人概论[M].2 版.北京:机械工业出版社,2016.

[4]王保军.工业机器人基础[M].武汉:华中科技大学出版社,2015.

[5]张玉希.工业机器人入门[M].北京:北京理工大学出版社,2017.

[6]赵建伟.机器人系统设计及其应用[M].北京:清华大学出版社,2017.

[7]汤齐.物流工程[M].北京:电子工业出版社,2016.

[8]韩建海.工业机器人[M].4 版.武汉:华中科技大学出版社,2020.

[9]王健.形状记忆合金驱动的空间抓捕机构研究[D].哈尔滨:哈尔滨工业大学,2019.

[10]宋克伟.非完整轮式机器人动力学模拟及控制问题研究[D].青岛:青岛理工大学,2019.

[11]赵彬,高宏力,张艳荣,等.搬运机器人控制系统设计[J].机械设计与制造,2014(12):183-186.

[12]姚屏,等.工业机器人技术基础[M].北京:机械工业出版社,2020.

[13]陈南江,郭炳宇,林燕文,等.工业机器人离线编程与仿真(ROBOGUIDE)[M].北京:人民邮电出版社,2018.

[14]蔡自兴,谢斌.机器人学[M].3 版.北京:清华大学出版社,2015.